WANGLUOHUA CEKONG XITONG
SHEJI YU YINGYONG

网络化测控系统
设计与应用

主　编　张春富

副主编　何坚强　徐顺清　冯俊青

参　编　王勇青　朱志浩

中国电力出版社
CHINA ELECTRIC POWER PRESS

内 容 提 要

本书从网络化测控系统的实际应用出发，系统地介绍了基于网络的测控系统的核心技术，涉及工业通信与网络基础知识、测控网络分类、硬件技术、软件技术、系统设计方法和应用实例。全书共分 9 章，内容包括网络化测控系统概述、计算机网络体系结构、有线测控网络、无线测控网络、网络化测控系统硬件开发、网络化测控系统软件开发、工业以太网测控系统开发实例、现场总线测控系统开发实例和无线测控系统开发实例。针对不同类型的网络化测控系统，介绍了系统的设计方法与相关技术。

本书体系完备，内容丰富，系统性和实践性强，可作为高等院校自动化、电气工程、测控技术与仪器、电子信息、计算机应用、机电一体化等专业的教材，也可作为相关专业科研与工程技术人员的参考书。

图书在版编目（CIP）数据

网络化测控系统设计与应用/张春富主编. —北京：中国电力出版社，2024.1（2025.1重印）
ISBN 978-7-5198-8143-6

I. ①网…　Ⅱ. ①张…　Ⅲ. ①计算机控制系统－系统设计　Ⅳ. ①TP273

中国国家版本馆 CIP 数据核字（2023）第 178720 号

出版发行：中国电力出版社
地　　址：北京市东城区北京站西街 19 号（邮政编码 100005）
网　　址：http://www.cepp.sgcc.com.cn
责任编辑：王杏芸（010-63412394）
责任校对：黄　蓓　李　楠
装帧设计：赵姗姗
责任印制：杨晓东

印　　刷：北京世纪东方数印科技有限公司
版　　次：2024 年 1 月第一版
印　　次：2025 年 1 月北京第二次印刷
开　　本：787 毫米×1092 毫米　16 开本
印　　张：17.75
字　　数：396 千字
定　　价：68.00 元

前言
FOREWORD

网络化测控系统融合了计算机技术、控制技术、信息技术、网络和通信技术以及人工智能技术等，广泛应用于工农业生产、科学研究、军事、航空航天等领域。本书以网络化测控系统设计为主线，从测控技术的实际应用出发，突出各类网络化测控系统的设计方法，并依据网络化测控系统的软硬件分类进行内容组织与编排，强调实用性设计。

全书共分 9 章。第 1 章为概述，介绍了网络化测控系统的概念、组成、特点，典型网络化测控系统的结构和特点，以及网络化测控系统的设计原则、流程和方法；第 2 章为计算机网络体系结构，介绍了计算机网络的组成、计算机网络的分类、网络协议与体系结构、数据通信与数据传输、数据交换与控制技术，以及局域网与企业信息网络；第 3 章为有线测控网络，介绍了基于有线通信介质的 CAN、PROFIBUS、LonWorks 以及工业以太网的技术基础；第 4 章为无线测控网络，介绍了基于无线通信介质的 RFID、NFC、Bluetooth、ZigBee、Wi-Fi 以及 LoRa、移动通信、NB-IoT 的技术基础；第 5 章为网络化测控系统硬件开发，介绍了测控系统硬件的电路基础、常用传感器及其测量电路、常用外部通信协议及接口电路等测控系统硬件开发的技术基础，并给出了微型板卡与工业控制主板硬件开发的案例；第 6 章为网络化测控系统软件开发，介绍了常用编程技术、数据交换技术和软件开发流程与设计实现；第 7 章为工业以太网测控系统开发实例，介绍了工业以太网测控系统的总体设计、拓扑结构设计，并详细介绍了工业以太网系统功能验证与调试实例；第 8 章为现场总线测控系统开发实例，介绍了基于 LonWorks、CAN、iCAN 以及 PROFIBUS-DP 的现场总线测控系统的开发实例；第 9 章为无线测控系统开发实例，介绍了无线测控系统的开发环境、开发平台以及开发实例。

本书的编写突出实用性、先进性、系统性、新颖性，力求将基础知识与实际应用相结合。针对各类网络化测控系统的设计，本书都配有具体的应用实例。

本书由张春富、何坚强、徐顺清、冯俊青、王勇青、朱志浩编写。本书的编写得到了西门子（中国）有限公司、广州致远电子有限公司、研华科技（中国）有限公司、北京亚控科技发展有限公司、北京昆仑通态自动化软件科技有限公司、北京华晟高科科技有限公司等单位的支持。本书的出版得到盐城工学院教材出版基金的资助，在此表示诚挚的感谢。

限于编者水平，书中难免存在错误与不足之处，敬请读者批评指正。

编 者

目录
CONTENTS

第1章 概述

> 网络化测控系统是由各类工业控制网络构建而成的。数据通信与测控网络技术是测控系统的基础。基于网络的测控系统将地域分散的功能单元通过各类网络互联，通过信息的传输和交换，实现远距离测控、资源共享以及设备的远程诊断与维护，有利于降低测控系统的成本。

1.1 网络化测控系统概述

1.1.1 网络化测控系统的概念

测量与控制是现代工程领域不可分割的两个重要部分。无论是状态监测、过程控制，还是质量检验、故障诊断，都离不开对各种对象特性参数的测量、分析与处理，对被控对象的控制依据被控对象的测量结果而定，测量又是为了更好地科学评定、利用与控制对象。随着网络通信技术的快速发展，测控技术与网络通信技术相互融合并被广泛应用，形成了基于网络的测控新技术。

网络化测控系统（networked measurement and control system，NMCS）是以目标参数检测与控制为目的，通过通信网络将分散于不同地点的现场设备（如传感器、控制器、执行器）与高层设备（如主机、人机接口、网络设备）等互联起来，实现数据采集、传输、分析、存储、控制与管理的自动化测控系统，是一种分布式的测控管一体化综合系统。

网络化测控系统突破了传统的区域限制，通过通信网络实现数据远距离传输，实现测控信息资源的渗透与共享。网络化测控系统采用传感技术、计算机技术、通信技术、网络技术、多媒体技术、自动控制技术、人工智能（artificial intelligence，AI）技术和数据库管理等，实现了目标对象的数据采集、信息处理、优化决策、控制操作、监督与管理任务。

基于网络的测控技术是一个多学科交叉的综合性技术，广泛应用于智能仪器仪表、自动测试系统、生产过程控制系统、仪器设备检测与监控系统、信息处理与管理系统等。随着工业生产、航空航天、国防军事及科学实验、商业自动化等领域对测控技术要求的提高，网络化测控系统处理的信息越来越多，规模越来越庞大，需要完成的测控任务越来越复杂。网络化测控系统的功能丰富、实时性强、可靠性高、可视性好，可以满足各工程领域发展的需要，可显著提高工程效率、降低能耗，还有利于运维和降低劳动强度。目前，许多领域的重大成果都离不开测控技术，网络化测控是现代科学技术的重要支柱，是测控系统的发展趋势，对提高科技与生产水平具有深远的意义。

1.1.2 网络化测控系统的组成

1. 网络化测控系统架构

典型的网络化测控系统架构如图 1-1 所示。测控系统采用了三层网络结构，系统依据功能由低到高依次分为现场测控层、监控调度层和信息管理层。

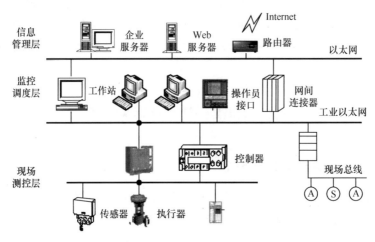

图 1-1 典型的网络化测控系统架构

（1）现场测控层。现场测控层位于测控系统的底层，也称传感执行层，由现场测控设备和控制网段组成。现场测控层是网络化测控系统的基础，测控子系统通过现场控制网络如现场总线（fieldbus），将现场检测与控制设备、工业控制计算机或者可编程逻辑控制器（programmable logic controller，PLC）的远程 I/O 站点连接在一起，实现现场测控设备之间的通信。按照国际电工委员会（International Electrotechnical Commission，IEC）标准，现场总线支持多种类型的网络拓扑结构，现场设备以网络节点的形式挂接在控制网络上。当使用多种控制网络时，在不同协议的现场网络之间加入协议转换器（网关），使得不同标准的控制网络互联共存，完成复杂的现场测控任务。

（2）监控调度层。监控调度层位于测控系统的中间层，主要用于现场设备状态的监控，包括测控数据的分析处理、诊断与优化、生产调度，负责生产控制和过程的日志记录，它在整个测控系统中起到承上启下的作用。

监控调度层由工业以太网以及连接在网络上的担任监控任务的工程师站（engineer station，ES）、操作员站（operator station，OS）组成。现场测控层通过控制网络与监控调度层相连，监控调度层可以完成对系统的组态设计和下装，对测控现场进行监视、操作、趋势分析、报警、维护以及各种人机交互，可以在线修改各种设备参数和运行参数；监控调度层还为实现先进控制和过程操作优化提供支撑环境，包含监控与数据采集系统（supervisory control and data acquisition，SCADA）、电源管理（energy management，EM）等。

（3）信息管理层。信息管理层位于测控系统的上层，主要用于建立企业信息化管理系统。信息管理层综合了各个层级的信息，利用测控数据与资源，完成从现场测控到信息管理的集成。信息管理层涉及企业的生产运行、计划、销售、财务、人事、企业的经营等，可为管理人员提供决策管理运行手段。信息管理层将监控调度层实时数据库中的信息转入信息管理层的关系数据库中，管理人员能随时查询测控系统的运行状态，可以在企业网范围内实现底层测控信息的实时传递，对生产过程进行实时远程监控。信息管理层网络由各种服务器和客户机组成，包含制造执行系统（manufacturing execution system，MES）、产品生命周期管理（product lifecycle management）、企业资源计划（enterprise resource planning，ERP）等。

网络化测控系统通过控制网络与信息网络进行功能层划分，各功能层由若干个测控子系统组成，各子系统测控节点通过通信网络连接完成相应的任务，各功能相对独立、完整。各子系统可对下一层施加作用，同时又受上一层的干预，各子系统相互联系、协同，通过网络组合为一个多层递阶且一体化的综合测控系统。

2. 网络化测控系统的网络

计算机网络技术带动了测控技术的发展，提升了测控系统的工作效率。网络化测控系统的网络主要分为控制网络与信息网络两类。企业网络包括控制网络与信息网络。在网络化测控系统架构中，控制网络与信息网络分别位于系统的中底层与上层。除了典型的三层网络结构外，网络化测控系统还有两层与四层网络结构。

（1）控制网络。控制网络位于测控系统底层，也称底层控制网（Infranet），是网络化测控系统的基础，分布在各个测控节点或测控子系统之间。控制网络具有很强的实时性，控制网络协议通常简单实用，信息传输频繁，多采用短帧结构，具有较高的可靠性与安全性。

控制网络包括有线、无线与混合网络等多种类型。例如，现场总线有 FF、PROFIBUS、CAN、AS-I、LonWorks 等，由于现场总线技术标准不统一，从而影响了控制网络的广泛使用。随着高性能、低成本的以太网的渗透，构成了工业以太网协议。例如，HSE、PROFINET 和 Ethernet/IP 等。现场总线与以太网的相互结合，推动了测控系统的进一步发展。除了有线网络外，无线通信技术也被应用于不同距离范围的测控系统。远距离无线通信技术有全球移动通信系统（global system for mobile communications，GSM）、通用分组无线业务（general packet radio service，GPRS）、第三/四/五代移动通信技术（3G/4G/5G）等，近距离无线通信技术有 Bluetooth、Wi-Fi、ZigBee 等。无线传感器网络（wireless sensor network，WSN）以无线通信的方式连接构成自治的测控网络，得到了广泛应用。

（2）信息网络。信息网络构成了企业内部网络的基本架构，企业内部网或企业内联网（Intranet）是实现企业内部信息交流和共享的平台，可用于传输测控信息与管理决策信息，可与数据库服务器连接，支持企业的决策支持系统。Intranet 相互连接，服务于企业的内部机构和人员，提供局域网与因特网（Internet）的互联接口以获取所需信息，与Internet 断开时则是一个相对独立的网络。

相比 Internet，Intranet 的网络规模有限，管理权限集中，且易于配置和管理内部信息等。Intranet 可以看成是 Internet、局域网等技术的集成物，可连接到 Internet 上，利用 Internet 提供的丰富信息资源和各种服务。通常 Intranet 提供的服务包括 Web 服务、文件传送服务、远程登录服务、电子邮件服务、数据库查询服务、打印共享管理、用户管理、视频会议、视频点播和网络管理等，支持企业内部办公业务的自动化、电子化和网络化。信息网络采用高速通信网，传输数据较大，能够实现多媒体传输，通常对实时性要求不高。

1.1.3　网络化测控系统的特点

1. 分散化

网络化测控系统是一种分布式测控系统。测控对象、传感器、控制器、执行器及网络设备等零散地分布在不同区域范围内，测控子系统通过测控网络对各个分散现场参数进行采集与控制，完成分布测控任务。测控节点与测控子系统可实现信息资源共享，具有较强的耦合性。网络化测控系统网络连接线较少，分散的测控节点与子系统小巧、灵活，数据计算处理能力强，可完成复杂环境功能的协同，易于扩展和维护。

2. 信息化

网络化测控系统是一个多功能信息化测控系统。网络技术实现了测控系统设备间的互联、系统间的信息传递，以及测控信息与管理信息的相互融合，提高了测控系统自动化水平与信息化层次。网络化测控系统信息除包括基本的测控信息，还包括设备资源信息、运行管理信息、企业管理信息等，可满足企业信息集成和管理控制一体化系统的发展需要，有助于实现测控系统的全数字化。各种先进技术的引入加快了网络化测控技术的发展，实现了网络的互联互通；而测控信息与管理信息在多方面存在共性和互补性，则有利于目标信息化管理的高效性。

3. 智能化

网络化测控系统的智能化体现在测控装置、局部子系统以及整个系统的智能化。现场测控仪器仪表运用神经网络、遗传算法、混沌控制等智能技术，根据外界环境的变化，自动选择参数测量方案，进行自校正、自补偿、自检测、自诊断，以获取最佳测量结果。对于复杂的对象、环境、控制目标，网络化测控系统则依据人的思维能力进行推理决策，运用人工智能、专家系统等技术，使自身具有学习、推理的功能，能够适应不断变化的环境，以安全和可靠的方式规划执行，从而减少测控系统的不确定性，获取系统最优或次优的性能指标。网络设备的智能化体现在能够处理各种网络参数、运行状态信息及故障信息，从而提高了整个网络化测控系统的可靠性和容错能力。

4. 虚拟化

网络化测控系统的虚拟化体现在测控仪器仪表与测控系统的虚拟化等方面。虚拟仪器（virtual instrument，VI）在通用硬件平台基础上，调用测试与控制软件，在软件导引下进行信号采集、运算、分析、输出和处理，实现虚拟仪器的功能并完成测控任务。网络化测控系统可组态实现信息集中监控，显示现场工程参数、工艺流程图、趋势曲线、报警状态等信息，对生产过程实行高级控制策略，并进行故障诊断、质量评估。软件技术拓展了测控系统的功能，解决了用硬件电路难以解决或者根本无法解决的问题。使用虚拟化测控系统比使用传统测控仪器与系统更经济，同时能缩短测量对象改变时系统的更新周期，降低系统的开发和维护成本。

5．标准化

网络化测控系统具有很强的系统性，系统间存在紧密的内在关联，需要构成一个整体来完成相关的测控任务。测控系统中的控制网络与信息网络都采用了开放式系统互联（open system interconnection，OSI）参考模型，每层网络设备之间都能按标准通信协议进行信息传输交换。测控网络以前采用的现场总线类型众多，技术标准不统一，用户使用不方便，在一定程度上影响了测控系统的应用。随着工业以太网、工业无线网、网络交换等技术的发展，测控设备与系统之间的信息交流更加开放，交互性更强；同时，采用国际标准网络的测控系统，其任务实现更加容易，完成速度更快。

1.2 典型的网络化测控系统

网络通信技术被用于测控设备与系统之间的信息传输，从而形成了多样化的测控系统应用类型。基于串行总线通信的测控系统，由于通信线路少，系统布线简便易行，结构灵活，系统间采用协商协议，因此得到广泛使用。随着测控任务的增加和功能的复杂化，测控系统的规模逐步增大，在集中测控的基础上，综合计算机、通信、显示和控制（computer，communication，CRT and control）等"4C"技术，形成了分散控制系统（distributed control system，DCS），实现了网络化分散控制、集中操作、分级管理。由于其开放性不够，且布线复杂、成本高、不便维护，DCS逐步被基于现场总线的测控系统所代替。

1.2.1 基于现场总线的测控系统

现场总线是一种工业数据总线，形成于 20 世纪 80 年代末 90 年代初，用于现场智能设备互联通信网络。现场总线是工业控制网络向现场级发展的产物，它将测控功能彻底下放到现场，使设备具有数字计算与通信能力；现场总线是开放式、数字化、多点通信的底层控制网络，它将现场设备如传感器、执行器以及控制器等进行互联，在测控设备之间实现双向串行多节点数字通信。现场总线测控系统是以现场总线为基础，是开放式、数字化、多点通信的网络化测控系统。采用现场总线将现场各测控装置及仪表设备互联，同时将控制功能彻底下放到现场，克服了 DCS 的封闭性、专用性、互操作性差、难以实现数据共享等缺点，降低了安装成本和维护费用。现场总线测控系统的核心是总线协议，基础是数字智能现场设备，本质是信息处理现场化。现场总线技术提高了测控系统的信息处理能力和运行可靠性。

1．现场总线测控系统结构

典型现场总线测控系统结构如图 1-2 所示。现场总线测量系统主要包括测量传感器、变送器、执行器、控制器、监控计算机、网络设备以及其他现场总线设备。

现场设备共享一条通信线、通信介质，连接在现场总线上的设备称为现场总线设备，也称现场总线装置、节点、站点。现场总线设备集成了传统的现场模数信号转换、变换和补偿、运算等功能，信息处理实现了现场化，大大简化了整个测控系统的结构，提高了系统测控精度和反应速度，使得测控系统的组成和重构更加灵活方便。现场总线控制器完成通信协议转换的功能。

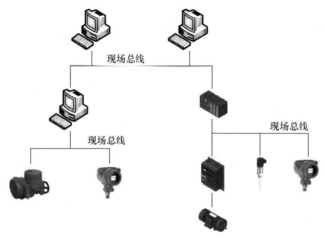

图 1-2　典型现场总线测控系统结构

2. 现场总线测控系统特点

（1）全数字化。系统信号传输实现了全数字化。现场总线作为一种数字式通信网络一直延伸到生产现场中的现场设备，使采用点到点式的模拟量信号传输或开关量信号的单向并行传输转变为多点一线的双向串行数字式传输。数字化的数据传输使系统具有很高的传输速度和很强的抗干扰能力，从而提高了系统测量与控制精度。

（2）系统开放性。系统通信网络为开放式互联网络，既可与同层网络互联，也可与不同层网络互联，可方便地共享网络数据库。通信协议一致公开，不同厂家的设备之间可实现信息交换，用户可按自己的需要和考虑，把来自不同供应商的产品组成大小随意的系统，通过现场总线构筑自动化领域的开放互联系统。

（3）互操作性与互换性。互操作性是指实现互联设备间、系统间的信息传送与沟通；互换性是指不同厂商的现场设备既可互联也可互换替换，可实现即插即用、统一组态，从而改变了传统 DCS 控制层的封闭性和专用性。

（4）现场设备智能化、功能自治。现场设备的智能化从根本上提高了系统测量与控制的准确度；而功能自治，则是指将传感测量、补偿计算、工程量处理与控制等功能分散到现场设备中去完成，仅靠现场设备即可完成自动控制的基本功能，并可随时诊断设备的运行状态。

（5）高度分散性。系统废弃了 DCS 的 I/O 单元和控制站，由现场设备或现场仪表取而代之。现场设备本身已可完成自动控制的基本功能，使得现场总线已构成一种新的全分布式测控系统，从而简化了系统结构，减少了设备与连线，提高了系统的可靠性。

（6）高度环境适应性。现场总线是专为在现场环境工作而设计的，协议简单，容错能力强，安全性好，成本低。现场总线除了传输信息之外，还可以完成为现场设备供电的功能。总线供电（或称总线馈电）不仅简化了系统的安装布线，而且可以通过配套的安全栅实现本质安全系统，从而使现场总线测控系统在易燃易爆环境中得到应用。

（7）低成本。相比 DCS，现场总线测控系统的设计更加简单易行，安装和校对工作量大大减少，调试工作灵活方便；同时，高可靠性大大减小了系统的故障率，延长了系统正常运行时间，缩短了维护停工时间。

（8）信息系统化。现场总线作为企业信息系统的现场测控层，构成了企业信息系统的基本框架，为总线设备及系统的各种运行状态和故障信息、控制信息进入公用数据网络创造了条件，使管理者能够得到更多的决策依据，为其做出正确决策提供了有力的支持，从而提高了企业的综合效益。

1.2.2　基于工业以太网的测控系统

尽管现场总线在控制网络中占主导地位，但其存在许多不足，如开放性有条件且不彻底。在标准方面，现场总线没有一个统一的国际标准，标准种类繁多，各标准无法兼容，异种网络通信困难，需要解决不同系统之间的互联和互操作问题，增加了系统投资和使用维护的复杂性。在技术方面，现场总线控制过分依赖组态参数设定，而繁多的参数设定对性能好坏有巨大影响。在实时性方面，部分总线传输速度相对较低，难以满足工业控制的高速性要求；随着现场设备功能的逐渐增强，现场测控设备之间以及现场测控设备与网络之间的信息交换量增加，从而导致现场总线的应用受到了一定的限制，无法满足日益增长的系统数据交换需求。在与信息网络的集成方面，各种现场总线是专用的通信网络，集成比较困难，需要额外的网络设备才能完成。

以太网具有传输速度快、能耗低、易于安装和兼容性好等方面的优势，在商用系统中被广泛采用。工业以太网是用于工业测控系统的以太网，技术上与商用以太网 IEEE 802.3 标准兼容，在实时性、互操作性、可靠性、抗干扰性、本质安全性和产品的材质强度等方面能满足工业现场的需要。工业以太网是商用以太网技术在控制网络方向延伸的产物，已从信息层渗透到现场控制层和设备层。无论是在技术上还是产品价格上，以太网较之其他类型网络都具有明显的优势，已经成为控制网络的重要组成部分，得到相当广泛的应用。

1.　工业以太网测控系统结构

典型工业以太网测控系统结构如图 1-3 所示。工业以太网测控系统的设备可以是一般的工业计算机系统、工业控制网络、PLC 及嵌入式测控系统等。工业计算机系统通过以太网接入网络交换机或交换式集线器（hub），利用以太网进行数据采集和监控等工作。现场测控设备和带有以太网接口的 I/O 模块可以直接连接到以太网，利用嵌入式软硬件设计、嵌入式控制器完成传输控制协议/互联网协议（transmission control protocol/internet protocol，TCP/IP）转换与通信控制功能，从而使得通过以太网就能方便地对不同设备进行各种数据采集和监控。将以太网直接应用于测控现场，所构成的扁平化的工业控制网络，具有良好的互联性和可扩展性，是真正全开放的网络体系结构。

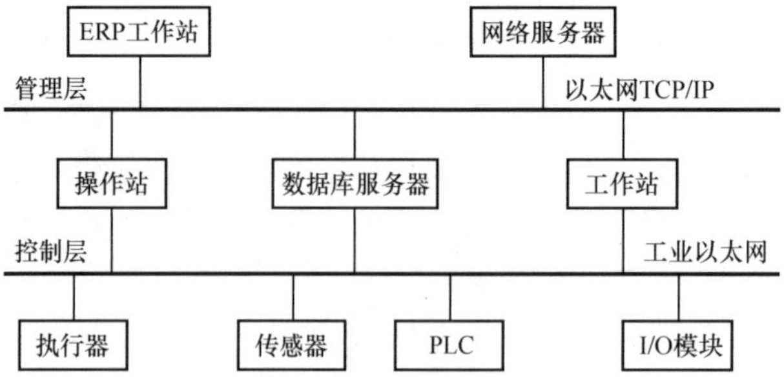

图 1-3 典型工业以太网测控系统结构

2. 工业以太网测控系统特点

（1）高度开放性。基于 TCP/IP 的以太网是一种标准的开放式通信网络，不同厂商的设备很容易互联。该特性非常适合解决测控系统中不同厂商设备的兼容和互操作等问题。以太网是目前应用最广泛的局域网技术，其遵循 IEEE 802.3 标准，受到广泛的技术支持。几乎所有的编程语言（如 Java、Visual C++、Visual Basic 等）都支持以太网的应用开发，采用以太网作为控制网络，可以保证有多种开发工具和平台供选择。

（2）成本低。与众多的现场总线相比，低成本、易于组网是以太网的优势。以太网网卡价格低廉，与计算机、服务器等的接口十分方便。由于以太网的应用最为广泛，利用现有的大量资源可以极大地降低以太网系统的开发、培训和维护费用，从而可有效降低系统的整体成本，加快系统的开发和推广速度。

（3）数据传输速率高。以太网具有相当高的数据传输速率，如 10、100Mbit/s 和 1Gbit/s 等，比目前任何一种现场总线的数据传输速率都高，可以提供足够的带宽。而且以太网资源共享能力强，利用以太网作现场总线，很容易将 I/O 数据连接到信息系统中，数据很容易以实时方式与信息系统中的资源、应用软件和数据库共享。

（4）易于信息网络集成。由于具有相同的通信协议，以太网能实现办公自动化网络和工业控制网络的无缝连接。随着实时嵌入式操作系统和嵌入式平台的发展，嵌入式控制器、智能现场测控仪表将方便地接入以太控制网络，直至与 Internet 相连。以太网很容易与信息网络集成，实现办公自动化网络与工业控制网络的无缝连接，组建统一的企业网络，实现企业管控一体化。

（5）远程测控。Web 技术和以太网技术的结合，将实现生产过程的远程监控、远程设备管理、远程软件维护和远程设备诊断。

（6）介质多样性。以太网支持多种传输介质，包括同轴电缆、双绞线、光缆以及无线传输介质等，使用户可根据带宽、距离、价格等因素做多种选择。以太网支持总线型和星型拓扑结构，可扩展性强，同时可采用多种冗余连接方式，提高网络的性能。

1.2.3 基于无线通信的测控系统

现有的测控网络主要基于现场总线、工业以太网等固网通信技术，适用于通信节点位置较为固定、节点数量较少、距离较短的场合，不能满足大量分散、远程用户获取信息的需求，特别是在移动中获取信息的需求。无线通信系统是一种灵巧的数据传输系统，它是从有线通信网络延伸出来的一种技术。

无线测控技术是网络测控技术领域的一个重要分支。随着集成电路、射频技术的发展，无线通信协议的不断涌现，无线数据传输速度变得越来越快，利用无线通信技术实现测控系统功能越来越容易。相对于通过线缆连接的有线测控系统，无线系统节点间的位置和连接关系具有不确定性、随意移动性，设备布线方便，系统灵活性更高，便于设备维护。由于采用了非接触式传输，因此减少了接插件故障，降低了故障发生率，提高了系统的可靠性、扩展性和重构性。目前无线通信测控在许多场所已经取代有线网络测控，用于远距离、恶劣环境或振动、高速旋转对象的测控。

1. 无线测控系统结构

典型无线测控系统结构如图 1-4 所示。无线测控系统主要由低速低能耗无线现场子网、高速无线现场子网与高速无线骨干网组成。低速低能耗无线现场子网由分布式传感器节点组成，高速无线现场子网主要包括无线接收发送器等，高速无线骨干网由网关、无线控制相关设备组成。

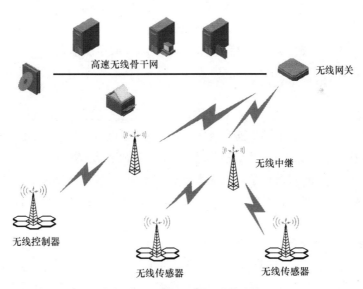

图 1-4　典型无线测控系统结构

高速无线现场子网和低速低能耗无线现场子网在物理通信机制和组网方式上都不相同。前者用于具有较高通信频率要求的快速控制应用，后者用于具有低通信频率要求的低速控制和监测类应用。由通信中继和网关构成的高速无线骨干网将各个控制室的无线现场子网互联起来，并实现与原有系统的有线控制和信息网络的连接。

2. 无线测控系统特点

（1）高可靠性。大部分的测控系统应用要求数据的可靠传输率要超过95%。但是，在现场使用无线通信来实现高可靠传输面临以下问题：一方面，现场环境中往往存在

IEEE 802.11、IEEE 8.15.4 等多种类型的无线网络，这些网络大都集中在 2.4GHz 的工业、科学和医疗（industria scientific and medical，ISM）共享频段上，彼此间存在严重干扰；另一方面，现场环境中的射频通信条件较为恶劣，各种大型设备、管道等对信号的反射、散射造成的多径效应，以及电气设备产生的电磁噪声，都会干扰无线信号的正确接收。

（2）严格实时性。对于闭环控制应用，数据传输延迟应低于 1.5 倍的传感器采样时间。无线传感器网络成本很低，通常没有网络基础设施的支撑。设备间的通信需要通过多跳接力的方式进行，保证端到端通信的确定性比较困难。

（3）低能耗。用于感知的无线传感器节点，由于成本的限制通常不采用外接电源的方式，而是靠自身携带的电池供电。从运行和维护成本方面考虑，节点的电池寿命应达到 3～5 年。无线传感器节点的能耗由感知、计算和通信三部分组成，如何利用最少的能源实现信息采集任务是工业无线技术必须解决的问题。

（4）安全性。随着测控系统网络化进程的推进，网络安全和数据安全问题日益突出，一些安全漏洞将给测控应用造成巨大的损失。无线通信由于信道的开放特征更容易受到攻击，其安全保障机制将更加复杂。而无线传感器节点由于资源限制很难实现复杂的安全算法，如何在安全性和简洁性之间取得折中是无线技术面临的挑战。

（5）兼容性。为了保护用户的原有系统，新型无线测控系统要具有与原有的有线测控系统互联和互操作的能力。为了达到闭环控制的要求，在实现通信介质和协议转换的同时，还要保证通信的可靠性和实时性，这是传统的互联与互操作技术无须考虑的特有问题。

1.2.4 基于 Internet 的测控系统

利用 Internet 与企业网络互联，把现场测控信息、企业管理信息与在 Internet 上交互传输，协同工作，实现远程监测、故障诊断和网络管理。基于 Internet 的测控系统使用 Web 数据库技术、TCP/IP 技术、现场总线技术、浏览器技术、设备故障诊断等技术，使管理层与调度人员能够实时在线掌握测控现场信息，以及基于 Web 实现远程访问和控制。将 Internet 技术应用于远程监控系统，延伸了测控的范围，扩大了系统的规模，提高了测控的功能和效率。

1. 基于 Internet 的测控系统结构

基于 Internet 的测控系统结构如图 1-5 所示。系统结构包括两种类型：一种是 Internet 通过 Intranet 与现场测控设备相连；另一种是 Internet 直接与远程测控终端相连。基于 Internet 的测控系统主要包括现场测控设备、监控中心和客户端三个子系统。

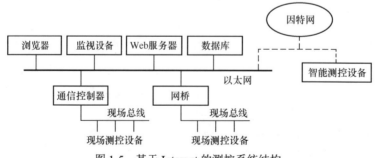

图 1-5　基于 Internet 的测控系统结构

（1）现场测控设备。现场测控设备负责采集现场数据并处理收集到的原始数据，是一个独立的状态监测系统。现场测控设备可管理多个设备，能对现场设备进行连续的在线实时状态监测，并能及时反馈设备设置和参数，进行备份、实时分析、事后分析；支持对测控设备进行分析，通过各种参数将运行情况反映给用户，实现自动管理和人工维护。

现场测控设备具有 Intranet/Internet 的上网功能，通过 Intranet/Internet 实时发布和共享现场对象的测试数据。基于 TCP/IP 的网络化仪器成为网络中的独立节点，能够与网络通信线缆直接连接，实现即插即用；可以将现场测试数据通过网络上传，用户通过浏览器或应用程序即可实时浏览到现场测试信息，包括各种处理后的数据、仪器仪表面板图像等。

（2）监控中心。监控中心主要包括通信模块、数据库服务器、Web 服务器。通信模块完成和现场测控设备的数据传送任务，Web 服务器完成与客户以及现场子系统的交互，数据库则用于存储现场得到的实时数据。系统硬件平台由一到三台服务器组成，如一台基于网络化结构查询语言（structured query language，SQL）的数据库服务器、一个网页服务器、一个分析和管理服务器。数据库服务器负责存储历史文件，包括报警数据库、启动/停止数据库、历史数据库，在线用户通过访问历史数据库监测设备，可对运行状态进行分析。网页服务器负责提供数据访问接口，用户可以在 Intranet/Internet 中查询机器的运行参数。分析与管理服务器负责提供机器的各种实时或历史运行参数的分析和诊断方法，完成状态监测相关管理任务。

（3）客户端。客户端由浏览器实现，是用户直接与其交互的部分，它接受用户的输入，从监控中心获取监测数据或通过监控中心发送控制命令。连接 Intranet 与 Internet 后，现场各种实时运行状态和历史运行数据可通过浏览器来查看。网络浏览器为终端用户提供应用界面管理软件，即客户端用于 Web 服务的软件。网络浏览器为多种多样的应用平台提供统一的用户界面，用户通过浏览器，按被访问的 WWW 地址进入系统。

2. **基于 Internet 的测控系统特点**

（1）Web 技术与操作系统无关，可实现分布式信息处理，具有灵活性、易操作性，给用户提供多种实时在线状态监测和故障诊断方法，便于系统功能扩充。

（2）嵌入式 Web 服务器的测控设备通过 TCP/IP 与 Internet 连接，可随时随地连接 Internet，确保现场设备正常工作。

（3）客户端可以向服务器发送请求命令，获取正在运行现场设备的实时参数。

（4）现场控制网络与 Internet 的互联，使得现场设备信息的实时传输和互动更加快捷有效；信息分布广，信息量大，远程测控技术更加成熟。

1.3　网络化测控系统设计

网络化测控系统设计涉及理论与工程两个方面。理论设计包括建立测控对象的数学模型，确定测控系统的性能指标函数，寻求满足该性能指标函数的控制策略与整定参数；

进行系统的体系结构、相应的控制与信息网络和数据通信设计；选择适当的软硬件平台及设计语言，对硬件提出具体要求，并进行软硬件设计；建立相关数据库；提出整个系统的技术经济指标等。工程设计包括掌握测控过程的工艺要求；实现网络化测控系统软硬件，实施网络工程。不同于传统的测控系统设计，由于增加了网络部分，使得网络化测控系统设计工作相对比较复杂。网络化测控系统设计涉及控制工程、计算机工程、仪器仪表工程、网络工程、电气工程，以及工艺设备和测控室的规划、施工、装修等各方面。

网络化测控系统的设计内容、方案和技术指标具有多样性，应综合考虑自动化、计算机、检测及网络通信等技术及其发展趋势，无论系统规模多大、复杂程度高，测控系统的设计与实现原则、步骤基本相同。

1.3.1 网络化测控系统设计原则

1. 满足工艺指标要求

根据测控工艺所提出的要求及性能指标进行设计，系统的性能指标不应低于生产工艺要求。测量指标包括精度、测量范围、实时性、工作环境条件、稳定性，系统的控制性能要求稳、快、准等。稳定性是指动态过程的振荡倾向及重新恢复平衡的能力，不稳定系统不能正常工作。快速性指动态过程延续时间，动态过程延续时间短，说明动态过程进行得快，系统恢复到稳态的速度快。准确性是指系统重新恢复平衡后，输出偏离给定值的误差大小，反映了系统的稳态精度。测控系统将根据控制对象对工艺的要求，对准确性提出不同的要求。网络化测控系统要满足网络性能评价指标，如传输速率、吞吐能力、稳定性、确定性等，其反映了系统数据通过某个网络或信道、接口的速度、数据量、灵活性与可靠性等性能。

2. 可靠性高

可靠性是指系统在规定的条件和规定的时间内完成规定功能的能力，直接影响到生产过程连续、优质、经济运行。可靠性是控制对象或生产过程连续运行的根本保证。网络化测控系统通常工作在比较恶劣的环境之中，一旦发生故障，轻则影响生产，带来经济损失；重则会造成严重的人身伤亡事故，产生重大的社会影响。网络化测控系统的设计应当将系统的可靠性放在首位，要求系统能很好地适应高温、腐蚀、振动、冲击、灰尘等环境。测控现场环境中电磁干扰严重，供电条件不良，因此要求计算机有较高的电磁兼容性，以保证生产安全、可靠、稳定地运行。

可靠性指标一般采用平均无故障工作时间（mean time between failures，MTBF）和平均修复时间（mean time to repair，MTTR）表示。MTBF反映了系统可靠工作的能力，MTTR则反映了系统出现故障后恢复工作的能力。通常要求MTBF有较高的数值，如达到几万小时；同时尽量缩短MTTR，以达到很高的运行效率。

3. 实时性强

实时性是指现场设备之间在最坏情况下完成一次数据交换系统所能保证的最小时间。系统进行实时控制与监测时，要求实时响应测控对象各种参数的变化。当测控参数出现偏差或故障时，系统能及时响应，并能实时进行报警和处理。实时性是测控对象按规定工艺运行的必要条件之一。不同的测控对象、不同的控制参数，对系统的实时性具有不同的要求。例如，流量和压力控制对系统的实时性要求高于温度控制对系统的实时性要求。

4. 系统功能丰富

具有良好的人机界面和丰富的监视画面，以及功能强大的控制软件包。能够自动清零，自动切换量程，可根据测量值和控制值的大小改变测量和控制范围，能够自动修正误差、自动监测和自复位。能对多种不同参数进行快速测量和控制，能够实现各种复杂的处理和运算功能，除了实现经典的比例积分微分（proportional plus integral plus derivative，PID）控制，还具有一些高级控制算法，如模糊控制、神经元网络、优化、自适应、深度学习等复杂控制算法。具有在线自诊断功能，具有网络通信功能，便于实现工厂的自动化和信息化。

5. 系统通用性好

尽管测控对象千变万化，但测控功能存在共性。通用性是指所设计的测控系统能根据不同设备和不同测控对象的要求，灵活扩充且便于修改。网络化测控系统的研制开发需要有一定的投资和周期，设计应尽量采用标准化部件，以免受到部件供应商的制约。当设备和测控对象有所变更、规模不断扩大时，通用性好的系统具有灵活的扩充性、可适应性，便于对系统进行 I/O 点数扩充和功能性扩充。

网络化测控系统的通用性与灵活性体现在软硬件两方面。在硬件方面，采用标准总线结构，配置各种通用的功能模块，并留有一定的冗余，当需要扩充时，只需增加相应功能的通道或模块就能实现。在软件方面，采用标准模块结构，用户使用时尽量不进行二次开发，只需按要求选择各种功能模块，灵活地进行测控系统组态。

6. 便于操作和维护

系统要求操作简单、便于掌握，显示画面形象直观，以降低对操作人员专业知识的要求，使其在短时间内熟悉和掌握操作方法，有较强的人机对话能力。查排故障容易，硬件上采用标准的功能模块，配有现场故障诊断程序，便于检修人员检查与维修；一旦发生故障，能保证有效地对故障进行定位，以便更换相应的模块，使设备尽快地恢复正常运行。

7. 性能价格比高

在满足测控系统的性能指标下，尽可能地降低成本，提高性能价格比。系统的造价，取决于研制成本、生产成本、使用成本。设计时不应盲目追求复杂、高级的方案，在满足性能指标的前提下，应尽可能采用简单成熟的方案；要有市场竞争意识，尽量缩短开发设计周期。

1.3.2 网络化测控系统设计流程

网络化测控系统设计需要认真调研、讨论，明确任务，最后得出合理而实用的方案。尽管测控对象、测控方式、测控规模会有所差异，但设计的基本内容和主要步骤大致相同。通常网络化测控系统设计流程可分为准备、设计、模拟与调试、现场安装调试四个阶段，如图1-6所示。

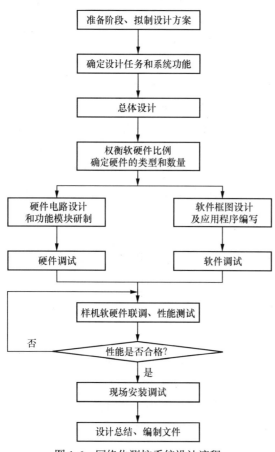

图1-6　网络化测控系统设计流程

1. 准备阶段

系统设计之前，设计人员必须对工艺流程及工作过程有一定的熟悉和了解，要对实际问题进行调查，并应和工艺人员密切配合。对系统要进行分析和归纳，以明确具体要求，确定系统所要完成的具体任务。要综合考虑经济能力、管理要求、系统运行成本以及预期可产生的经济效益，不可一味追求过高的性能指标而忽视设计成本。

按一定的规范、标准和格式，对测控任务和过程进行描述，形成系统初步设计技术文件，作为整个系统设计的依据。设计技术文件主要包括系统的功能规范、性能规范、系统的可靠性和可维护性、系统的运行环境等。

2. 设计阶段

（1）总体设计。总体设计是进入实质性设计阶段的第一步，也是最重要和最关键的一步。总体方案的好坏直接影响着整个系统的成本、性能以及设计和开发周期等。在准备阶段的基础上，分析工艺参数的大致数目和测控要求、测控区域范围的大小、操作的基本要求等，确定系统的测控目标与任务，深入了解生产过程，分析工艺流程及工作环境，熟悉工艺要求，确定具体实施的方法，合理分配资源。

总体设计包括系统的硬件与软件设计，网络化测控系统的硬件与软件是有机联系、相互影响的。依据技术要求和已做过的初步方案，分别开展硬件与软件总体设计。设计时要经过多次协调和反复，最后才能形成合理、统一的总体方案设计。

（2）详细设计。总体方案确定后，应进行系统硬件与软件的具体设计。对于不同类型的设计任务，要完成不同类型的工作。应充分考虑硬件与软件的特点，合理地进行功能分配。从快速性方面来考虑，多采用硬件可以提高系统的反应速度、简化软件设计工作；从可靠性和抗干扰能力方面考虑，过多地采用硬件，会增加系统部件数目、降低系统的可靠性，还会降低系统的抗干扰性能；从系统成本方面来考虑，多采用软件可以降低成本。随着计算机运行处理速度的不断提高，尽可能地用软件来实现系统的各种功能已成为可能。对于实际的测控系统，要综合考虑系统速度、可靠性、抗干扰性能、灵活性、成本来合理地分配系统硬件和软件的功能。

网络化测控系统设计须充分利用自身硬件资源，如 I/O 接口、通信信道等，当固有资源不能满足要求时，就需要扩展。自行开发测控软件时，应画出程序总体流程图和各功能模块流程图，选择合适的程序设计语言编写程序。

3. 模拟与调试阶段

系统硬件与软件设计完成后，要进行系统联调。在实验室里，进行硬件联调、软件联调以及样机整机仿真调试，对已知的标准量进行测控模拟比较，检查各个元部件安装是否正确，并对其特性进行检查或测试，检验系统的抗干扰能力等，验证系统设计是否正确和合理，发现问题及时修改。

4. 现场安装调试阶段

在实验室模拟与调试的基础上，根据工艺要求进行现场安装调试。通过现场调试，测试各项性能指标，严格按照章程进行操作，进一步修改并且完善程序，直至系统能正常投入运行。一个实际系统很难一次就设计完成，通常需要经过多次修改补充完善。

1.3.3　网络化测控系统设计方法

1. 总体方案设计

网络化测控系统设计首先应熟悉目标对象工艺过程，根据设计要求明确总体方案，确定系统网络体系结构、系统的硬件与软件。总体方案反映了整个系统的综合情况，要从合理性、可靠性、可行性、先进性和经济性等角度来设计总体方案。

（1）确定系统的构成类型。测控系统类型多、选型范围广，应根据主要功能要求、技术指标进行系统结构和类型选择，保证性能指标与技术措施达到或超过技术指标要求。系统设计涉及必要的数学模型以及测控参数与控制策略的选择，在满足系统需求的前提下，应选择性能价格比高的系统。应用类型可根据实际需求设计，如分布式数据采集系统、现场总线测控系统、工业以太网测控系统、无线网络测控系统、基于 Internet 的测控系统等。

（2）专用测控系统。对于需要实现特殊功能的测控系统，需要设计制作专用设备装置。根据系统功能的要求，从微处理器芯片选择开始，设计完整的系统硬件电路与相应软件，完成印制电路板（printed-circuit board，PCB）图设计，最终进行安装调试。这种方案完全根据控制任务的特点和需要设计，系统结构紧凑、性能价格比高，主要适用于一些专用领域的测控，如分布式测控装置、智能仪表和各种小规模测控系统。

（3）通用测控系统。系统设计采用通用功能方案，选择硬件与软件资源丰富、标准化、系列化、模块化的测控装置，如工业以太网、现场总线、工业控制计算机（industrial personal computer，IPC）、PLC、智能调节器、可编程自动化控制器（programmable automation controller，PAC）等，系统结构开放，人机联系方便，容易实现各种复杂的控制功能。硬件一般只需根据任务要求进行必要的接口扩展，软件开发可在已有的开发平台上进行，系统设计像搭积木般地组建，一些控制功能既需要硬件实现，也能用软件实现，设计工作量小。该方案可提高系统的研制和开发速度，提高系统的技术水平和性能，增加可靠性。

对于大中型规模网络化测控系统的设计，要求设计者具有丰富的专业理论知识和工程设计能力及经验；另外，由于系统设计工作量大，过程复杂，通用测控系统是理想的选择。

2. 硬件设计

网络化测控系统硬件设计时，在测控对象方面需要考虑物理量、距离、环境、用途等因素，在系统方面需要考虑测控功能、实时性、可靠性、测控精度等因素。

（1）基本要求。满足应用系统的功能要求，采用新技术，注意通用性，选择典型电路；注重标准化、模块化，有利于模块的商品化生产；系统扩展留有适当余地，以便二次开发；工艺设计时要考虑安装、调试与维护；要考虑研制成本、产品成本以及开发周期。

（2）系统模块设计。对于专用测控系统应用，要进行功能模块设计，且需要自行设计制作和调试；根据系统功能的要求，适当配置存储器和接口电路，选择合适的总线，进行相应实验或软件仿真，以确保线路设计的正确性。硬件电路设计一般采用高集成度、低功耗器件，以降低系统功耗与提高抗干扰能力。

各模块电路设计时应考虑核心芯片选择、存储器与 I/O 接口扩展、I/O 通道设计、人机界面设计、通信电路设计、电源系统配置；硬件抗干扰设计时，应尽量减少芯片的数量，考虑体积、精度、价格、负载能力、功能。要留有一定量的裕量，以备系统扩展。印制电路板的设计与制作，应采用专业设计软件进行设计，并进行专业化制作、调试等。

（3）系统设计。系统设计是将硬件系统相对独立的功能模块，按每一功能模块需要完成的任务，设计合理的线路。硬件系统选用标准总线和通用模块单元，一些控制功能既需要硬件实现，也能用软件实现，故在系统设计时，对硬件与软件功能的划分要综合考虑。

一个通用结构测控系统，选用工业控制计算机或者商用计算机，配数据采集卡或者远程数据模块，可构建不同功能的测控系统；采用通用软件如 Visual C++、Visual Basic 或专业的工业组态软件进行设计，即可实现测控任务需要。系统不必考虑模块之间的匹配问题，可大大简化硬件系统设计，提高系统可扩性和更新速度。

在网络化测控系统中，有许多装置因采用的网络不同而不同，可根据要求合理地进行选型，按需要进行组合，不管哪种类型的系统，其模块选择与组合均由测控系统的输入参数和输出控制通道的种类和数量来确定。

3. 软件设计

软件是网络化测控系统的一个重要组成部分，要进行软件设计需求分析与明确软件要解决的问题。设计时，应该在程序运行速度和存储容量许可的情况下，由软件实现硬件功能，以简化硬件配置。

（1）软件设计基本要求。第一，可靠性高。当运行参数环境发生变化时，软件能可靠运行并给出准确结果，即软件应具有自适应性；当工业环境极其恶劣、干扰严重时，软件必须保证在严重干扰条件下也能可靠运行。第二，实时性强。能及时响应发生的外部事件，并及时给出处理结果。第三，准确性高。算法选择、位数选择等要符合要求。第四，易读性强。容易理解、易维护，具有可测试性。

（2）应用软件设计内容。测控系统不仅要完成测量与控制任务，还有丰富的管理功能，且界面美观，人机接口操作简便。软件设计包括数据采集和处理、控制算法、报警和事故处理、系统自诊断、数据库管理以及人机界面程序等功能。

数据采集功能将现场各工艺参数采集进来，存入对应的存储单元或寄存器中；数据处理功能对所采集的数据进行数字滤波、标度变换、线性化等处理；控制算法程序完成对系统的调节和控制；报警和事故处理功能用于当系统工艺参数超出所允许的范围或系统硬件故障时，系统能立即发出报警信号，并通过软件进行紧急处理；系统自诊断功能巡回对系统中的一些重要硬件进行检查诊断；人机界面程序主要用于完成各种工艺参数和控制参数的给定和修改、控制台控制命令的输入、系统模拟显示、生产过程工艺参数或曲线的显示和打印等功能。

对于复杂的测控系统，软件设计的涉及面更为广泛。例如，计算机集成制造系统（computer integrated manufacturing system，CIMS）结构体系中，自底向上包括设备控制层、过程控制层、调度层、管理层与决策层，软件设计涉及从测量、控制到管理决策的各个方面。复杂的测控系统软件设计除了常规的数据采集、控制策略、控制输出、报警监视、人机界面功能外，还要对系统数据进行分析管理、实现数据共享等功能。界面图形显示功能将设备的数据与计算机图形画面上的各元素关联起来；报表输出功能完成各类报表的生成和打印输出；数据存储功能完成历史数据的存储并支持历史数据查询；系统保护措施实现自诊断、掉电处理、备用通道切换；通信功能实现各控制单元间、操作站间、子系统间的数据通信；数据共享功能提供接口给第三方程序，以方便数据共享。

（3）软件设计方法。编程语言有多种类型。网络化测控系统通常有专用平台软件，为系统构建、运行以及系统应用软件编程提供环境、条件或工具。对于通用测控系统，可采用专业的工业组态软件（如 WinCC、KingView、InTouch 等）来进行开发。这些组态软件为设备配置和网络组态提供平台，并按现场总线协议/规范与组态通信软件交换信息，从而使程序设计变得简单容易，大大缩短了软件开发时间；同时，可以实时显示现场设备运行状态参数、故障报警信息，并实现数据记录、趋势图分析及报表打印等功能。

对于专用测控设备与系统，采用各类编程语言实现。汇编语言是一种高效率的语言，它占用内存少，执行速度快，并可直接对系统硬件进行操作，但其数据处理能力弱，编程较困难，常与高级语言混合编程。高级语言数据处理能力强，但与汇编语言相比，软件开销大，执行速度慢，对硬件环境要求高，而 C 语言兼顾了汇编语言和高级语言的特点，支持模块化、结构化程序设计。在 Windows 环境下，Visual Basic、C++语言还支持面向对象程序设计方法，因此被广泛使用。

程序设计要遵循模块化和结构化程序设计方法，其可使应用程序的维护和修改简单、方便。模块化程序设计把程序分成若干子任务模块，各模块分别设计，调试成功之后装配在一起，成为一个完整的程序。通常按测控功能把程序分成模块，先划分成大模块，再划分成若干个小功能模块。划分模块时要注意模块不宜划分得太长或太短，力求各模块之间界限分明，逻辑上彼此独立，模块具有通用性。结构化程序设计可采用顺序结构、选择结构和循环结构。顺序结构的程序流程是按语句顺序依次执行；选择结构是根据给定的条件进行判断，由判断结果决定执行两支或多支程序中的一支；循环结构是在给定条件成立的情况下，反复执行某个程序段。

4. 网络设计

网络化测控系统采用分布式的体系结构，通信网络与控制网络环境适应性好、可靠性高、运维服务质量（quality of service，QoS）有保障。

（1）通信网络设计。通信网络设计要注意以下几点：

1）选用先进、成熟的主流高速网，确保系统构建实用、运行高效。

2）开放性好，能够与现场控制网以及外延的 Internet 互联，构建集成、互联的综合网络测控系统。

3）易于扩展与重构，可以实现多媒体信息传输。

4）满足测、控、管数据的安全性要求。

（2）控制网络设计。控制网络设计要注意以下几点：

1）网络的开放性。能够连接不同类型的现场测控设备，如智能仪器仪表、变频器、控制器、执行机构等，完成复杂的测控任务。

2）网络结构设计。应根据现场分布与任务要求等确定网络结构，涉及测控设备地理位置、I/O 规模和功能相关性等因素。具体包括各层网络的覆盖范围、支路的数量、分支的长度、分支的设备数量等。网络结构设计对系统的性能、硬件配置等都有重要影响。

3）传输时间。网络的传输速度要求越快越好，但是传输速度不能仅靠提高传输速率来解决，数据传输必须具有确定的时间，这样才能保证完成控制和调节的任务。在选择总线系统时必须注意传输效率，在传输效率高的前提下，可以选择比较低的传输速率。低传输速率的数据通信，有较高的抗干扰能力，而且传输距离长。

4）吞吐能力。网络吞吐量是指在某个时刻，在网络中的两个节点之间，提供给网络应用的剩余带宽。令牌环数据吞吐能力高于令牌总线吞吐能力，原因在于控制结构上的差异。令牌总线是广播式的，数据、令牌、回答都要独占介质；令牌是顺序循环访问式的，在一定条件下有并行工作的特性，其数据、令牌、回答可同时传递。

5）传输介质。一个完整的网络化测控系统，除了构成网络的范围即最大距离，是一个重要的指标外，能否在一个总线系统的不同总线段之间采用不同的传输介质也是一个重要的因素。它使得系统的构成更灵活、更符合工况的实际要求。

6）诊断功能。当系统发生故障时，总线依靠诊断功能既能找出错误，又不需要特殊的工具就能纠正故障，还能方便地替换故障模块，从而减少停机时间，提高工作效率。

5. 抗干扰设计

干扰是影响系统可靠性的主要因素，是一个非常复杂、实践性很强的问题。网络化测控系统本身工作环境复杂，而系统组成的复杂化和功能的多样化也增大了系统受干扰影响的可能。干扰轻则影响系统的测量与控制精度，造成系统不稳定；重者引起测控系统死机、误动作与运行失常、设备损坏，甚至造成人身伤亡。在测控系统设计与应用时，必须考虑抗干扰问题，主要从系统的硬件、软件与通信网络方面采取相应措施。硬件抗干扰措施效率高，但会增加系统的投资和设备负担。

（1）硬件抗干扰设计。分别从硬件干扰途径和抗干扰技术两方面来考虑。

1）硬件干扰途径。硬件干扰有内部干扰和外部干扰两类。内部干扰由测控仪器本身的性能、系统结构、制造工艺、安装等内在原因引起；外部干扰由外部空间环境条件引起。外部空间环境条件主要包括电源干扰（浪涌、尖峰、噪声、断电），空间干扰（静电和电场、磁场、电磁辐射的干扰），设备干扰（在设备内部或设备之间产生）、机械干扰（如振动、冲击）。

2）硬件抗干扰技术。通常采取消除干扰源、避开干扰源、切断干扰传播途径的方法，有效消除干扰，以保证系统可靠地运行。抗干扰的措施很多，主要包括隔离、屏蔽、滤波、电源、接地等抗干扰技术。

隔离是把干扰源与接收系统隔离开来，使有用信号正常传输，而干扰耦合通道被切断，达到抑制干扰的目的。常见的隔离方法有光电隔离、变压器隔离和继电器隔离等。屏蔽是将干扰源或干扰对象包围起来，割断或削弱干扰场的空间耦合通道，阻止其电磁能量的传输。滤波是构成滤波器对信号实现频率滤波，让所需要的频率成分通过，而将干扰频率成分加以抑制。根据频率特性，滤波器可分为低通、高通、带通、带阻滤波器等。电源配置应考虑电源电压数值、波动范围、纹波大小、输出电流数值，并且要对电源容量留有较大裕量，采用开关电源、DC-DC 变换器以及不间断电源（uninterruptible power source，UPS）供电。接地是将电路、设备机壳等与作为零电位的一个公共参考点（大地）实现低阻抗的连接。系统中接地的目的有两个：一是为了安全，即安全接地；二是为了保证测控系统稳定可靠工作，提供一个基准电位的接地，即工作接地。

印制电路板设计，消除布线布局不合理引进的干扰，重视对组件、导线和电线的选择与固定安装，提高电路板的可靠性。对测控箱柜进行散热、防尘、防潮、防湿处理。

（2）软件抗干扰设计。分别从软件干扰途径和抗干扰技术两方面来考虑。

1）软件干扰途径。测控软件在现场环境干扰下，可能受到破坏，从而导致程序无法正常执行，甚至导致系统失控。主要表现为干扰叠加在模拟量信号上，导致模拟量数据采集误差加大或超出量程；干扰导致主频晶振频率、定时器/计数器的中断频率发生变化，引起计数错误、时钟异常，以及程序执行混乱；通信时序异常或干扰信号叠加导致通信不正常；I/O 接口状态受到干扰，造成控制状态混乱，系统发生死锁，随机存取机（random access machine，RAM）数据区受到干扰，导致 RAM 区数据改变或丢失。

2）软件抗干扰技术。数字滤波是提高数据采集系统可靠性最有效的方法，一般在进行数据处理之前首先要对采样值进行数字滤波。数字滤波是一种程序滤波，其通过一定的计算程序减少干扰信号在有用信号中的比重。数字滤波方法有多种且各有特点，如程序判断滤波法、中值滤波法、算术平均值滤波法、加权平均值滤波法、滑动平均值滤波法、惯性滤波法、复合数字滤波法等。

看门狗（watch dog，WD）使用监控定时器，定时检查某段程序或接口，利用定时中断来监视程序运行状态。当超过一定时间而系统没有检查该段程序或接口时，可以认定系统运行出错，并通过软件进行系统复位或按事先预定方式运行，帮助系统自动恢复正常运行。软件"陷阱"技术是把系统存储器中没有使用的单元用某一种重新启动的代码指令填满，作为软件"陷阱"，以捕获跑飞的程序。当执行该条指令时，程序就自动转到某一起始地址，而从该起始地址开始，存放一段使程序重新恢复运行的热启动程序，该热启动程序扫描现场的各种状态，并根据这些状态判断程序应该转到系统程序的哪个入口，使系统重新投入正常运行。设置自检程序，在测控系统内的特定部位或某些内存单元设置状态标志，在运行中不断循环测试，以保证系统中信息存储、传输、运算的高可靠性。

重要数据备份技术，对一些关键数据，至少有两个备份副本。当操作这些数据时，可以把主、副本进行比较，如有改变，就要分析原因，采取预先设计好的方法进行处理。还可以把重要数据采用校验和/或分组校验的方法进行校验。

（3）通信网络抗干扰设计。分别从通信网络干扰途径和抗干扰技术两方面来考虑。

1）通信网络干扰途径。网络化测控系统通过通信网络互通信息，相互协调实现数据采集、控制与管理任务。当信号在有线通信网络中传输时，受到干扰如传输线的分布电容和分布电感的影响，信号会在传输线内部产生入射波，如果传输线的终端阻抗与传输线的阻抗不匹配，当入射波到达终端时，便会引起反射使信号波形严重地畸变，进而引起干扰脉冲。对无线通信测控系统，存在无线网络内外干扰。网内干扰主要来自频率干扰、设备本身性能下降产生的干扰、参数设置不当造成的干扰等。网外干扰主要是各种其他无线电波的干扰，多来自系统外安装的频率干扰器、系统外设备以及设备性能下降导致的外来干扰。干扰的大量存在极大地影响网络的通信质量和系统性能。

2）通信网络抗干扰技术。采用分布式通信网络系统结构，简化测控系统的结构，使得任一个测控节点的故障不会造成整个网络的故障，提高系统的工作可靠性；同时，通信网络采取冗余技术确保系统网络数据传输的可靠性。测控网络采用总线型、环型和层次化网络结构。

对于有线网络测控系统，采用双绞线作为传输介质，其抗共模噪声能力强，能使各个小环节的电磁感应干扰相互抵消。双绞屏蔽线长线传输信号在传输过程中会受到电场、磁场和地阻抗等干扰因素的影响，采用接地屏蔽线可以抑制电场的干扰。光纤是非金属介质材料，具有抗干扰性好、保密性强、使用安全等特点。在通信接口加装光电隔离措施，切断测控系统与 I/O 通道电路之间的联系，阻止外部的尖峰干扰信号进入系统或测控装置，能有效地抑制尖峰脉冲及各种噪声干扰，使信号传输过程的信噪比大大提高。采用差动平衡驱动和接收电路，由于差动放大器具有很强的抗共模干扰能力，两个不同的地线间的电位差形成的共模干扰会受到很大的抑制。

无线传输抗干扰技术有扩频技术、功率控制技术、间断传输技术、多用户检测技术等。其中，扩频技术是一种抗干扰能力极强并得到广泛应用的先进技术。例如，直接序列扩频（direct sequence spread spectrum，DSSS）是用高速率的扩频序列在发射端扩展信号的频谱，而在接收端用相同的扩频码序列进行解扩，把展开的扩频信号还原成原来的信号，以提高通信的抗干扰能力。

小 结

网络化测控系统是现代测控领域的重要支柱，系统融合了传感技术、自动控制技术、计算机技术、通信技术、计算机网络技术、多媒体技术、智能技术和数据库管理等技术。本章重点介绍了网络化测控系统概念、组成、特点，给出了典型网络化测控系统，概括说明了网络化测控系统的设计原则、设计流程与设计方法。

第2章 计算机网络体系结构

计算机网络系统可以从网络体系结构、网络组织和网络配置三个方面来描述。网络体系结构是从功能上来描述，指计算机网络层次结构模型和各层协议的集合；网络组织是从网络的物理结构和网络的实现两方面来描述；网络配置是从网络应用方面来描述计算机网络的布局、硬件、软件和通信线路。基于网络的测控系统将地域分散的功能单元，如智能传感器、测控模块、工业控制计算机等，通过各类网络互联，进行信息的传输和交换，构成网络化分布式测控系统，实现远距离测控、资源共享以及设备的远程诊断与维护，有利于降低测控系统的成本。

2.1 计算机网络的组成和分类

2.1.1 计算机的组成

计算机网络是指将地理位置不同的、功能独立的各类计算机或其他数据终端设备，通过通信线路连接，以网络软件来实现资源共享和信息传递的系统。计算机网络的连接方式与结构具有多样性。计算机网络由计算机系统、通信线路和设备、网络协议及网络软件四个部分组成。

（1）计算机系统主要负责数据信息的收集、处理、存储和传输，提供共享资源和各种信息服务，包括各类计算机与其他数据终端设备，如终端服务器等。

（2）通信线路和设备组成数据通信系统，是连接计算机系统的桥梁，主要负责控制数据的发出、传送、接收或转发，包括信号转换、路径选择、编码与解码、差错校验、通信控制管理等，以便完成信息交换。

（3）网络协议为网络中各个主机之间或各节点之间通信双方事先约定和必须遵守的规则。网络协议规定了分层原则、层间关系、执行信息传递过程的方向、分解与重组等规则，其实现由相关硬件和软件完成。

（4）网络软件是一种在网络环境下使用和运行或者控制和管理网络工作的计算机软件。网络软件根据软件功能可分为网络系统软件和网络应用软件两大类型。网络系统软件是控制和管理网络运行、提供网络通信、分配和管理共享资源的网络软件，包括网络操作系统、网络协议软件、通信控制软件和管理软件等；网络应用软件为用户提供访问网络的手段及网络服务，以及资源共享和信息传输的服务。

2.1.2　计算机网络的分类

1. 按网络的覆盖范围分类

按网络的覆盖范围，计算机网络可分为局域网（local area network，LAN）、城域网（metropolitan area network，MAN）与广域网（wide area network，WAN）。

（1）局域网分布距离短，是最常见的计算机网络。局域网容易管理与配置，速度快，延迟小，是实现有限区域内信息交换与共享的有效途径。局域网主要应用于教学科研院所、企业与校园网等。

（2）城域网规模局限在一座城市内，辐射的地理范围从几十千米至数百千米，是一个大型的局域网，通常使用与局域网相似的技术，但是在传输介质和布线结构方面牵涉范围较广。城域网主要应用于政府城市范围、大型企业以及社会服务部门的计算机联网需求。

（3）广域网也称远程网，其分布距离远，往往覆盖一个国家、地区或横跨几个洲，形成国际性的远程网络。广域网本身不具备规则的拓扑结构，且速度慢，延迟大，需要采用交换机、路由器等互联设备负责管理工作。

2. 按网络拓扑结构分类

按网络拓扑结构，计算机网络可分为星型网络、环型网络、总线型网络、树型网络、网状型网络等。常见的计算机网络拓扑结构如图 2-1 所示。

（1）星型结构。以中央节点为中心，多节点与中央节点通过点到点的方式连接，中央节点相对复杂，如图 2-1（a）所示。星型网络结构简单，容易实现，新节点扩展方便，易于维护、管理及实现网络监控，某个节点与中央节点的链路故障不影响其他节点的正常工作。

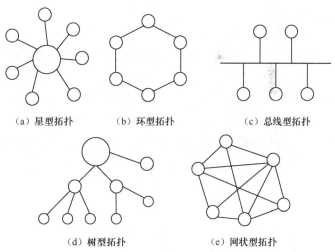

（a）星型拓扑　　（b）环型拓扑　　（c）总线型拓扑

（d）树型拓扑　　　　（e）网状型拓扑

图 2-1　常见的计算机网络拓扑结构

（2）环型结构。各节点通过环路接口连在一条首尾相连的闭合环型通信线路中，如图 2-1（b）所示。环网中信息沿固定方向流动，两个节点间仅有唯一的通路，简化了路径选择的控制；某个节点发生故障时，可以自动旁路，可靠性较高；由于信息是串行穿过多个节点环路接口，当节点过多时，会使网络响应时间变长。但当网络确定时，其延时固定，实时性强。

（3）总线型结构。由一条高速公用总线连接若干个节点所形成的网络即总线型网络，如图 2-1（c）所示。总线型网络结构简单灵活，便于扩充，容易建造。由于多个节点共用一条传输信道，故信道利用率高，但容易产生访问冲突，可靠性不高。

（4）树型结构。可以看作星型结构的扩展，是一种层次结构，具有根节点和各分支节点，如图 2-1（d）所示。除了叶节点之外，所有根节点和子节点都具有转发功能，其结构比星型结构复杂，数据在传输的过程中需要经过多条链路，延迟较大，适用于分级管理和控制的网络系统，是一种广域网或规模较大的快速以太网常用的拓扑结构。

（5）网状型结构。由分布在不同地点、各自独立的节点经链路连接而成，每一个节点至少有一条链路与其他节点相连，每两个节点间的通信链路可能不止一条，需进行路由选择，如图 2-1（e）所示。

3. 按网络传输技术分类

按网络传输技术，计算机网络可分为广播式网络与点对点式网络。

（1）广播式网络中所有联网计算机都共享一个公共通信信道。当某计算机利用共享通信信道发送数据时，其他计算机都能收到相关数据，因此该网络存在信道访问冲突问题。广播型结构主要用于局域网，不同的局域网技术可以说是不同的信道访问控制技术。典型的广播式网络有总线型网、局域环型网、微波通信网、卫星通信网等。

（2）点对点式网络中，每条物理线路连接一对计算机。每两台主机、两台节点交换机之间或主机与节点交换机之间都存在一条物理信道，从某信道发送的数据只有信道另一端的设备能收到，因此该网络没有信道竞争问题。绝大多数广域网都采用点到点的拓扑结构，网状形拓扑是典型的点到点拓扑。点对点式网络还被用于星型结构、树型结构，以及某些环网，尤其是广域环网。

4. 按其他方式分类

（1）按网络传输信息采用的物理信道，计算机网络可分为有线网络和无线网络。

（2）按通信速率的不同，计算机网络可分为低速、中速与高速网络。低速网络数据传输速率在 1.5Mbit/s 以下，中速网络数据传输速率在 50Mbit/s 以下，高速网络数据传输速率在 50Mbit/s 以上。

（3）按使用范围的大小，计算机网络可分为公用网和专用网。其中，专用网根据网络环境又可细分为部门网络、企业网络、校园网络等。

（4）按数据交换方式，计算机网络可分为线路交换网络、报文交换网络、分组交换网络。

（5）按传输的信号，计算机网络可分为数字网和模拟网。

2.2 网络协议与体系结构

2.2.1 网络协议

在计算机网络中，为使各计算机之间或计算机与终端之间能正确地交换数据和控制信息，必须在有关信息传输顺序、信息格式和信息内容等方面给出一组约定或规则，规定所交换数据的格式和时序。这些为网络数据交换而制定的规则、约定和标准被称为网络协议。网络协议实质上是实体间通信时所使用的一种语言，主要由语义、语法、规则三个要素组成。

语义是对构成协议的协议元素的解释。不同类型的协议元素规定了通信双方所要表达的不同内容，即需要发出何种控制信息，以及要完成的动作与做出的响应。语法是用户数据与控制信息的结构与格式。即语法规定了将若干个协议元素组合在一起表达一个更完整的内容时所应遵循的格式。规则规定了事件的执行顺序。

2.2.2　层次结构

计算机网络采用层次结构，各层之间相互独立，高层并不知道低层是如何实现的，每层通过层间接口提供服务，各层实现技术的改变不影响其他层。层次结构使得复杂系统的实现和维护变得容易。计算机网络体系结构是网络层次结构模型与各层协议的集合，网络体系结构是抽象的，其实现通过具体的软件和硬件来完成。

2.2.3　OSI 参考模型

国际标准化组织（International Organization for Standardization，ISO）于 1981 年制定了 OSI 参考模型。OSI 参考模型并不是一个具体的网络，它只给出了一些原则性的说明，任何两个遵守 OSI 参考模型的系统都可以进行互联。当一个系统能按 OSI 参考模型与另一个系统进行通信时，就称该系统为开放系统。OSI 网络系统结构参考模型如图 2-2 所示。该模型把网络通信的工作分为 7 层，由低层至高层分别称为物理层、数据链路层、网络层、传输层、会话层、表示层和应用层。

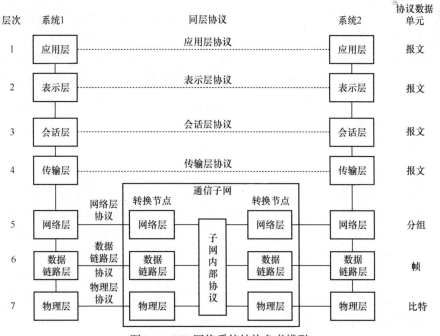

图 2-2　OSI 网络系统结构参考模型

2.3 数据通信与数据传输

2.3.1 数据通信

1. 数据通信的基本概念

数据通信是通信技术和计算机技术相结合的一种通信方式，下面首先给出数据通信的基本概念。

（1）信息、数据和信号。要理解数据通信，首先要厘清信息、数据和信号的概念。

信息是人脑对客观物质的反映，可以是对物质的形态、大小、结构、性能等特性的描述，也可以是物质与外部环境的联系。信息的具体表现形式可以是数据、文字、图形、声音、图像和动画等。

数据是描述物体概念、情况、形势的事实、数字、字母和符号，是信息的载体与表示方式。在计算机网络系统中，数据可以是数字、字母、符号、声音和图像等形式，从广义上可理解为在网络中存储、处理和传输的二进制数字编码。

信号是数据在传输过程中的表示形式，是用于传输的电子、光或电磁编码。信号有模拟信号和数字信号之分。模拟信号是随时间连续变化的电流、电压或电磁波。用模拟信号表示要传输的数据，是指利用某个参量（如幅度、频率或相位等）的变化来表示数据。数字信号是一系列离散的电脉冲，为离散信号。用数字信号表示要传输的数据，是指利用某一瞬间的状态来表示数据。

由此可见，数据是信息的载体，信息是数据的内容和解释，而信号是数据的编码。

（2）模拟通信与数字通信。数据通信是指发送方将要发送的数据转换成信号，并通过物理信道传送到接收方的过程。信号可以是模拟信号，也可以是数字信号，通信信道也可被分为模拟数据信道和数字数据信道，因此数据通信又可分为模拟通信和数字通信。模拟通信是指在模拟信道以模拟信号的形式传输数据，数字通信是指在数字信道以数字信号的形式传输数据。

（3）并行通信与串行通信。按照字节使用的信道数，数据通信可分为并行通信与串行通信两种方式。

并行通信中数据以成组的方式在多个并行信道上同时进行传输。常用的方式是将构成一个字符代码的几位二进制比特分别通过几个并行的信道同时传输。并行通信的优点是速度快，但收发两端之间有多条线路，费用高，适用于近距离和高速率的通信。并行通信被广泛应用于计算机内部总线以及并行接口通信中。

串行通信中数据以串行方式在一条信道上传输。由于计算机内部都采用并行通信，数据在发送之前，要将计算机中的字符进行并/串变换，在接收端再通过串/并变换，还原成计算机的字符结构实现串行通信。串行通信的收发双方只需要一条通信信道，易于实现，成本低，但速度比较低。串行通信被广泛应用于计算机串行通信及远程通信中。

　　根据通信双方信息的传送方向，串行通信进一步可分为单工、半双工和全双工通信三种。信息只能单向传送称为单工通信；信息能双向传送但不能同时双向传送称为半双工通信，其通信线路简单，有两条通信线路即可，应用广泛；信息能够同时双向传送则称为全双工通信，其通信效率最高，通信线至少要有三条（其中一条为信号地线），结构相对复杂，系统造价也较高。

　　2. 数据通信系统的组成

　　一个简单的数据通信系统的组成如图 2-3 所示。数据通信系统包括信源/信宿、通信信道和收发设备。

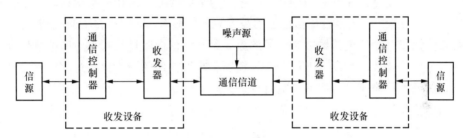

图 2-3　数据通信系统的组成

　　（1）信源/信宿。信源指信息的来源或发送者，信宿指信息的归宿或接收者。在计算机网络中，信源和信宿可以是计算机或终端等设备。

　　（2）通信信道。通信信道指传输信号的通路，由传输线路及相应的附属设备组成。信道由有线信道（有形的电路作为传输介质）和无线信道（以电磁波在空间传输的方式传送信息的信道）。通信信道可以是模拟的，也可以是数字的。用以传输模拟信号的信道叫作模拟信道，用以传输数字信号的信道叫作数字信道。同一条传输线路上可以有多个信道。

　　（3）收发器。收发器用于在信源或信宿与信道之间进行信号变换。把通信控制器提供的数据转换成适合通信信道要求的信号形式，或把信道中传来的信号转换成可供数据终端设备使用的数据，最大限度地保证传输质量。

　　（4）通信控制器。通信控制器指控制数据传输的设备，其除进行通信状态的连接、监控和拆除等操作外，还可接收来自多个数据终端设备的信息，并可转换信息格式。

　　（5）噪声。在通信过程中，信道上不可避免地存在噪声，它是所有干扰信号的总称。噪声会影响原有信号的状态，干扰有效信号的传输，造成有效信号变形或失真。在计算机网络通信中，应尽可能降低噪声对信号传输质量的影响。

　　3. 数据通信系统的技术指标

　　（1）波特率。每秒钟传送的码元数，单位为 Baud/s。波特率又称码元速率 R_B。在数字通信系统中，数字信号是用离散值表示的，每一个离散值就是一个码元，一个码元可携带多个比特。

　　（2）比特率。每秒钟传送的信息量，单位为 bit/s。比特率又称信息速率 R_b。对于一个用二进制表示的信号，每个码元包含 1 个比特信息，其信息速率与码元速率相等；采用 M 进制信号通信时，信息速率和码元速率之间的关系为 $R_b = R_B \log_2^M$。

（3）误码率。衡量在规定时间内数据传输精确性的指标。误码率是指码元在传输过程中，错误码元占总传输码元的比例。在二进制传输中，误码率也称误比特率。计算机通信的平均误码率要求低于 10^{-9}。因此，普通通信信道如不采取差错控制措施是无法满足计算机通信要求的。

（4）信道带宽。信道带宽是指信道中传输的信号在不失真的情况下所占用的频率范围，通常称为信道的通频带，单位为 Hz。信道带宽是由信道的物理特性所决定的。例如，电话线路的频率范围在 300～3400Hz，则它的带宽范围也在 300～3400Hz。

（5）信道容量。信道容量是指信道的最大数据传输率，即信道传输数据能力的极限。信道容量是衡量一个信道传输数字信号的重要参数。信道容量是指单位时间内信道上所能传输的最大比特数，单位为 bit/s。当传输速率超过信道的最大信号速率时就会产生失真。信道的最大传输速率与信道带宽有直接关系。

信道容量和信道带宽是正比的关系，带宽越大，容量越高，所以要提高信号的传输率，信道就要有足够的带宽。从理论上看，增加信道带宽是可以增加信道容量的，但在实际上，信道带宽的无限增加并不能使信道容量无限增加，其原因是在一些实际情况下，信道中存在噪声或干扰，制约了带宽的增加。

2.3.2　数据传输

1. 数据传输方式

（1）基带传输。基带传输是最基本的数据传输方式，即按数据波的原样，不包含任何调制，在数字通信的信道上直接传输数字信号。传输介质的整个带宽都被基带信号占用，双向地传输信息。就数字信号而言，它是一个离散的矩形波，这种矩形波固有的频带称为基带，基带实际上就是数字信号所占用的基本频带。

基带传输不适合传输语言、图像等信息。大部分局域网都是采用基带传输方式的基带网。基带网的信号按位流形式传输，整个系统不用调制解调器，传输介质较宽带网便宜，可以达到较高的数据传输速率（一般为 10～100Mbit/s），但其传输距离一般不超过 25km，传输距离越长，质量越低，基带网中线路工作方式只能为半双工方式或单工方式。基带传输时，通常对数字信号进行一定的编码，编码方式常用不归零码（non-return-to-zero，NRZ）、曼彻斯特编码（Manchester coding）和差分曼彻斯特编码（differential Manchester coding）。

（2）频带传输。频带传输是一种采用调制、解调技术的传输形式。在发送端，采用调制手段，对数字信号进行某种变换，将代表数据的二进制数变换成具有一定频带范围的模拟信号，以适应在模拟信道上传输；在接收端，通过解调手段进行相反变换，把模拟的调制信号复原为二进制数。当采用频带传输方式时，要求发送端和接收端都要安装调制解调器。

（3）宽带传输。宽带传输是将信道分成多个子信道，分别传送音频、视频和数字信号。宽带是比音频带宽更宽的频带，它包括大部分电磁波频谱。宽带传输系统借助频带传输，可以将链路容量分解成两个或更多的信道，每个信道可以携带不同的信号。宽带传输中的所有信道可以同时发送信号，实现多路复用，因此信道的容量大大增加，如有线电视（cable television，CATV）、综合业务数字网（integrated service digital network，ISDN）等。

2. 数据传输同步方式

通信过程中收发双方的动作需要高度协同，在时间上保持一致，一方面码元之间要保持同步，另一方面由码元组成的字符或数据之间在起止时间上也要同步。即传输数据的速率、持续时间和间隔都必须相同，否则收发之间会产生误差，造成传输的数据出错。实现数据传输同步的常用方法有同步传输和异步传输两种。

（1）异步传输。异步传输要求一次传输一个字符，每个字符由一位起始位引导，停止位结束。异步传输的数据格式如图 2-4 所示。起始位为"0"，第 2～8 位为 7 位数据（字符），第 9 位为数据位的奇偶校验位，停止位为"1"，占用 1～2 位脉宽。一帧信息由 10、10.5 位或 11 位构成。

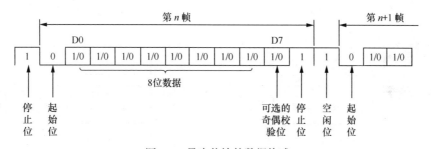

图 2-4　异步传输的数据格式

异步传输按照约定好的固定格式，一帧一帧地传送。在异步传输方式中，接收方根据起始位和停止位来判断一个新字符的开始和结束，从而起到同步作用。异步传输的实现比较容易，但每传输一个字符都要用起始位和停止位作为字符开始和结束的标志，因此传送效率低，主要用于中、低速通信场合。

（2）同步传输。同步传输要求发送方时钟和接收方时钟始终保持同步，即每个比特位必须在收发两端始终保持同步，中间没有间断时间。通常情况下，同步传输的信息格式是一组字符或一个二进制位组成的数据块（帧）。对这些数据，不需要附加起始位和停止位，而是在发送一组字符或数据块之前先发送一个同步字符（SYN，以 00110110 表示）或一个同步字节（01111110），用于接收方进行同步检测，从而使收发双方进入同步状态。在同步字符或字节之后，可以连续发送任意多个字符或数据块，发送数据完毕后，再使用同步字符或字节来标识整个发送过程的结束。

同步传输中发送方和接收方将整个字符组作为一个单位传送，且附加位少，从而提高了数据传输的效率。该方法一般用在高速传输数据的系统，如计算机之间的数据通信。

同步传输又可分为面向字符的同步和面向位的同步，如图 2-5 所示。

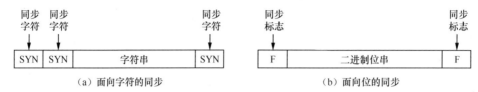

（a）面向字符的同步　　　　　　　　　　（b）面向位的同步

图 2-5　同步传输方式

面向字符的同步在传送一组字符之前加入 1 个（8bit）或 2 个（16bit）同步字符，使收发双方进入同步。同步字符之后可以连续地发送多个字符，每个字符不再需要任何附加位。接收方接收到同步字符时就开始接收数据，直到又收到同步字符时停止接收。

面向位的同步每次发送一个二进制序列，用某个特殊的 8 位二进制位串（如 01111110）作为同步标志来表示发送的开始和结束。

3. 数据编码和调制技术

计算机中的数据是以离散的二进制"0""1"比特序列来表示的。计算机数据在传输过程中的数据编码类型主要取决于它采用的通信信道所支持的数据通信类型。网络中的通信信道分为模拟信道和数字信道，信道传输的数据也分为模拟数据与数字数据。数据的编码与调制包括数字数据的编码与调制和模拟数据的编码与调制，如图 2-6 所示。

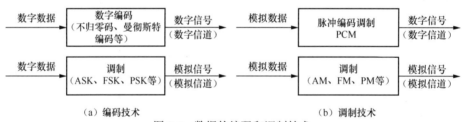

（a）编码技术　　　　　　　　　　　　（b）调制技术

图 2-6　数据的编码和调制技术

（1）数字数据的编码。利用数字通信信道直接传输数字数据信号的方法，称作数字信号的基带传输。而数字数据在传输之前需要进行数字编码。数字数据的编码，就是解决数字数据的数字信号表示问题，即通过对数字信号进行编码来表示数据。常用的数字数据编码方法有不归零码、曼彻斯特编码、差分曼彻斯特编码三种，如图 2-7 所示。

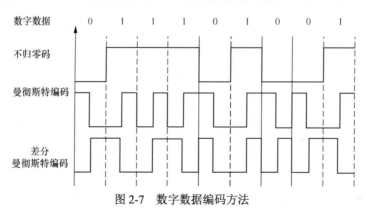

图 2-7　数字数据编码方法

（2）数字数据的调制。典型的模拟通信信道是电话通信信道，传统的电话通信信道是为传输语音信号而设计的，用于传输音频在 300～3400Hz 的模拟信号，不能直接传输数字数据。为了利用模拟语音通信的电话交换网实现计算机数字数据的传输，必须对数字数据进行调制。在发送端将数字数据信号变换成模拟信号的过程称为调制，调制设备称为调制器；在接收端将模拟数据信号还原成数字数据信号的过程称为解调，解调设备称为解调器。若进行数据通信的发送端和接收端以双工方式进行通信，就需要一个同时具备调制和解调功能的设备，称为调制解调器。

模拟信号可以用 $A\cos(2\pi ft+\varphi)$ 表示，其中 A 为波形的幅度，f 为波形的频率，φ 为波形的相位。根据这三个不同参数的变化，就可以表示特定的数字信号 0 或 1，实现调制的过程。数字数据的调制方法如图 2-8 所示。相应的调制方式分别称为幅移键控（amplitude shift keying，ASK）、频移键控（frequency shift keying，FSK）和相移键控（phase shift keying，PSK）。

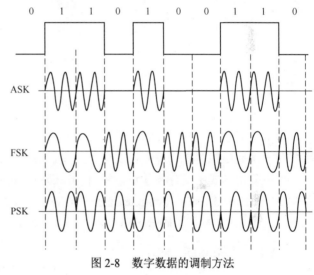

图 2-8　数字数据的调制方法

（3）模拟数据的编码。由于数字信号传输具有失真小、误码率低、价格低和传输速率高等特点，所以常把模拟数据转换为数字信号来传输。脉冲编码调制（pulse code modulation，PCM）是模拟数据数字化的主要方法，它包括采样、量化和编码 3 个步骤。

1）采样。根据采样频率，隔一定的时间间隔采集模拟信号的值，得到一系列模拟值。

2）量化。将采样得到的模拟值按一定的量化级进行"取整"，得到一系列离散值。

3）编码。将量化后的离散值数字化，得到一系列二进制值，然后将二进制值进行编码，得到数字信号。

PCM 的理论基础是奈奎斯特（Nyquist）采样定理：若对连续变化的模拟信号进行周期性采样，只要采样频率大于或等于有效信号最高频率或其带宽的两倍，则采样值便可包含原始信号的全部信息，可以从这些采样中重新构造出原始信号。

（4）模拟数据的调制。在模拟数据通信系统中，信源的信息经过转换形成电信号，可以直接在模拟信道上传输，由于天线尺寸和抗干扰等诸多问题，一般也需要进行调制，其输出信号是一种带有输入数据的、频率极高的模拟信号。模拟数据的调制技术有调幅（amplitude modulation，AM）、调频（frequency modulation，FM）和调相（phase modulation，PM）三种，最常用的是调幅和调频，如调频广播。

调幅是指载波的幅度会随着原始模拟数据的幅度变化而变化的技术。载波的幅度会在整个调制过程中变化，而载波的频率是相同的。调频是一种使高频载波的频率随着原始模拟数据的幅度变化而变化的技术。载波的频率会在整个调制过程中波动，而载波的幅度是相同的。

4. 多路复用技术

多路复用是在一条物理线路上传输多路信号来充分利用信道资源。信道复用的目的是让不同的计算机连接到相同的系统上，以共享信道资源。在长途通信中，一些高容量的同轴电缆、地面微波、卫星设施以及光缆可传输的频率带宽很宽，为了高效地利用资源，通常采用多路复用技术，使多路数据信号共同使用一条电路进行传输，即利用一个物理信道同时传输多个信号。多路复用原理如图2-9所示。

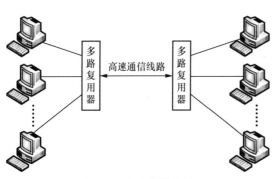

图2-9　多路复用原理

计算机网络中的信道连接方式一般有点到点和共享信道或信道复用两种。复用技术采用多路复用器将来自多个输入电路的数据组合调制成一路复用数据，并将该数据信号送上高容量的数据链路；多路解复器接收复用的数据流，依照信道分离（分配）还原为多路数据，并将其送到适当的输出电路上，用一对多路复用器和一条通信线路来代替多套发送、接收设备与多条通信线路。

信道复用方式主要有频分多路复用（frequency division multiplexing，FDM）、时分多路复用（time division multiplexing，TDM）、波分多路复用（wavelength division multiplexing，WDM）和码分多路复用（code division multiplexing，CDM）几种。

2.3.3 传输介质

传输介质分有线传输介质与无线传输介质两大类。有线传输介质包括双绞线、同轴电缆和光缆等。无线传输介质包括无线电波、微波、卫星、移动通信系统等。

1. 有线传输介质

（1）双绞线。双绞线是一种应用最广泛的传输介质，由绞合在一起的两根绝缘导线组成，可以减少电磁干扰，提高传输质量。双绞线比较适合短距离的低频与中频信号传输，既可用于模拟信号传输，也可用于数字信号传输。信号传输速率取决于双绞线的芯线材料、传输距离、驱动器与接收器能力等诸多因素。双绞线有多种类型，不同类型的双绞线所提供的带宽各不相同。局域网中所使用的双绞线有非屏蔽双绞线（unshielded twisted pair，UTP）和屏蔽双绞线（shielded twisted pair，STP）两类。

（2）同轴电缆。同轴电缆由绕在同一轴线上的两个导体即内导体（铜芯导线）和外导体（屏蔽层）所组成，外导体的作用是屏蔽电磁干扰和辐射，两导体之间用绝缘材料隔离。

常用的同轴电缆有基带同轴电缆与宽带同轴电缆两大类。基带同轴电缆可分为粗缆和细缆，其阻抗一般为 50Ω，最大传输距离限制在几千米范围内。而宽带同轴电缆用于宽带模拟信号的传输，其阻抗一般为 75Ω，最大传输距离可达几十千米。同轴电缆抗干扰能力较强，可以传输低频到特高频信号。基带同轴电缆的误码率低于 10^{-7}，宽带同轴电缆的误码率低于 10^{-9}。

（3）光缆。光缆是光纤电缆的简称，是传送可见光信号的介质，它由纤芯、包层和外部一层增强强度的保护层构成。纤芯采用二氧化硅掺以锗、磷等材料制成，呈圆柱形。包层采用纯二氧化硅制成，它将光信号折射到纤芯中。光纤分单模和多模两种。单模只提供一条光通路，在无中继的条件下，传输距离可达几十千米；多模有多条光通路，在无中继的情况下，传输距离可达几千米。单模光纤容量大，传输距离比多模光纤传输距离远，价格较贵。光纤只能用作单向传输，如需双向通信，需要成对使用。

光缆是计算机网络中最有发展前途的传输介质，具有传输距离远、速度快的显著特点，其传输速率可高达 1000Mbit/s，误码率低，衰减小，传播延时很小，并有很强的抗干扰能力。光缆被大规模应用于骨干网络的远距离数据传输，在局域网中的应用也非常广泛。

2．无线传输介质

电磁波按照频率由高到低排列可分为无线电波、微波、红外线、可见光、紫外线、X 射线和 γ 射线。目前用于通信的主要有无线电波、微波、红外线、可见光。对于无线介质，发送和接收都是通过天线实现的。在发送时，天线将电磁能量发射到介质（通常是空气）中；接收时，天线从周围的介质中获取电磁波。

（1）无线通信。无线通信所使用的无线电波频段覆盖低频到特高频。例如，调幅无线电使用中波（中频）（300kHz～3MHz），短波无线电使用高频（3～30MHz），调频无线电广播使用甚高频（30～300MHz），电视广播使用甚高频到特高频（30MHz～3GHz）。

目前，IEEE 802.11 系列无线局域网（wireless local area network，WLAN）使用无线电波作为传输介质，主要使用 2.4GHz 的无线电波频段。应用于无线上网的蓝牙（Bluetooth）技术也使用无线电波中的 2.4GHz 频段。

（2）微波通信。微波通信系统有地面通信系统和卫星通信系统两种形式。微波通信是指用频率在 100MHz～10GHz 的微波信号进行通信。微波天线最常见的类型是抛物面天线，其被固定使用，并将电磁波聚集成细波束，从而在可视区内发送给接收天线。微波的使用需要有关部门批准。

微波在空间是直线传播的，传播距离受限，一般只有 50km 左右。为实现远距离通信，必须在一条微波信道的两个端点之间建立若干个中继站，由地面微波接力通信。微波通信主要用于不适合铺设有线传输介质的场景，而且只能用于点到点的通信，速率也不高，一般为几百 kbit/s。

（3）移动通信。早期的移动通信系统采用大区制的强覆盖区，即建立一个无线电台基站，架设很高的天线塔（高于 30m），使用很大的发射功率（50～200W），覆盖范围可以达到 30~50km。目前的移动通信系统将一个大区制覆盖的区域划分成多个小区，每个小区制的覆盖区域设立一个基站，通过基站在用户的移动站之间建立通信。小区覆盖的半径较小，一般为 1~10km，因此可用较小的发射功率实现双向通信。这样由多个小区构成的通信系统的总容量将大大提高。由若干小区构成的覆盖区叫作区群。由于区群的结构酷似蜂窝，因此将小区制移动通信系统叫作蜂窝移动通信系统。

在无线通信环境中的电磁波覆盖区内，如何建立用户无线信道的连接就是多址连接问题，解决多址接入的方法称为多址接入技术。在蜂窝移动通信系统中，多址接入方法主要有频分多址接入（frequency division multiple access，FDMA）、时分多址接入（time division multiple access，TDMA）和码分多址接入（code division multiple access，CDMA）三种，其技术核心是多路复用。

（4）卫星通信。卫星通信是指利用人造卫星进行中转的通信方式。卫星通信系统是通过卫星微波形成的点到点通信线路，是由两个地球站（发送站、接收站）与一颗通信卫星组成的。地面发送站使用上行链路向通信卫星发射微波信号，卫星起到一个中继器的作用，它接收通过上行链路发送来的微波信号，经过放大后使用下行链路发送回地面接收站。

卫星通信系统也是微波通信的一种，只不过其中继站设在卫星上。卫星通信可以克服地面微波通信距离的限制。一个同步卫星可以覆盖地球的三分之一表面，三个这样的卫星就可以覆盖地球上的全部通信区域，实现地球上各个地面站之间的相互通信。卫星通信的优点是容量大，距离远，具有广播能力，多站可以同时接收一组信息，但是存在传输延迟。

（5）红外通信。红外通信是指利用红外线进行的通信。红外线的方向性很强，不易受电磁波干扰。在视野范围内的两个互相对准的红外线收发器之间通过将电信号调制成非相干红外线而形成通信链路，可以准确地进行数据通信。红外通信无须申请频率，被广泛应用于短距离的通信，如电视机、空调的遥控器。

2.4 数据交换与控制技术

2.4.1 数据交换技术

数据经编码后在通信线路上进行传输的最简单形式，是在两个互连的设备之间直接进行数据通信。但在网络中，要让所有设备都直接两两相连，显然不经济，当通信设备相隔很远时更不合适。

数据传输通常要经过中间节点将数据从信源逐点传送到信宿，以实现两个互连设备之间的通信。这些中间节点并不关心数据内容，其目的只是提供一个交换设备，把数据从一个节点传送到另一个节点，直至到达目的地。通常将数据在各节点间的数据传输过程称为数据交换。在计算机网络系统中，主要使用以下三种数据交换技术：电路交换（circuit switching）、报文交换（message switching）和分组交换（packet switching），如图 2-10 所示。

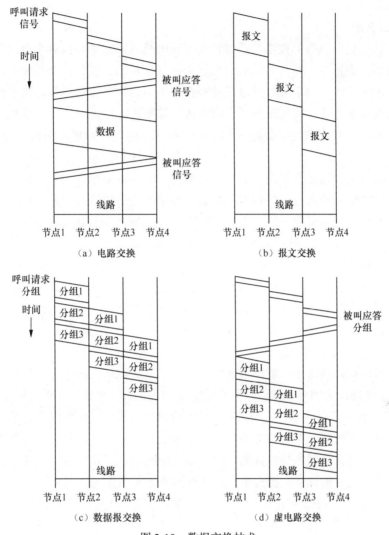

图 2-10　数据交换技术

1. 电路交换

电路交换也称线路交换。在电路交换中，两台计算机通过通信网络进行数据交换之前，首先要在通信网中建立一条实际的物理线路连接。在电路交换中，一次数据通信过程要经历电路建立、数据传输与电路拆除三个阶段。电路建立是构建一条利用中间节点的端到端的专用物理连接线路；数据传输是沿着已建好的线路传输数据；电路拆除是在数据传送结束后，拆除物理连接，释放该连接所占用的专用资源。

2. 报文交换

报文交换是以报文为单位进行存储转发交换的技术。在发送数据时不需要事先建立一条专用通道，而是把要发送的数据作为整体交给网络节点，网络节点通常为一台专用计算机，其备有足够的外存来缓存报文，每个中间节点接收一个报文之后，报文暂存在外存中，等待输出线路空闲时再根据报文中所指的目的地址转发到下一个合适的网络节点，直到报文到达目的节点。

3. 分组交换

分组交换是以分组为单位进行存储转发交换的技术。它不是以整个报文为单位进行交换的，而是以更短的、标准化的分组为单位进行交换的。在分组交换中，将大的报文分成若干个小的分组，每个分组通过交换网络中的节点进行存储转发。由于分组长度较小，可以用内存来缓冲，因此减少了中间节点的转发延迟，也降低了差错率。

分组交换可以分成数据报交换（datagram switching）和虚电路交换（virtual circuit switching）两种方式。

（1）数据报交换与报文交换类似，在数据传输时不需要预先建立连接，当发送端有一个较长的报文要发送时，首先将报文分解成若干个较小的数据单元，每个数据单元都要附加一个分组头并封装成分组（或称数据报），然后将各个分组发送出去。每个分组都被独立地传输，中间节点可能为每个分组选择不同的路由，这些分组到达目的端的顺序可能与发送的顺序不同，因此目的端必须重新排序分组，组装成一个完整的原始报文。

（2）虚电路交换与电路交换类似，数据传输是面向连接的，在数据传输时必须预先建立一个连接，但这种连接是基于共享线路的，而不像电路交换中的连接那样需要独占线路。虚电路交换也分成建立连接、数据传输和拆除连接三个阶段。

1）建立连接。发送端在发送数据分组之前，首先使用一个特定的建立连接请求分组建立一条逻辑连接，网络中间节点将根据该请求在发送端和目的端之间预先选择一条传输路径。由于该路径上的各段线路是共享而并非独占的，因此这种逻辑连接称为虚电路。

2）数据传输。当虚电路建立起来后，发送端和目的端之间便可以在这条虚电路上交换数据，并且每个数据分组中都必须包含一个虚电路标识符，用于标识这个虚电路。由于虚电路的传输路径是预先选择好的，因此每个中间节点只要根据虚电路标识符就能查找到相应的路径来传输这些数据分组，而无须重新选择路由。

3）拆除连接。当数据传输完毕后，任一个端点都可以发出一个拆除连接请求分组终止该虚电路，释放其占用的系统资源。

可见，虚电路交换是一种面向连接的数据交换方式，它既不像电路交换那样需要独占线路，而是采用共享线路方式来建立连接，通过存储转发方法实现数据交换；它又不同于数据报交换方式，只是在建立虚电路时选择一次路由，后续的各个分组只要使用该路由传送即可，而无须重新选择路由。

2.4.2 差错控制技术

根据数据通信系统的组成，当数据从信源发出，经过通信信道传输时，由于信道存在着一定的噪声，当数据到达信宿后，接收的信号实际上是数据信号和噪声信号的叠加。如果噪声对信号的影响非常大，就会造成数据传输错误。

通信信道中的噪声分为热噪声和冲击噪声。热噪声是由传输介质的电子热运动引起的，冲击噪声是由外界电磁干扰引起的。在数据通信过程中，为了保证将数据的传输差错控制在允许的范围内，就必须采用差错控制方法。

1. 差错编码

差错控制常采用冗余编码方案来检测和纠正信息传输中产生的错误。冗余编码是指在发送端把要发送的有效数据，按照所使用的某种差错编码规则加上控制码（冗余码），当信息到达接收端后，再按照相应的校验规则检验收到的信息是否正确。常用的差错编码方案有奇偶校验码、循环冗余校验（cycle redundancy check，CRC）码等。

（1）奇偶校验码。奇偶校验码是一种简单的检错码，其原理是通过增加冗余位来使得码字中"1"的个数保持为奇数（奇校验）或偶数（偶校验）。

采用奇偶校验码时，在每个字符的数据位传输之前，先检测并计算出数据位中"1"的个数，并根据使用的是奇校验还是偶校验来确定奇偶校验位，然后将其附加在数据位之后进行传输。当接收端接收到数据后，重新计算数据位中包含"1"的个数，再通过奇偶校验就可以判断出数据是否出错。奇偶校验可分为垂直奇偶校验、水平奇偶校验与水平垂直奇偶校验三种方式。

奇偶校验码被广泛应用于异步通信中。奇偶校验码只能检测单个比特出错的情况，对于两个或两个以上的比特出错无能为力。

（2）CRC码。先将要发送的信息数据与一个通信双方共同约定的数据进行除法运算，并根据余数得出一个校验码，然后将该校验码附加在信息数据帧之后发送出去。接收端在接收数据后，将包括校验码在内的数据帧再与约定的数据进行除法运算，若余数为"0"，则表示接收的数据正确；若余数不为"0"，则表明数据在传输过程中出现了错误。

CRC码是在数据通信中应用最广泛的检错码，是一种较为复杂的检验方法。CRC码检错能力强，不仅能够检测出全部单个错误和全部随机的两位错误，而且能检测出全部奇数个错误和全部长度小于或等于校验位的突发性错误。

2. 差错控制

（1）前向差错控制。前向差错控制，也称前向纠错（forward error correction，FEC）。接收端通过所接收到的数据中的差错编码进行检测，判断数据是否出错。若使用了差错纠错编码，当判断数据存在差错后，还可以确定差错的具体位置，并自动加以纠正。当然，差错纠错编码也只能解决部分出错的数据，对于不能纠正的错误，就只能使用自动重传请求（automatic repeat request，ARQ）方法予以解决。

（2）自动重传请求。接收端检测到接收信息有错后，通过反馈信道要求使发送端重发原信息，直到接收端认可为止，从而达到纠正错误的目的。自动重传请求包括停止等待自动重传请求和连续自动重传请求方式。

2.5　局域网与企业信息网络

2.5.1　局域网

局域网是将有限的地理范围内的各种数据通信设备连接在一起，实现数据传输和资源共享的计算机网络。连到局域网的数据通信设备必须加上高层协议和网络软件才能组成计算机网络。

1. 局域网的特点

（1）覆盖范围小。局域网中各节点分布的地理范围较小，通常在几米到几十千米之间，如一个学校、企事业单位。

（2）传输速率高。由于通信线路较短，故可选用高性能的介质作为通信线路，使线路有较宽的频带，以提高通信速率，缩短延迟时间。共享式局域网的传输速率通常为 $1\sim100$ Mbit/s，交换式局域网的传输速率为 $10\sim100$ Mbit/s，目前已达到 1Gbit/s。

（3）传输延时小。一般在几毫秒到几十毫秒之间。

（4）误码率低，可靠性高。局域网通信线路短，出现差错的机会少，噪声和其他干扰因素影响小，局域网的误码率可达 $10^{-8}\sim10^{-11}$。

（5）介质适应性强。在局域网中可采用价格低廉的双绞线、同轴电缆或价格昂贵的光纤，也可采用微波信道。

（6）结构简单，成本低，易于实现。

2. 局域网的基本组成

建立局域网时，必须将计算机与网络设备连接起来。不同的局域网联网技术，使用的网络设备不尽相同。局域网包括网络硬件和网络软件两大部分。网络硬件用于实现局域网的物理连接，为局域网中各计算机之间的通信提供一条物理通道；网络软件用来控制并具体实现通信双方的信息传递和网络资源的分配、共享。

网络硬件由计算机系统和通信系统组成，主要包括网络服务器、网络工作站、网络接口卡、网络设备、传输介质及其连接部件、各种适配器等。网络软件分为网络系统软件和网络应用软件。网络系统软件主要包括网络操作系统（network operating system，NOS）、网络协议软件和网络通信软件等。常用的网络操作系统有 Windows NT、Windows 2000 Server、Unix 和 NetWare，网络协议软件有 TCP/IP 和互联网络数据包交换/序列分组交换协议（inter-network packet exchange/sequenced packet exchange，SPX/IPX），网络通信软件有各种类型的网卡驱动程序等。常用的网络应用软件有网络管理监控程序、网络安全软件、分布式数据库系统、管理信息系统、Internet 信息服务、远程教学系统等。局域网的基本组成如图2-11所示。

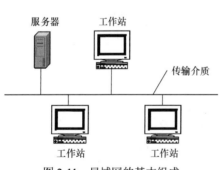

图 2-11　局域网的基本组成

3. 局域网介质访问控制方式

局域网介质访问控制（medium access control，MAC）是局域网的基本任务，对局域网体系结构、工作过程和网络性能有着决定性的影响。局域网 MAC 主要解决介质使用权问题，实现对网络传输信道的合理分配，用于确定网络节点将数据发送到介质上去的时刻，以及解决如何对公用传输介质进行访问、利用并加以控制的问题。传统的局域网 MAC 方式带冲突检测的载波监听多路访问（carrier sense multiple access with collision detection，CSMA/CD）、令牌环（token ring）访问控制、令牌总线（token bus）访问控制三种。

（1）CSMA/CD。CSMA/CD 是一种适用于总线结构的分布式 MAC 方法，其工作过程分为载波监听总线和总线冲突检测两部分。

1）载波监听总线，即先听后发。使用 CSMA/CD 方式时，总线上各节点都在监听总线，即检测总线上是否有别的节点发送数据。如果发现总线是空闲的，没有检测到有信号正在传送，则可立即发送数据。如果监听到总线是忙碌的，即检测到总线上有数据正在传送，这时节点要持续等待直到监听到总线空闲时才能将数据发送出去，或等待一个随机时间，再重新监听总线，直到总线空闲时再发送数据。

2）总线冲突检测，即边发边听。当两个或两个以上节点同时监听到总线空闲，开始发送数据时，会发生碰撞，产生冲突。另外，传输延迟可能会使一个节点发送的数据未到达目的节点，而另一个要发送数据的节点就已监听到总线空闲，并开始发送数据，这也会导致产生冲突。发生冲突时，两个传输的数据都会被破坏，使数据无法到达正确的目的节点。为确保数据正确传输，每一节点在发送数据时要边发送边检测冲突。当检测到总线上发生冲突时，就立即取消传输数据，随后发送一个短的干扰信号，以加强冲突信号，保证网络上所有节点都知道总线上已发生冲突。在阻塞信号发送后，等待一个随机时间，然后将要发送的数据再发送一次。如果还有冲突发生，则重复监听、等待和重传的操作。CSMA/CD 流程如图 2-12 所示。

（2）令牌环访问控制。令牌环访问控制是流行的环型网络访问技术，该技术的基础是令牌。令牌是一种特殊的帧，用于控制网络节点的发送权。只有持有令牌的节点才能发送数据。由于只有一个令牌，一次只能有一个节点发送，发送节点在获得发送权后就将令牌删除，在环路上

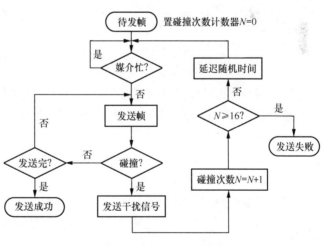

图 2-12 CSMA/CD 流程

不会再有令牌出现，其他节点也不可能再得到令牌，以保证环路上某一时刻只有一个节点发送数据。令牌环技术不存在争用现象，它是一种无争用型 MAC 技术。

当令牌环正常工作时，令牌总是沿着物理环路单向逐节点传送，传送顺序与节点在环路中的排列顺序相同。当某一个节点要发送数据时，必须等待空闲令牌的到来。当该节点获得空令牌后，将令牌置"忙"，并以帧为单位发送数据。如果下一节点是目的节点，

则将帧拷贝到接收缓冲区，在帧中标志出帧已被正确接收和复制，同时将帧送回环上，否则只是简单地将帧送回环上。帧绕行一周后到达源节点后，源节点回收已发送的帧，并将令牌置"闲"，再将令牌向下一个节点传送。令牌环的基本工作过程如图 2-13 所示。令牌环访问控制的主要优点在于其访问方式具有可调整性和确定性，每个节点具有同等的介质访问权；同时提供优先权服务，具有很强的适用性。其主要缺点是令牌环维护复杂，实现较困难。

（3）令牌总线访问控制。令牌总线访问控制综合了 CSMA/CD 与令牌环两种介质访问方式的特点。令牌总线的基本工作过程如图 2-14 所示。令牌总线主要适用于总线型或树型网络。采用该方式时，各节点共享的传输介质是总线型的，每一节点都有一个本站地址，并知道上一个节点和下一个节点的地址，令牌传递规定由高地址向低地址进行，最后由最低地址向最高地址依次循环传递，从而在一个物理总线上形成一个逻辑环。环中令牌传递顺序与节点在总线上的物理位置无关。

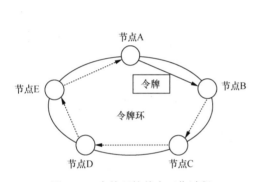

图 2-13　令牌环的基本工作过程

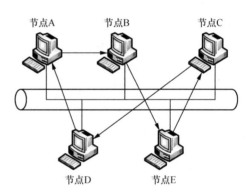

图 2-14　令牌总线的基本工作过程

与令牌环一致，令牌总线只有获得令牌的节点才能发送数据。在正常工作时，当节点完成数据帧的发送后，将令牌传送给下一个节点。从逻辑上看，令牌是按地址的递减顺序传给下一个节点的；从物理上看，带有地址字段的令牌帧被广播到总线上的所有节点，只有节点地址和令牌帧的目的地址相符的节点才有权获得令牌。

4．局域网参考模型和 IEEE 802 标准

（1）局域网参考模型。国际上通用的局域网标准由 IEEE 802 委员会制定。IEEE 802 委员会根据局域网适用的传输介质、网络拓扑结构、性能及实现难易程度等因素，为局域网制定了一系列标准，称为 IEEE 802 标准，已被 ISO 采纳为国际标准。局域网的体系结构一般仅包含 OSI 参考模型的最低两层，即物理层和数据链路层，数据链路层又可分为逻辑链路控制（logical link control，LLC）子层和 MAC 子层，如图 2-15 所示。

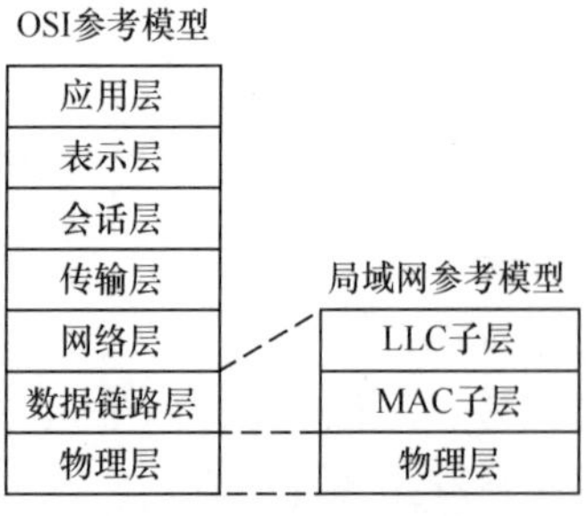

（2）IEEE 802 标准。IEEE 802 委员会为局域网制定了一系列标准，统称为 IEEE 802 标准，适用于不同的网

图 2-15　局域网参考模型

络环境。IEEE 802 各标准之间的关系如图 2-16 所示。

```
┌─────────────────────────┐
│ IEEE 802.10安全与加密      │
└─────────────────────────┘
┌─┬───────────────────────────────────────────────────────┐
│ │ IEEE 802.1系统结构与网络互联                              │
│ ├───────────────────────────────────────────────────────┤  LLC
│ │ IEEE 802.2逻辑链路控制子层                                │  子层
│ ├────┬────┬────┬────┬────┬──────┬──────┤
│ │IEEE│IEEE│IEEE│IEEE│IEEE│      │      │
│ │802.3│802.4│802.5│802.6│802.9│IEEE  │IEEE  │
│ │CSMA│令牌│令牌环│城域网│语音数│802.11│802.12│  MAC
│ │/CD │总线│    │    │据综合│无线  │100VG-│  子层
│ │    │    │    │    │局域网│局域网│AnyLAN│
│ ├────┼────┼────┼────┼────┼──────┼──────┤
│ │物理层│物理层│物理层│物理层│     │      │物理层│
│ └────┴────┴────┴────┴────┴──────┴──────┘
│ ┌───────────────────────────────────────┐
│ │ IEEE 802.7宽带技术                       │
│ └───────────────────────────────────────┘
│ ┌───────────────────────────────────────┐
│ │ IEEE 802.8光纤技术                       │
└─┴───────────────────────────────────────┘
```

图 2-16　IEEE 802 各标准之间的关系

2.5.2　企业信息网络

企业信息网络，简称企业网，是在一个企业范围内将各类测控设备、网络、计算机、存储设备等资源连接在一起，提供企业内的通信和信息共享以及企业外部的信息访问，用于经营、管理、调度、监测与控制的全局通信网络，以及提供面向客户的企业信息查询及信息交流等功能的计算机网络。

1. 企业网结构

（1）Internet、Intranet 与 Extranet。企业网常用的网络结构有 Internet、Intranet 与 Extranet 三种，企业应根据各自信息化的不同需求而有针对性地选择实施。Internet、Intranet、Extranet 的关系如图 2-17 所示。

1）Internet。Internet 是一个计算机交互网络，其前身是 APRANET。Internet 是一组全球信息资源的总汇，它是由那些使用公用语言互相通信的计算机连接而成的全球网络。Internet 以相互交流信息资源为目的，基于一些共同的协议，通过许多路由器和公共互联网组合而成。基于 TCP/IP 等通信协议，可以使位于不同位置、不同型号的计算机在 TCP/IP 的基础上实现信息交流和资源共享。

2）Intranet。Intranet 的目的是实现企业内部的信息交流和资源共享，

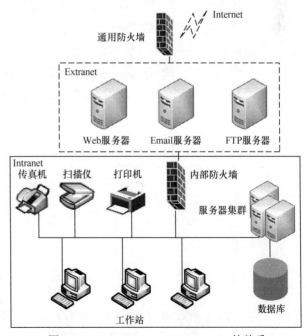

图 2-17　Internet、Intranet、Extranet 的关系

包括获取信息和提供信息，还可与数据库服务器连接，支持企业的决策支持系统。它在企业各部门现有网络上增加一些特定的软件，使企业已有网络连接起来，服务于企业的内部机构和人员；同时提供局域网与 Internet 的互联接口，使企业和广阔的外部信息世界连通，获取所需要的信息，促进企业组织结构的优化和管理。

Intranet 的特点：①采用基于 Internet 和 Web 的应用系统，采用标准化建设，容易集成各种已有信息系统，易与局域网、广域网结合；②可从传统企业网发展到 Intranet，继续利用原有资源；③建设 Intranet 周期短，规模有伸缩性；④采用防火墙等强有力的安全措施，防范来自 Internet 的非法入侵；⑤支持多媒体应用。

3）Extranet。Extranet 是企业外延网或企业外联网，是一种与外部世界有相对隔离的内部网络，是使用 Internet/Intranet 技术使企业与其客户和其他相关企业相连，完成共同目标的交互式合作网络。

Extranet 是 Intranet 向外部的延伸，用于有关联企业之间的联结和信息沟通，是企业间合作的纽带。服务对象既不限于企业内部的机构和人员，又不像 Internet 那样，完全对外开放服务，而是有选择地扩大到与该企业相关联的供应商、代理商和客户等。

企业往往通过 Internet 等公共互联网络与分支机构或其他公司建立 Extranet，进行安全通信。需要解决 Intranet 与这些远程节点连接所用的公共传输网的安全、费用和方便性等问题。目前最常用且有效的技术是虚拟专用网（virtual private network，VPN）。

Extranet 的特点：①采用 Internet 和 Web 的应用系统。②在保证企业核心数据安全的前提下，扩大对网络的访问范围，让商业伙伴甚至客户访问；制定特定的应用策略，可以让外部用户访问优先权高于内部。③设置防火墙，以确保网络安全问题。④Extranet 面对三种处理类型：数据库查询型，企业内部存储的信息向外部开放，其主体是 Internet 提供的信息和条件检索功能的组合；交易型，企业与交易点进行信息交换；群件型，多个企业形成的共同事业和共同项目的处理。

（2）企业网层次结构。企业网综合了信息网与控制网络。典型的企业网层次结构为三层网络结构，从低到高依次为现场控制层、监控调度层和信息管理层，如图 2-18 所示。

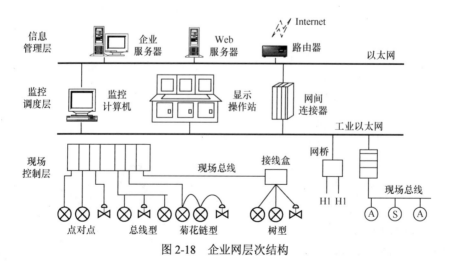

图 2-18　企业网层次结构

2. 企业网互联与设备

（1）企业网互联。企业网互联是指通过相应的技术手段在分布于不同地理位置的网络之间或网络与远程工作站之间建立物理和逻辑上的连接，以组成更大规模的计算机网络系统，实现更大范围的资源高度共享和文件传输。

企业网一般包括处理企业管理与决策信息的信息网络和处理企业现场实时测控信息的控制网络两部分。控制网络和信息网络的融合是为了实现网络间的信息与资源共享，将底层的实时信息传送到控制网络，为企业的管理决策提供重要的信息。控制网络与信息网络的集成技术主要有网络互联技术、远程通信技术、动态数据交换技术、数据库访问技术等。

信息网络一般采用开放的数据库系统，这样通过数据库访问技术可实现与控制网络的集成。信息网络的一个浏览器接入控制网络，基于 Web 技术，通过浏览器可与信息网络数据库进行动态的、交互式的信息交换，实现与控制网络的集成。

控制网络与信息网络集成的最终目标是实现管理与控制的一体的、统一的、集成的企业网络，为企业实现高效益、高效率、高柔性提供强有力的支持。相比其他控制网络而言，工业以太网在与信息网络的集成方面具有得天独厚的优势。

（2）网络互联设备。网络互联设备包括中继器、网桥、交换机、路由器、网关等。

1）中继器。中继器是工作于 OSI 参考模型物理层的网络连接设备，其要求每个网络在数据链路层以上具有相同的协议。计算机网络的覆盖范围会因为所使用的传输介质而有所限制，从而使得信号传输到一定距离就会因衰减导致接收设备无法识别该信号。使用中继器可扩大网上的所有信号（包括 CSMA/CD 碰撞），并将其放大、再生发送，进而扩展网络信号的传输距离。中继器虽然延伸了网络，但从网络层看仍然位于同一个网络，因此常被看成是网段的连接设备而不是网络互联设备。

2）网桥。网桥又称桥接器，工作于 OSI 参考模型的数据链路层，其要求每个网络在网络层以上各层中采用相同或兼容的协议。网桥一般用于互联两个运行同类型网络操作系统的局域网，而网络的拓扑结构、通信介质和通信协议可以不同。

网桥以接收、存储、地址过滤与转发的方式实现两个互联网络之间的通信，并实现大范围局域网的互联。网桥可以分隔两个网络之间的通信量，有利于改善互联网络的性能。若是同网络内的信息传递，则网桥不进行复制和转发；若不是，则进行转发。当两个局域网之间采用两个或两个以上的网桥互联时，由于网桥转发广播数据包，易产生广播风暴。

3）交换机。交换机是一种用于电信号转发的网络设备，属于数据链路层，还能够解析出 MAC 地址信息。交换机的所有端口都共享同一指定的带宽，这种方式比网桥的性能价格比要高。交换机的每一个端口都扮演一个网桥的角色，接入交换机的任意两个网络节点都有独享的电信号通路。换言之，交换机可以把每一个共享信道分成几个信道。最常见的交换机是以太网交换机。

为了提高带宽的使用效率，交换机可以从逻辑上把一些端口归并为一个广播域，以组建虚拟局域网（virtual local area network，VLAN）。这些端口不一定在同一个交换机内，甚至可能不在同一段。VLAN 包括服务器、工作站、打印机或其他任何能连接交换机的设备。

使用 VLAN，一个很大的好处就是它可以连接位于不同地理位置的用户，而且可以从一个大型局域网中组建一个较小的工作组。其特征是根据实际应用需求，把同一物理局域网内的不同用户逻辑地划分为不同的广播域，所以同一个 VLAN 内的各个工作站没有限制在同一个物理范围内，即这些工作站可以在不同的物理 LAN 网段，其作用是便于用户在网间移动以及阻止广播风暴。注意，此处是从逻辑上划分，而非从物理上划分。

4）路由器。路由器是一种能连通不同网络或网段的互联设备，工作在 OSI 参考模型的网络层。路由器通常用来互联局域网和广域网或者实现在同一点两个以上的局域网的互联，是目前用来构建 Internet 骨干网的核心互联设备。

路由器的功能主要包括网络互联、数据处理与网络管理。①网络互联，路由器支持各种局域网和广域网接口，主要用于互联局域网和广域网，实现不同类型网络互相通信；②数据处理，路由器提供数据包的过滤、数据包的寻址和转发、优先级、复用、加密、压缩和防火墙等功能；③网络管理，路由器提供配置管理、性能管理、容错管理和流量控制等功能。

5）网关。网关又称网间协议变换器，用于连接采用不同通信协议的网络，是实现网络间数据传输的网络互联设备。集线器、交换机、网桥和路由器主要用于网络层以下有差异的子网的互联，互联后的网络仍然属于通信子网的范畴。采用网桥或者路由器连接两个或者两个以上的网络时，都要求互相通信的用户节点具有相同的高层通信协议。如果两个网络完全遵循不同的体系结构，则无论是网桥还是路由器都无法保证不同网络用户之间的有效通信。网关是传输层及其以上层次的网络互联设备，执行网络层以上高层协议的转换，或者实现不同体系结构的网络协议的转换，主要用于不同体系结构网络的互联。

小　　结

计算机网络与通信技术的发展促进了网络化测控系统的广泛应用。数据通信与测控网络技术是测控系统的基础，工业测控网络类型很多。本章首先介绍了计算机网络与数据通信的基本概念与相关技术，并对构建测控系统的企业信息网络进行了介绍，为后续章节网络化测控系统的具体设计提供了基础。

第3章 有线测控网络

在工业 4.0 时代，各种有线通信技术的蓬勃发展为企业实现智能化和自动化带来了诸多可能。尤其是在工业互联网的技术构架中，需要通过车间现场各类通信方式接入不同设备、系统和产品，采集并上传大量相关数据。在工业控制领域，车间现场应用最广泛的通信方式是现场总线和工业以太网，为企业实现自动化带来强有力推动。本章首先介绍了控制器局域网（controller area network，CAN）、PROFIBUS、Lonworks 网络等几种比较流行的现场总线，然后介绍了工业以太网。

3.1 CAN 总 线

3.1.1 CAN 总线简介

CAN 是应用最广泛的现场总线之一，是 ISO 的串行通信协议，也是一种有效支持分布式控制或实时控制的串行通信网络。1986 年，德国 BOSCH 公司推出面向汽车的 CAN 通信协议，用于汽车内部测量与执行部件之间的数据通信。此后，CAN 通过 ISO 11898 及 ISO 11519 进行了标准化，在欧洲成为汽车网络的标准协议。最初，CAN 被设计作为汽车环境中的微控制器通信协议，用于在车载各电子控制装置之间交换信息，形成汽车电子控制网络。例如，发动机管理系统、变速箱控制器、仪表装备、电子主干系统中均被嵌入 CAN 控制装置。CAN 总线的数据通信具有突出的可靠性、实时性和灵活性特点，其应用范围已不再局限于汽车行业，已经被广泛应用于自动控制、航空航天、航海、过程工业、机械工业、纺织机械、农用机械、机器人、数控机床、医疗器械及传感器等领域。

1. CAN 总线的基本概念

（1）报文。总线上的信息以具有不同固定格式的报文发送，但发送长度有限。当总线开放时，任何连接的单元均可开始发送一个新报文。

（2）信息路由。在 CAN 系统中，一个 CAN 节点不使用有关系统配置的任何信息（如站地址）。CAN 废除了站地址编码方式，而代之以对通信数据进行编码。

（3）位速率。CAN 的数据传输速率在不同系统中是不同的。然而，在一个给定系统中，位速率是唯一的，并且是固定的。

（4）优先权。在总线访问期间，报文的标识符定义了一个静态的报文优先权。在 CAN 总线上，发送的每一个报文都具有唯一的一个 11 位或 29 位的标识符，总线状态取决于二进制数 0 而不是 1，标识符越小，则该报文拥有越高的优先权，因此一个标志符为全 0

的报文具有总线上的最高优先权。当有两个节点同时进行发送时，必须通过"无损的逐位仲裁方法"来使有最高优先权的报文优先发送。

（5）远程数据请求。通过发送一个远程帧，一个需要数据的节点可以请求另一个节点发送一个相应的数据帧，该数据帧和相应的远程帧以相同的标识符 ID 命名。

（6）多主机。当总线开放时，任何单元均可开始发送一个报文。具有最高优先权报文的单元赢得总线访问权。

（7）仲裁。总线开放时，任何单元均可发送报文，若有两个或更多的单元同时开始发送报文，总线访问冲突借助标识符 ID 通过逐位仲裁来解决。

这种仲裁机制可以使信息和时间均无损失。若具有相同标识符 ID 的一个数据帧和一个远程帧同时启动，则数据帧优先于远程帧。仲裁期间，每一个发送器都将发送的位电平与在总线上监视到的电平进行比较。若相同，则该单元可以继续发送。当发送一个"隐性"电平，而监视到一个"显性"电平时，该单元丢失仲裁，并且必须退出而不再发送后续位。

（8）错误标定和恢复时间。任何检测到错误的单元都会标志出已被损坏的报文。该报文会失效并将自动重传。如果不再出现错误，则从检测到错误到下一报文的传送开始为止，恢复时间最多为 31 位的时间。

（9）故障界定。CAN 单元能够把永久故障和短暂干扰区分开来，故障单元会被关闭。

（10）连接。CAN 通信链路是一条可连接多单元的总线。理论上，总线上的单元数目是无限制的；实际上，单元数目受限于延迟时间和总线的电气负载能力。例如，当使用 Philips P82C250 作为 CAN 收发器时，同一网络中一般最多允许挂接 110 个节点。

（11）单通道。CAN 总线由单一通道组成，借助数据的同步实现信息传输。CAN 技术规范中没有规定该通道的实现方法，即物理层可以使用单线（加地线）、两条差分线、光纤等，通常使用双绞线。

（12）应答。所有接收器对接收到的报文进行一致性检查。对于一致的报文，接收器给予应答；对于不一致的报文，接收器做出标志。

（13）睡眠方式/唤醒。为降低系统功耗，CAN 器件可被置于无任何内部活动的睡眠方式。借助于任何总线活动或者系统的内部条件均可唤醒 CAN 器件。为唤醒系统内仍处于睡眠状态的其他节点，可使用专用唤醒标识符（rrr rrrd rrrr，其中 r 为"隐性"位，d 为"显性"位）的特殊唤醒报文。

2. CAN 总线的技术特点

CAN 总线与其他通信网的不同之处在于：一是报文传送中不包含目标地址，它是以全网广播为基础的。各接收站根据报文中反映数据性质的标识符过滤报文，该收的收下，不该收下的丢弃。其好处是可在线上网下网、即插即用和多站接收。二是特别强化了对数据安全性的关注，满足了控制系统及其他有较高数据要求的系统的需求。

CAN 总线具有以下主要技术特点：

（1）CAN 遵从 ISO/OSI 参考模型，采用其中的物理层、数据链路层与应用层。采用双绞线，通信速率最高达到 1Mbit/s，直接传输距离最远可达 10km（5kbit/s），最多可挂接 110 个设备。

（2）CAN 的信号传输采用短帧结构，每一帧有效字节数为 8 个，因此传输时间短，受干扰的概率低。当节点发生严重错误时，具有自动关闭的功能，以切断该节点与总线的联系，使总线上其他节点不受影响，具有很强的抗干扰能力。

（3）CAN 支持多主机工作方式，网络上任一节点均可在任何时刻主动向其他节点发送信息，支持点对点、一点对多点和全局广播方式接收/发送数据，而优先级低的节点则主动停止发送，从而避免了总线冲突。

（4）采用非破坏性的总线仲裁技术，多点同时发送信息时，按优先级顺序通信，以节省总线冲突仲裁时间，避免网络瘫痪。

（5）支持远程数据请求。CAN 总线可以通过发送"远程帧"，请求其他节点的数据。

3. CAN 总线与 RS-485 总线比较

与常用的 RS-485 总线相比，CAN 总线具有更多方面的优势，可以完全取代 RS-485 网络，组建一个具有高可靠性且支持远距离、多节点、多主机工作方式的设备通信网络。同时，CAN 总线可以直接采用 RS-485 方式相同的传输电缆、拓扑结构。CAN 总线与 RS-485 总线的特性比较见表 3-1。

表 3-1　　　　　　　　　　CAN 总线与 RS-485 总线的特性比较

特性	RS-485 总线	CAN 总线
拓扑结构	直线拓扑	直线拓扑
传输介质	双绞线	双绞线
硬件成本	很低	每个节点成本有所增加
总线利用率	低	高
网络特性	单主机结构	多主机结构
数据传输率	低	最高可达 1Mbit/s
容错机制	无	由硬件完成错误处理和检错机制
通信失败率	很高	极低
节点错误的影响	导致整个网络瘫痪	故障节点对整个网络无影响
通信距离	<1.5km	可达 10km（5kbit/s）
网络调试	困难	非常容易
开发难度	标准 Modbus 协议	标准 CAN 总线协议
后期维护成本	较高	很低

4. CAN 总线的电平与传输距离

总线上的信号使用差分电压传送，两条信号线被称为 CAN_H 和 CAN_L，如图 3-1 所示。CAN 总线上用"显性"和"隐性"表示 0 和 1。在"隐性"状态即逻辑 1 时，CAN_H 和 CAN_L 被固定在平均电压电平（2.5V 左右）附近，V_{diff} 近似于 0。在"显性"状态即逻辑

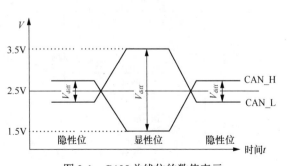

图 3-1　CAN 总线位的数值表示

0 时，CAN_H 比 CAN_L 高，此时电压值为 CAN_H=3.5V 和 CAN_L=1.5V。在总线空闲或"隐性"位期间，发送"隐性"位。当在总线上同时发送"显性"位和"隐性"位时，总线上的数值将呈现为"显性"。

CAN 总线系统中任意两个单元之间的最大传输距离与位速率有关，表 3-2 列出了最大传输距离与位速率之间的关系。其中，最大传输距离是指不接中继器的两个单元之间的距离。

表 3-2　　　　　　　　　CAN 总线系统最大传输距离与位速率之间的关系

位速率（kbit/s）	1000	500	250	125	100	50	20	10	5
最大传输距离（m）	40	130	270	530	620	1300	3300	6700	10000

3.1.2　CAN 总线协议

CAN 总线协议有 2.0A 和 2.0B 两个版本，2.0A 版本采用 CAN 标准报文格式，规定 CAN 控制器必须有一个 11 位的标志符；2.0B 版本采用 CAN 标准报文格式和扩展报文格式，规定 CAN 控制器的标志符长度可以是 11 位或 29 位。

1. 层次结构

CAN 总线协议是建立在 ISO/OSI 参考模型基础之上的。CAN 的规范定义了 OSI 参考模型的最下面两层，即数据链路层和物理层。CAN 结构层次少，数据结构简单，有利于系统中实时控制信号的传送。CAN 的 ISO/OSI 参考模型层次结构和功能如图 3-2 所示。

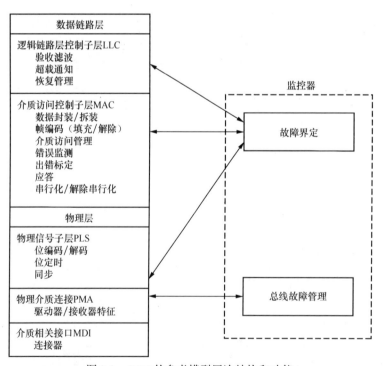

图 3-2　CAN 的参考模型层次结构和功能

物理层的功能是有关全部电气特性的不同节点间的位的实际传送。在一个网络内，物理层所有节点必须是相同的。然而，物理层的选择存在很大的灵活性。物理层定义了信号是如何被发送的，因而涉及位定时、位编码和同步的描述。在这部分 CAN 总线协议的技术规范中，未定义物理层的驱动器/接收器特性，以便允许根据它们的应用，对发送介质和信号电平进行优化。

数据链路层 LLC 子层与 MAC 子层。LLC 子层的主要功能是：为数据传送和远程数据请求提供服务，确认由 MAC 子层接收的报文实际已被接收以及为恢复管理和通知超载提供信息。MAC 子层的功能主要是：传送协议，也即控制成帧、执行仲裁、错误检测、错误标注和故障界定。MAC 子层是 CAN 协议的核心。它把接收到的报文呈现给 LLC，并接收来自 LLC 的报文以便发送。MAC 子层由称为故障界定的一个管理实体监控。它具有识别永久性故障或短暂扰动的自检机制。

2. 报文传送与帧结构

CAN 以报文为单位进行信息传送，在进行数据传送时，发出一个报文的单元称为该报文的发送器，并且保持该身份直到总线空闲或丢失仲裁。若一个单元不是某个报文的发送器，并且总线不处于空闲状态，则称该单元为该报文的接收器。对于报文的发送器和接收器，在报文的实际有效时刻是不同的。对于发送器而言，如果直到"帧结束"终结一直未出错，则报文有效。对于接收器而言，如果直到最后（除"帧结束"的那一位）一直未出错，则报文有效。

CAN 总线报文中包含标识符 ID，它也标志了报文的优先权。该标识符 ID 并不指出报文的目的地址，而是描述数据的含义。网络中所有节点都可由 ID 来自动决定是否接收该报文。每个节点都有 ID 寄存器和屏蔽寄存器，接收到的报文只有与该屏蔽寄存器中的内容相同时，该节点才接收报文。

构成一帧的帧起始、仲裁场、控制场、数据场和 CRC 序列均借助位填充规则进行编码。无论何时，当发送器在将被发送的位流中检测到数值相同的 5 个连续位时，会自动地在实际的发送位流中插入一个补码位。数据帧或远程帧的其余位场（CRC 界定符、应答场和帧结束）具有固定格式，不用进行填充。错误帧和超载帧同样具有固定格式，并且不用位填充规则编码。例如，位流 100000abc，填充后的位流 1000001abc。报文中的位流按照非归零码规则编码，在一个完整的位时间内，产生的位电平要么是"显性"的，要么是"隐性"的。

CAN 总线中的报文传输由 4 个不同的帧类型表示和控制。数据帧将数据从发送器传输到接收器。远程帧通过总线单元发出，以请求发送具有同一标识符的数据帧。错误帧由任何检测到总线错误的单元发出。超载帧用于在先行和后续数据帧（或远程帧）之间提供一个附加的延时。数据帧和远程帧既可使用标准帧，也可使用扩展帧。

（1）数据帧。数据帧由帧起始、仲裁场、控制场、数据场、CRC 场、应答场、帧结束 7 个不同的位场组成。数据帧组成如图 3-3 所示。

1）帧起始（标准格式和扩展格式）。标志数据帧和远程帧的起始，仅由一个单独的"显性"位组成。只有当总线空闲时，才允许站（即总线上的通信节点，3.1 中同）开始发送报文。所有的站必须同步于首先开始发送信息的站的帧起始前沿。

图 3-3　数据帧组成

2）仲裁场。在 CAN 2.0B 中存在两种不同的帧格式，其主要区别在于标识符的长度，具有 11 位标识符的帧称为标准帧，而包括 29 位标识符的帧称为扩展帧。标准格式帧与扩展格式帧的仲裁场格式是不同的。

在标准格式中，仲裁场由 11 位标识符和远程发送请求位（RTR）组成，标识符位为 ID28～ID18，如图 3-4 所示。

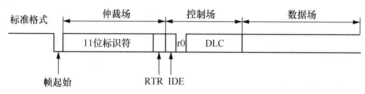

图 3-4　数据帧标准格式中的仲裁场结构

在扩展格式中，仲裁场包括 29 位标识符以及 SRR、IDE、RTR 位，标识符位为 ID28～ID0，如图 3-5 所示。

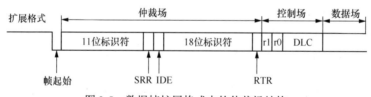

图 3-5　数据帧扩展格式中的仲裁场结构

在标准格式中，标识符的长度为 11 位。这些位的发送顺序是从 ID10 到 ID0。最低位是 ID0，最高的 7 位（ID10 到 ID4）不能全是"隐性"。而在扩展格式中，标识符的长度为 29 位，包括 11 位基本 ID 和 18 位扩展 ID，基本 ID 定义了扩展帧的基本优先权。

RTR 位为"远程请求发送位"，在数据帧中须为"显性"，在远程帧中须为"隐性"。

SRR 位为"替代远程请求位"，属扩展格式，它在扩展帧中处于标准帧 RTR 位的位置，因而替代标准帧的 RTR 位。当标准帧与扩展帧发生冲突且扩展帧的基本 ID 同标准帧的标识符一样时，标准帧优先于扩展帧。

IDE 位为"标识符扩展位"，属扩展格式的仲裁场和标准格式的控制场，在标准格式中 IDE 位为"显性"，而在扩展格式中 IDE 位为"隐性"。

3）控制场。控制场由 6 个位组成。标准格式的控制场和扩展格式的不同。标准格式中的帧包括数据长度码、IDE 位（为"显性"）、保留位 r0。扩展格式中的帧包括数据长度码和两个必须为"显性"的保留位 r1 和 r0。但接收器接收的是"显性"位和"隐性"位的组合。

数据长度码指示了数据场中字节的数量。数据长度码为 4 个位，在控制场中被发送。数据长度码中数据字节数目编码见表 3-3。其中，d 表示"显性"位，r 表示"隐性"位，数据字节数目只能为 0～8。

表 3-3　　　　　　　　　　数据长度码中数据字节数目编码表

数据字节数目	数据长度码			
	DLC3	DLC2	DLC1	DLC0
0	d	d	d	d
1	d	d	d	r
2	d	d	r	d
3	d	d	r	r
4	d	r	d	d
5	d	r	d	r
6	d	r	r	d
7	d	r	r	r
8	r	d	d	d

4）数据场（标准格式以及扩展格式）：数据场由数据帧中的发送数据组成。它可以为 0～8 字节，每个字节包含了 8 个位，按字节大端即最高有效位（most significant bit，MSB）顺序发送。

5）CRC 场（标准格式以及扩展格式）。CRC 场包括 CRC 序列（CRC sequence），以及其后的 CRC 界定符（CRC delimiter）。

6）应答场（标准格式以及扩展格式）。应答场长度为 2 个位，包含应答间隙（ACK slot）和应答界定符（ACK delimiter）。在应答场中，发送器发送两个"隐性"位。当接收器正确地接收到有效的报文时，接收器就会在应答间隙期间（发送应答信号）向发送器发送一个"显性"位以示应答。应答界定符是应答场的第 2 个位，并且必须是一个"隐性"位。因此，应答间隙被两个"隐性"位所包围，也就是 CRC 界定符和应答界定符。

7）帧结束（标准格式以及扩展格式）。每个数据帧和远程帧均由一个标志序列定界。这个标志序列由 7 个"隐性"位组成。

（2）远程帧。作为数据接收的站，可以借助发送远程帧启动其资源节点以传送数据。远程帧也有标准格式和扩展格式，而且都由帧起始、仲裁场、控制场、CRC 场、应答场、帧结束 6 个位场组成。远程帧的组成如图 3-6 所示。

与数据帧相反，远程帧的 RTR 位是"隐性"的，它没有数据场。

RTR 位的极性表示了其所发送的帧是数据帧（RTR 位为"显性"）还是远程帧（RTR 位为"隐性"）。

（3）错误帧。错误帧由两个不同的场组成。第一个场是由不同站提供的错误标志（ERROR FLAG）的叠加；第二个场是错误界定符。错误帧的组成如图3-7所示。

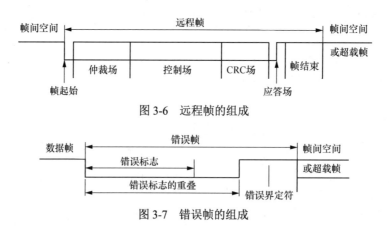

图3-6　远程帧的组成

图3-7　错误帧的组成

错误标志有主动错误标志和被动错误标志两种形式。主动错误标志由 6 个连续的"显性"位组成，而被动错误标志由6个连续的"隐性"位组成，除非被其他站的"显性"位重写。

检测到错误条件的"错误激活"站通过发送主动错误标志指示错误。错误标志破坏了从帧起始到CRC界定符的位填充规则，或者破坏了应答场或帧结束场的固定形式。所有其他站由此检测到错误条件并开始发送错误标志。因此，"显性"位（该"显性"位可以在总线上监视）的序列导致这样一个结果，即把个别站发送的不同的错误标志叠加在一起。该序列的总长度最小为6个位，最大为12个位。

检测到错误条件的"错误被动"站试图通过发送被动错误标志指示错误。"错误被动"站等待6个相同极性的连续位（这6个位处于被动错误标志的开始）。当这6个相同的位被检测到时，被动错误标志的发送就完成了。

错误界定符包括8个"隐性"位。错误标志传送了以后，每个站就发送"隐性"位并一直监视总线直到检测出一个"隐性"位为止。然后开始发送其余7个"隐性"位。

为了能正确地终止错误帧，"错误被动"站要求总线至少有3个位时间的总线空闲（如果"错误被动"的接收器是局部错误的话）。因此，总线的载荷不会达100%。

（4）超载帧。超载帧包括超载标志和超载界定符两个位域，如图3-8所示。

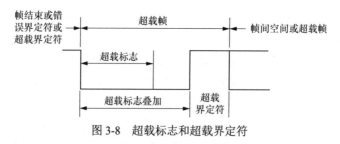

图3-8　超载标志和超载界定符

存在两种导致发送超载标志的条件：一是要求延迟下一数据帧或远程帧的接收器的

内部条件；二是在间歇场检测到显性位。前者引起的超载帧起点，仅允许在期望间歇场第一时间开始；后者引起的超载帧起点，在检测到显性位的后位开始，大多情况下，为延迟下一数据帧或远程帧，两种超载帧均可产生。

超载帧由 6 个显性位组成，全部形式对应于活动错误标志形式。超载界定符由 8 个隐性位组成。超载界定符与错误界定符具有相同的形式。

（5）帧间空间。不管是何种帧（数据帧、远程帧、错误帧或超载帧），均以帧间空间（interframe space）的位场分隔开来。在超载帧和错误帧前面没有帧间空间，并且多个超载帧也不被帧间空间分隔。

帧间空间包括间歇场和总线空闲场。对于已经发送先前报文的"错误认可"站，还要暂停发送场。对于非"错误认可"或已经完成先前报文接收的站，其帧间空间如图 3-9（a）所示；对于已经完成先前报文发送的"错误认可"站，其帧间空间如图 3-9（b）所示。

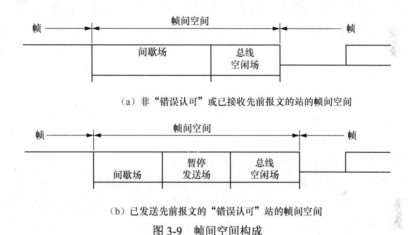

（a）非"错误认可"或已接收先前报文的站的帧间空间

（b）已发送先前报文的"错误认可"站的帧间空间

图 3-9　帧间空间构成

1）间歇场。由 3 个"隐性"位组成。在间歇场期间，不允许任何站启动发送数据帧或远程帧。间歇场唯一的作用是标注超载条件。

2）总线空闲场。持续时间可为任意长度。此时，总线是开放的，因此任何需要发送的站均可访问总线。

在其他报文发送期间，待发送的报文在间歇场后的第一位开始发送。检测到总线上的一个"显性"位将被理解为帧起始。

3）暂停发送场。"错误认可"站发完一个报文后，在开始下一次报文发送或认可总线空闲之前，紧随间歇场后送出 8 个"隐性"位。如果在此期间其他站开始一次发送，该站将变为报文接收器。

3. 错误类型和界定

（1）错误类型。在 CAN 总线中存在以下五类错误：

1）位错误（bit error）。向总线送出一个位的某个单元同时也在监视总线。当监视到的总线位数值与送出的位数值不同时，则在该位时刻检出一个位错误。例外情况是，仲裁场的填充位流期间、应答期间、送出隐性位而检测到显性位时。

2）填充错误（stuff error）。在应使用位填充方法进行编码的报文中，出现了第 6 个连续相同的位电平时，将检出一个填充错误。

3）CRC 错误（CRC error）。CRC 序列是由发送器完成的 CRC 计算结果组成的。接收器以与发送器相同的方法计算 CRC。如果计算结果与接收到的 CRC 序列不同，则检出一个 CRC 错误。

4）形式错误（form error）。当固定形式的位场中出现一个或更多非法位时，则检出一个形式错误。

5）应答错误（ACK error）。在应答间隙期间，发送器未检测到"显性"位，则由它检出一个应答错误。

（2）错误信号的发出。检测到错误条件的节点通过发送错误标志指示错误。对于"错误激活"的节点，错误信息为"激活错误"标志；对于"错误认可"的节点，错误信息为"认可错误"标志。节点检测到无论是位错误、填充错误、形式错误，还是应答错误，该节点会在下一位时发出错误标志信息。如果检测到的错误条件是 CRC 错误，则错误标志的发送开始于应答界定符之后的位（除非其他错误条件引起的错误标志已经开始）。

（3）故障界定。在 CAN 总线中，就故障界定而言，一个单元（节点）可能处于以下三种状态。

1）错误激活（error active）。"错误激活"的节点可以正常地参与总线通信，并在错误被检测到时发出"激活错误"标志。

2）错误认可（error passive）。"错误认可"节点不允许发送"激活错误"标志。当"错误认可"节点参与总线通信时，在错误被检测到时只发出"认可错误"标志。而且，"认可错误"标志发送之后，"错误认可"节点将在启动下一个发送之前处于等待状态。

3）总线关闭（bus off）。"总线关闭"的节点不允许对总线产生任何的影响（如关闭输出驱动器）。

为了界定故障，在每一总线节点中都设有两种计数，即发送错误计数和接收错误计数。这些计数按照下列规则进行，在给定的报文发送期间，可能要用到的规则不止一个。

接收器检出错误时，接收错误计数加 1。接收器在送出错误标志后的第一位检出一个"显性"位时，接收错误计数加 8。发送器送出一个错误标志时，发送错误计数加 8。

发送错误计数不改变的例外情况有以下两种：一种是如果发送器为"错误认可"，因未检测到"显性"应答而检测到一个应答错误，并且在送出其"认可错误"标志时，未检测到"显性"位；另一种是如果由于仲裁期间（其填充位处于 RTR 位前）发生的填充错误，发送器送出一个错误标志，本应是"隐性"的，而且确实发送的是"隐性"的，但监视到的是"显性"的。

如果发送器送出一个"激活错误"标志或超载标志时，发送器检测到位错误，则发送错误计数加 8。如果接收器送出一个"激活错误"标志或超载标志时，接收器检测到位错误，则接收错误计数加 8。

在送出"激活错误"标志、"认可错误"标志或超载标志后，任何节点都允许多至 7 个连续的"显性"位。在检测到第 14 个连续的"显性"位后，或紧随"认可错误"标志检测到第 8 个连续的"显性"位后，以及附加的 8 个连续的"显性"位的每个序列后，每个发送器的发送错误计数都加 8，并且每个接收器的接收错误计数也都加 8。

报文成功发送后，发送错误计数减 1，除非它已经为 0。报文成功接收后，接收错误计数减 1，如果它处于 1 和 127 之间。若接收错误计数为 0，则仍保留 0；而若它大于 127，则将其置为 119 和 127 之间的某个数值。

发送错误计数等于或大于 128 或接收错误计数等于或大于 128 时，节点为"错误认可"。导致节点变为"错误认可"的错误条件使节点送出一个"激活错误"标志。

发送错误计数大于或等于 256 时，节点为"总线脱离"。发送错误计数和接收错误计数两者均小于或等于 127 时，"错误认可"节点再次变为"错误激活"节点。

在检测到总线上 11 个连续的"隐性"位发生 128 次后，"总线脱离"节点将变为其两个错误计数器均置为 0 的"错误激活"节点（不再是"总线脱离"节点）。当错误计数值大于 96 时，说明总线被严重干扰。它提供测试该状态的一种手段。

若系统启动期间仅有一个节点在线，该节点发送报文后，将得不到应答，会检出错误并重复该报文。它可以变为"错误认可"，但不会因此变为"总线脱离"。

4. 位定时要求

（1）正常位速率（normal bit rate）：在非重同步情况下，借助理想发送器每秒发送的位数。

（2）正常位时间（normal bit time）：正常位速率的倒数。正常位时间可划分为几个互不重叠的时间段。这些时间段包括同步段（SYNC-SEG）、传播段（PROP-SEG）、相位缓冲段 1（PHASE-SEG1）和相位缓冲段 2（PHASE-SEG2），如图 3-10 所示。

图 3-10　正常位时间的划分

同步段用于使总线上的各个节点同步。期望有一个跳变沿位于该段内。

传播段用于补偿网络内的物理延时。它是信号在总线上传播时间的两倍与输入比较器延时、输出驱动器延时之和。

相位缓冲段 1 和相位缓冲段 2 用于补偿沿的相位误差，使总线上的各个节点同步。通过重同步，这两个时间段可被延长或缩短。

（3）采样点（sample point）：总线电平被读，并被理解为其自身位数值的时刻。它位于相位缓冲段 1 的终点。

（4）信息处理时间（information processing time）：由采样点开始、为计算后续位电平而保留的时间段。

（5）时间份额（time quantum）：由振荡器周期派生出的一个固定时间单元。时间份额的总数必须被编程为 8～25。正常位时间中的各时间段长度：同步段长度为 1 个时间份额；传播段长度可编程为 1、2、…、8 个时间份额；相位缓冲段 1 长度可编程为 1、2、…、8 个时间份额；相位缓冲段 2 长度为相位缓冲段 1 和信息处理时间的最大值；信息处理时间长度小于或等于 2 个时间份额。

（6）硬同步（hard synchronization）：硬同步后，内部位时间从同步段重新开始。硬同步强迫引起硬同步的沿处于重新开始的位时间同步段之内。

（7）重同步（resynchronization）：当引起重同步的沿的相位误差数值小于或等于重同步跳转宽度编程值时，重同步的作用与硬同步的作用相同。当相位误差数值大于重同步跳转宽度，且相位误差为正时，相位缓冲段 1 的延长数值等于重同步跳转宽度。当相位误差数值大于重同步跳转宽度，且相位误差为负时，相位缓冲段 2 的缩短数值等于重同步跳转宽度。

（8）重同步跳转宽度（resynchronization jump width）：作为重同步的结果，相位缓冲段 1 可被延长或相位缓冲段 2 可被缩短。这两个相位缓冲段的延长或缩短的数值有一个由重同步跳转宽度给定的上限。重同步跳转宽度应编程为 1 和 min（4，相位缓冲段 1）之间的数。时钟信息可由一位数值到另一位数值的跳变取得。具有相同数值的连续位的最大个数是唯一而固定的，这一特性提供了在帧期间总线单元重同步于位流的可能性。可被用于重同步的两个跳变之间的最大长度是 29 个位时间。

（9）沿相位误差（phase error of an edge）：沿相位误差由沿相对于同步段的位置给定，以时间份额量度。相位误差的符号定义如下：若沿处于同步段之内，则 $e=0$；若沿处于采样点之前，则 $e>0$；若沿处于前一位采样点之后，则 $e<0$。

（10）同步规则（synchronization rules）：在一个位时间内仅允许一种同步。只要在先前采样点上检测到的数值与一个沿过后立即得到的总线数值不同，则该沿将被用于同步。在总线空闲期间，无论何时，当存在一个"隐性"至"显性"的跳变沿，则执行一次硬同步。

5. 应用层协议

应用层协议提供一组服务和协议，用来配置设备的方法和通信数据，定义设备之间的数据通信方式。CAN 现场总线只对物理层和数据链路层做了描述和规定，而没有规定应用层，本身并不完整，在 CAN 总线的分布式测控系统中，有些功能需要一个高层协议来实现。例如，通过应用层协议规定 CAN 报文中的 11/29 位标识符和 8 字节数据的使用、响应或者确定报文的传送、网络的启动及监控，网络中 CAN 节点故障的识别和标识等问题。

不同的应用对应于不同的应用层协议，为了使不同厂商的产品能够相互兼容，需要在 CAN 网络中实现统一的通信模式，执行网络管理，提供设备功能描述方式。CAN 应用层协议有 CANopen、DevceNet、CAL、SDS、CANKingdom、SAE J1939 协议，也可以自行制定一个应用层协议。目前广泛使用的两个应用层协议是 CANopen 与 DeviceNet 协议。

（1）CANopen 协议。CANopen 由 CiA（CAN in aoutmation）成员编制，是在 CAL（CAN application layer）基础上开发的，它在通信和系统服务以及网络管理方面使用了 CAL 通信和服务协议子集，设备建模是借助于对象目录而基于设备功能性的描述，标准设备以设备子协议的形式规定。CANopen 协议主要用于汽车、工业控制、自动化仪表等领域，CANopen 标准由 CIA 负责管理和维护。

（2）DeviceNet。DeviceNet 是 20 世纪 90 年代中期发展起来的一种基于 CAN 技术、符合全球工业标准的低成本、高性能、开放式通信网络。DeviceNet 不仅可以作为设备级的网络，还可以作为控制级的网络，通过 DeviceNet 提供的服务可以实现以太网上的实时控制。较之其他的一些现场总线，DeviceNet 不仅可以接入更多、更复杂的设备，还可以为上层提供更多的信息和服务。

DeviceNet 最初由 Rockwell 公司设计，目前由开放 DeviceNet 供应商协会（open DeviceNet vendors association，ODVA）致力于支持其产品和规范的进一步开发。此外，Rockwell、GE、ABB、Hitachi、Omron 等公司也在致力于 DeviceNet 的推广。

3.1.3　CAN 系统组成

1．分析系统需求

采用 CAN 网络进行工程设计时，首先要分析系统的需求。例如，现场所需要 I/O 的数量以及 I/O 的类型，决定采用的 CAN 节点或者 CAN 功能模块的数量。在此基础上进行初步的系统设计，包括如何实现 CAN 总线网络与测控模块的连接，采用何种 CAN 总线接口卡与工业控制计算机连接。项目需求分析是一个反复的过程，应该完整全面地考虑，否则会给后续的工作带来较大的影响。在最开始的网络规划中，应注意获取以下信息：

（1）根据系统的设备情况，推算出整个系统的控制规模，决定系统所需要的模块种类和数量，制定 CAN 功能模块清单。

（2）获取各个模块对于通信方面的性能指标要求，包括对实时性、确定性、可重复性的要求，通信数据量的大小，以及 I/O 数据输入输出运行的最大时间间隔等。

（3）了解节点或模块对网络通信的需求，哪些模块涉及的数据对时间有苛刻的要求，哪些模块涉及的数据对时间没有特殊的要求。

（4）确定现场信号测量和控制所需要的准确性、模拟量转换的分辨率和精确度、系统采样的最小周期。

（5）了解系统中设备的分布情况，包括设备的位置、设备的间距，决定系统的网络拓扑、布线、安装方式等，了解系统电源的配置情况。

（6）网络工作的环境条件，如温度、湿度、振动、地磁干扰等。

（7）根据系统的要求和设备情况，制定系统相应的控制功能，考虑系统故障概率以及故障情况下系统控制的安全性。

（8）系统软件的选择以及配置，包括开发环境、组态软件、OPC Server 接口等，系统应用程序的大小，对实时性的要求及影响。

项目需求分析是整个 CAN 系统设计的基础，必须全面考虑各种因素，避免系统的功能出现遗漏或者欠缺。应把可靠性的要求贯穿到整个系统设计过程中，保证系统最终在现场中能够可靠稳定运行，并方便用户根据需要增加其应用功能。

2．CAN 网络规划

CAN 系统为基于个人计算机（personal computer，PC）的分布式数据采集及控制系统，其基本组成单元为 IPC+CAN 总线接口卡+CAN 功能模块。CAN 网络在应用中，需要根据实际需求选择合适的控制平台和 CAN 功能模块。对于网络的拓扑结构，需要根据实际布线安装要求、网络通信速率和通信距离进行确定，并根据需要增加 CAN 总线网关/网桥设备，如图 3-11 所示。

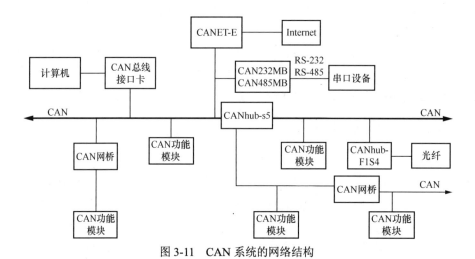

图 3-11　CAN 系统的网络结构

3. 控制平台选择

控制平台是 CAN 系统中的核心单元，是主控设备或主机。控制平台实现了对于整个系统运行的控制以及状态的监控。在 CAN 系统控制平台的选择上，可以采用通用 IPC、嵌入式设备等。

4. 功能模块选择

在工业现场常见的信号类型包括数字量信号、模拟量信号、脉冲信号以及温度信号。对于现场信号的采集通过 CAN 功能模块实现，CAN 功能模块主要包括 AO、AI、DI、DO、PI 以及一些混合信号类型的 I/O 功能模块。

5. 网络拓扑结构

CAN 总线网络均为总线型拓扑结构，在工程应用中，由于工业控制现场的环境、设备的分布以及地理位置的要求，总线型拓扑结构往往不能够满足实际布线和安装的要求。可以在 CAN 系统中增加 CAN 中继器、网桥设备，实现对 CAN 系统网络结构的拓展，如图 3-12 所示。

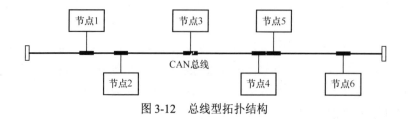

图 3-12　总线型拓扑结构

6. CAN 网络性能

CAN 网络系统设计需考虑多种性能,其中系统的实时性影响因素主要有网络的延时、总线的通信速率两种。因此,在构建网络时必须确定这两个参数。当总线的通信速率较快时,报文传输的时间相对较短,而较高的通信速率会导致较短的传输距离,因此确定这两个参数必须考虑整个 CAN 网络的范围。

7. CAN 网络测试

CAN 网络的测试是整个系统进入现场安装或者投入实际运行必经的环节,是整个系统基本设计及性能的检测保证。测试主要包括检测主站设备与从站设备之间的通信协议、数据传输的延时以及网络的实时性是否符合设计的要求。网络测试框图如图 3-13 所示。整个系统的网络通信、I/O 功能以及运行策略都需要进行详细的测试。

测试过程中要按照真实的网络参数构建整个系统,按照实际的网络拓扑、实际的设备数量以及实际的通信距离连接各个设备,并按照实际的通信参数(总线负载、轮询周期、网络协议以及通信协议)进行测试。在网络通信测试时,底层的 I/O 功能模块可以不连接实际的现场设备。通过对测试结果进行统计分析,评估是否符合预期的设计要求。如果不满足要求,则需要对网络的参数进行修改,直至达到设计要求为止。

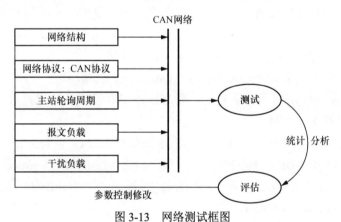

图 3-13 网络测试框图

8. 系统可靠运行策略

CAN 系统的可靠性依赖于整个系统的硬件和软件的可靠性,在 CAN 系统的设计和测试中必须对系统的可靠性给予足够的重视。提高 CAN 系统的硬件可靠性可以从以下几个方面进行:在环境适应性方面,应用时需要考虑的参数主要有温度、湿度、振动、防水、防尘等;在抗电磁干扰措施方面,为提高 CAN 系统的抗干扰能力可以采取屏蔽、接地以及隔离等措施。

3.2 PROFIBUS

PROFIBUS 是一种用于工厂自动化车间级监控和现场设备层数据通信与控制的现场总线技术。基于该技术可实现现场设备层到车间级监控的分散式数字控制和现场通信网络，从而为实现工厂综合自动化和现场设备智能化提供了可行的解决方案。

3.2.1 PROFIBUS 简介

PROFIBUS 是国际化、开放、不依赖于生产商的现场总线标准，广泛应用于制造业、过程自动化和楼宇、交通、电力等自动化领域。PROFIBUS 技术的发展经历如下：1987年，由德国西门子等 18 家企业和研究机构联合开发；1989 年，发布德国工业标准 DIN 19245；1996 年，发布欧洲标准 EN 50170 V.2（PROFIBUS-FMS-DP）；1998 年，PROFIBUS-PA 被纳入 EN 50170 V.2；1999 年，发布国际标准 IEC 61158 的组成部分（TYPE 3）；2001 年，发布中国机械行业标准 JB/T 10308.3—2001《测量和控制数字数据通信 工业控制系统用现场总线 第 3 部分：Profibus 规范》；2006 年，发布中国国家标准 GB/T 20540—2006《测量和控制数字数据通信 工业控制系统用现场总线 类型 3：PROFIBUS 规范》。

PROFIBUS 可实现分散式数字化控制器从现场底层到车间级的网络化，该系统分为主站和从站。主站决定总线的数据通信，当主站得到总线控制权（令牌）时，即使没有外界请求也可以主动发送信息。主站从 PROFIBUS 协议角度也称主动站。从站为外围设备，典型的从站包括 I/O 装置、阀门、驱动器和测量变送器。它们没有总线控制权，仅对接收到的信息给予确认或当主站发出请求时向主站发送信息。从站也称被动站，由于从站只需总线协议的一小部分，所以实现起来非常经济。

PROFIBUS 的传输速率为 9.6kbit/s～12Mbit/s，最大传输距离在 9.6kbit/s 时为 1200m，在 1.5Mbit/s 时为 200m，可用中继器延长至 10km。其传输介质可以是双绞线，也可以是光缆，最多可挂接 127 个站点。

PROFIBUS 由三部分组成，即 PROFIBUS 分散外围设备（PROFIBUS decentralized periphery，PROFIBUS-DP）、PROFIBUS 过程自动化（PROFIBUS process automation，PROFIBUS-PA）、PROFIBUS 现场总线报文规范（PROFIBUS fieldbus message specification，PROFIBUS-FMS）。

PROFIBUS-DP 专为自动控制系统和设备级分散的 I/O 之间的通信而设计，使用 PROFIBUS-DP 模块可取代价格昂贵的直流 24V 或 4～20mA 并行信号线。PROFIBUS-DP 用于分布式控制系统的高速数据传输。

PROFIBUS-PA 专为过程自动化而设计，是标准的本质安全传输技术，实现了 IEC 1158-2 中规定的通信规程，用于对安全性要求高的场合以及由总线供电的站点。

PROFIBUS-FMS 专为解决车间级通用性通信任务而设计，提供大量的通信服务，完成中等传输速度的循环和非循环通信任务，用于纺织工业、楼宇自动化、电气传动、传感器和执行器、PLC、低压开关设备等一般自动化控制。

3.2.2 PROFIBUS 协议

1. PROFIBUS 网络结构

一个典型的工厂自动化系统（automation system，AS）应该是三级网络结构。基于

PPROFIBUS-DP/PA 的控制系统位于工厂 AS 的底层，即现场级与车间级。PPROFIBUS-FMS 是面向现场级与车间级的数字化通信网络。PROFIBUS 网络结构如图 3-14 所示。

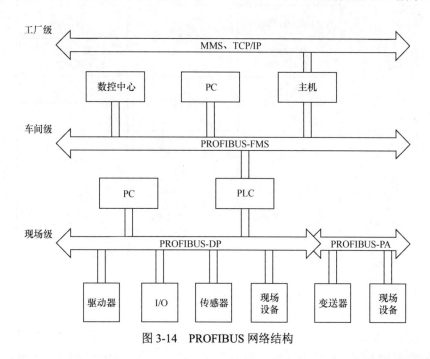

图 3-14　PROFIBUS 网络结构

（1）现场级。现场级由现场智能设备、现场智能仪表、远程 I/O 和网络设备构成，用来完成现场设备控制及设备间连锁控制。主站（PLC、PC 或其他控制器）负责总线通信管理及所有从站的通信。现场控制涉及 PROFIBUS 协议的 PROFIBUS-DP 和 PROFIBUS-PA 两个部分。

（2）车间级。车间级由执行监控任务的工作站或显示操作站、ES、控制器组成，用来完成车间生产设备之间的连接，完成生产设备状态在线监控、设备故障报警及维护等，还具有生产统计、生产调度等车间级生产管理功能。车间级监控网络可采用 PROFIBUS-FMS，它是一个多主机网，该级最重要的不是数据传输速度，而是能否传送大容量的信息。

（3）工厂级。工厂级由各种服务器和客户机组成，主要由管理信息系统（management information system，MIS）、厂级监控信息系统（supervisory information system，SIS）和企业资源管理（enterprise resource planning，ERP）系统构成。车间 OS 可通过集线器与车间办公管理网连接，将车间生产数据送到车间管理层。车间管理网作为工厂主网的一个子网，通过交换机、网桥或路由等连接到厂区骨干网，将车间数据集成到工厂管理层。

2．PROFIBUS 通信协议

PROFIBUS 通信协议结构是根据 ISO 7498，基于 OSI 参考模型构建的。PROFIBUS 协议结构如图 3-15 所示。PROFIBUS-FMS 采用 OSI 参考模型的第一、二、七层，即物理层、数据链路层、应用层。

用户层	DP设备行规	FMS设备行规	PA设备行规
	基本功能 扩展功能		基本功能 扩展功能
	DP用户接口 直接数据链路映象程序 （DDLM）	应用层接口	DP用户接口 直接数据链路映象程序 （DDLM）
第七层 （应用层）	未使用	应用层 现场总线报文规范(FMS)	未使用
第三~六层		低层接口（LLI）	
第二层 （数据链路层）	数据链路层 现场总线数据链路 （FDL）	数据链路层 现场总线数据链路 （FDL）	IEC接口
第一层 （物理层）	物理层 （RS-485/光纤）	物理层 （RS-485/光纤）	IEC 61158-2

图 3-15　PROFIBUS 协议结构

PROFIBUS-DP 物理层与 ISO/OSI 参考模型的第一层相同，采用 RS-485 协议，根据数据传输速率的不同，可选用双绞线和光纤两种传输介质。PROFIBUS-DP 数据链路层协议的 MAC 部分采用受控访问的令牌总线和主-从方式。其中，令牌总线与局域网 IEEE 8024 协议一致，令牌在总线上的各主站间传递，持有令牌的主站获得总线控制权，该主站依照关系表与从站或其他主站进行通信。主-从方式的数据链路协议与局域网标准不同，它符合高级数据链路控制（high level data link control，HDLC）中的非平衡正常响应模式（normal response mode，NRM）。该模式的工作特点是：①总线上的一个主站控制着多个从站，主站与每一个从站之间建立一条逻辑链路；②主站发出命令，从站给出响应；③从站可以连续发送多个帧，直到无信息发送、达到发送数量或被主站叫停为止。数据链路中帧的传输过程分为数据链路建立、帧传输和链路释放三个阶段。

PROFIBUS-FMS 定义了第一、二、七层，应用层包括现场总线信息规范和底层接口。FMS 包括应用协议并向用户提供可广泛选用的强有力的通信服务，协调不同的通信关系并提供不依赖设备的第二层访问接口。

PROFIBUS-PA 的数据传输采用扩展的 PROFIBUS-DP 协议。PROFIBUS-PA 还描述了现场 PA 设备的行规。根据 IEC 1158-2，PA 的传输技术可确保其本质安全性，而且可通过总线给现场设备供电。使用连接器可在 PROFIBUS-DP 上扩展 PROFIBUS-PA 网络。

PROFIBUS-DP/FMS/PA 的数据链路层相同，支持主-从系统、纯主站系统、多主-多从混合系统等传输方式。主站之间采用令牌传送方式，主站与从站之间采用主-从传送方式。

3.2.3　PROFIBUS 系统组成

由于西门子公司在离散自动化领域有较深的影响，并且 PROFIBUS-DP 在国内拥有大量的用户，因此本节以 PROFIBUS-DP 为例介绍 PROFIBUS 现场总线系统。

PROFIBUS-DP 使用 OSI 参考模型的第一层、第二层和用户接口层，第三～七层未用，这种精简的结构可确保数据的高速传输。PROFIBUS-DP 的物理层采用 RS-485 标准，规定了传输介质、物理连接和电气特性等。PROFIBUS-DP 的数据链路层称为现场总线数据链路（fieldbus data link，FDL）层，包括与 PROFIBUS-FMS、PROFIBUS-PA 兼容的总线 MAC 以及现场总线链路控制（fieldbus link control，FLC）。PROFIBUS-DP 的用户接口层包括直接数据链路映射程序（direct data link mapper，DDLM）、基本功能、扩展功能以及 DP 设备行规。DDLM 提供了方便访问 FDL 的接口，DP 设备行规是对用户数据含义的具体说明，规定了各种应用系统和设备的行为特性。这种为高速传输用户数据而优化的 PROFIBUS 协议特别适用于 PLC 与现场级分散 I/O 设备之间的通信。

1. 设备类型

PROFIBUS-DP 总线系统设备包括主站（主动站，有总线访问控制权，包括 1 类 DP 主站和 2 类 DP 主站）和 DP 从站（被动站，无总线访问控制权）。当主站获得总线访问控制权（令牌）时，它能占用总线，可以传输报文，从站仅能应答所接收的报文或在收到请求后传输数据。

（1）1 类 DP 主站。1 类 DP 主站是中央控制器，它能在预定的周期内与分散的站（如 DP 从站）交换信息。典型的 1 类 DP 主站有 PLC、PC 等。

（2）2 类 DP 主站。2 类 DP 主站是编程器、组态设备或操作面板，在 PROFIBUS-DP 总线系统组态操作时使用，完成系统操作和监视目的。

（3）DP 从站。DP 从站是进行 I/O 信息采集和发送的外围设备（包括 I/O 设备、驱动器、人机界面、阀门等）。

2. 系统结构

一个 PROFIBUS-DP 系统既可以是一个单主站结构，也可以是一个多主站结构。主站和从站采用统一的编址方式，可选用 0～127 共 128 个地址，其中 127 为广播地址。一个 PROFIBUS-DP 网络最多可以有 127 个主站，在应用实时性要求较高时，主站个数一般不超过 32 个。

单主站结构是指网络中只有一个主站，且该主站为 1 类主站，网络中的从站都隶属于该主站，从站与主站进行主-从数据交换。

多主站结构是指在一条总线上连接几个主站，主站之间采用令牌传递方式获得总线控制权，获得令牌的主站与其控制的从站之间进行主-从数据交换。

典型 PROFIBUS-DP 系统的组成结构如图 3-16 所示。

3. 总线访问控制

PROFIBUS-DP 系统的总线访问控制要保证两个方面的需求：一方面，总线主站节点必须在确定的时间范围内获得足够的机会来处理其通信任务；另一方面，主站与从站之间的数据交换必须是快速的且具有很少的协议开销。

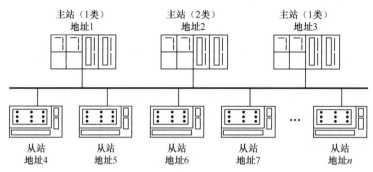

图 3-16 典型 PROFIBUS-DP 系统的组成结构

在 PROFIBUS-DP 系统中，这种混合总线访问控制方式允许有如下的系统配置：纯主站系统（执行令牌传递过程）；主-从系统（执行主-从数据通信过程）；混合系统（执行令牌传递和主-从数据通信过程）。

（1）令牌传递过程。纯主站系统中的令牌传递过程如图 3-17 所示。

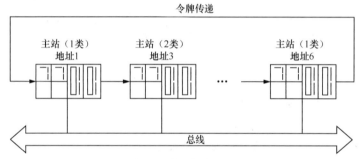

图 3-17 纯主站系统中的令牌传递过程

（2）主-从数据通信过程。一个主站在得到令牌后，可以主动发起与从站的数据交换。主-从访问过程允许主站访问主站所控制的从站设备，主站可以发送信息给从站或从从站获取信息。主-从数据通信过程如图 3-18 所示。

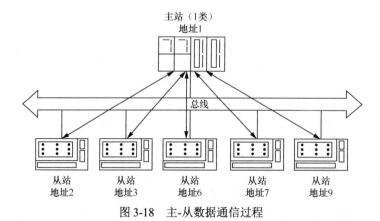

图 3-18 主-从数据通信过程

3.3　LonWorks 网络

LonWorks 技术可用于各主要工业领域，如工厂厂房自动化、生产过程控制、楼宇及家庭自动化、农业、医疗和运输业等，为实现智能控制网络提供完整的解决方案。

3.3.1　LonWorks 网络简介

LonWorks 是由美国 Echelon 公司于 1992 年成功推出的智能控制网络，为局部操作网络（local operating network，LON）总线设计和成品化提供了一套完整的开发平台。其通信协议 LonTalk 支持 OSI 参考模型的所有七层，这是 LON 总线最突出的特点。它采用了面向对象的设计方法，通过网络变量把网络通信设计简化为参数设置，其通信速率从 300bit/s～15Mbit/s 不等，直接通信距离可达到 2700m（78kbit/s，双绞线），支持双绞线、同轴电缆、光纤、射频、红外线、电源线等多种通信介质，并开发相应的本质安全防爆产品。由于 LonWorks 技术具有高可靠性、安全性、易于实现和互操作性等特点，采用 LonWorks 技术的产品被广泛应用于楼宇自动化、家庭自动化、安防系统、办公设备、交通运输、电梯控制、过程控制、环境监视、火灾报警、污水处理、能源管理等行业。在楼宇自动化、家庭自动化、智能通信产品等方面，LonWorks 具有独特的优势。

LonWorks 采用开放式结构，节点应用程序编写简易，具备良好的互操作性。另外，利用网关可方便地构建局域网，甚至与 Internet 相连。

LonWorks 技术平台是建筑和家庭自动化、工业、交通和公共事业控制网络的领先开放解决方案。LonWorks 技术平台基于以下概念：

（1）无论应用程序的用途是什么，控制系统都有许多共同的要求。

（2）与非网络控制系统相比，网络控制系统具有更强的功能、更强的灵活性和可扩展性。

（3）网络化控制系统可以利用现有控制系统基础较轻松地继续发展，以应对新的应用、市场和机会。

（4）从长远来看，企业使用网络控制系统比使用非网络控制系统可以节省更多成本、获取更多利益。

LonWorks 技术平台的强大功能是提供最具成本效益的系统控制解决方案的关键。该目标是通过消除控制系统之间的不可互操作性和创建一个通用的网络控制系统来实现的，它可以随着市场需求的变化而发展。网络控制系统利用一个共同的物理和逻辑基础设施来提供整体的系统控制，以满足新的机会和客户的需求。

LonWorks 技术平台的首要目标是使开放控制系统的构建变得容易且成本有效。在控制市场中创建可互操作的产品，必须解决以下基本问题：首先，必须开发一种针对控制网络进行优化的协议，但这种协议必须具有处理不同类型控制的通用能力；其次，在设备中合并和部署该协议的成本必须具有竞争力；最后，引入协议的方式不能因供应商而异，因为这会破坏互操作性。

为了有效地解决这些问题，Echelon 公司建立了一个设计、创建和安装智能控制设备的完整平台，其中一步是通过创建 ISO/IEC 14908-1 控制网络协议来实现的。解决成本和部署问题意味着要找到一种经济的方法来为客户提供协议的实现以及开发工具。LonWorks 技术平台的目标是为创建智能设备和网络提供一个集成良好、设计优化和经济的平台。

3.3.2 LonTalk 通信协议

LonWorks 技术支持 OSI 七层模型的 LonTalk 通信协议。LonTalk 协议是一个分层的、以数据包为基础的对等通信协议。像以太网和 Internet 协议一样，它是一个公开的标准，并遵守 ISO 的分层体系结构要求。但是，LonTalk 协议的设计满足用于控制系统而不是数据处理系统的特定要求。每个数据包由可变数目的字节构成，长度不定，并且包含应用层的信息以及寻址和其他信息。信道上的每个装置监视在信道上传输的各个数据包，以确定自己是否是收信者。假如是收信者，则处理该数据包，以判明它是否包含节点应用程序所需的信息，或者它是否为一个网络管理包。应用包中的数据是提供给应用程序的，如果合适，则要发送一个应答报文给发送装置。

LonTalk 协议提供一整套通信服务，这使得设备中的应用程序能够在网络上向其他设备发送或从其他设备接收报文而无须知道网络的拓扑结构或者网络的名称、地址，以及其他设备的功能。LonTalk 协议能够有选择地提供端到端的报文确认、报文证实和优先级发送，以提供规定受限制的事务处理次数。对网络管理服务的支持使得远程网络管理工具能够通过网络和其他设备相互作用，这包括重新配置网络地址和参数、下载应用程序、报告网络问题以及启动/停止/复位设备的应用程序。

1. LonTalk 协议特征与优点

（1）LonTalk 协议具有以下特征：

1）短报文：几个到几十个字节。

2）实时性高：带预测的 P-坚持 CSMA 算法。

3）通信带宽小：几千到 2Mbit/s。

4）节点：多采用低成本、低维护费用的单片机。

（2）LonTalk 协议具有以下优点：

1）可靠性高，防范未经授权使用系统等。

2）多通信介质，支持混合介质和不同通信速度构成的网络。

3）允许对等通信，可用于分布式控制系统。

4）网络规模任意伸缩，多到几万个节点，少到几个。

5）实施协议内网络管理的解决方案。

2. LonTalk 与 OSI 七层协议的比较

LonTalk 符合 ISO 制定的 OSI 标准，具有完备的七层协议，与 OSI 的七层协议的比较见表 3-4。

表 3-4		LonTalk 与 OSI 的七层协议的比较	
OSI 层次		标准服务	LonWorks 提供的服务
应用层		网络应用	标准网络变量类型
表示层		数据表示	网络变量、外部帧传送
会话层		远程遥控动作	请求-响应、认证、网络管理
传输层		端对端的可靠传输	应答、非答应、点对点、广播、认证等
网络层		传输分组	地址、路由
数据链路层	LLC 子层	帧结构	帧结构、数据解码、CRC 错误检查
	MAC 子层	介质访问	带预测 P-坚持 CSMA、碰撞规避、优先级、碰撞检测
物理层		电路连接	介质、电气接口

3. LonTalk 协议的各层功能

（1）物理层。物理层定义了通信信道上位流的传输，它确保一个源设备发送的位流可准确地被接收设备接收。支持多种通信协议，为适应不同的通信介质需支持不同的数据解码和编码方式；支持双绞线、电力线、无线射频、红外线、同轴电缆以及光缆等不同类型的传输介质；支持网络分段，并且网络各段可使用不同的传输介质；支持在通信介质上的硬件碰撞检测。

（2）数据链路层。数据链路层的功能是保证物理链路上数据的可靠传送，它负责数据帧的传送，并进行必要的同步控制、差错控制和流量控制，向上层（网络层）提供无差错的数据传输。数据链路层还可细分为 MAC 和 LLC 两个子层。

1）MAC 子层。MAC 子层是数据链路层协议的一部分。LonTalk 采用改进的 CSMA MAC 协议，称为带预测的 P-坚持 CSMA。

带预测的 P-坚持 CSMA 使所有的节点根据网络积压参数等待随机时间片来访问介质，这就有效地避免了网络的频繁碰撞。每一个节点发送前随机插入 $0 \sim W$ 个很小的随机时间片，因此网络中任一节点在发送普通报文前平均插入 $W/2$ 个随机时间片，W 随网络积压状况动态调整，$W=16BL$，BL 为对网络积压的估计值，用以估计当前发送周期会有多少个节点需要发送报文。

带预测的 P-坚持 CSMA 概念示意图如图 3-19 所示。当一个节点有信息需要发送而试图占用通道时，首先在 Betal 周期检测通道有没有信息发送，以确定网络是否空闲。若空闲，节点产生一个随机等待 T，T 为 $0 \sim W$ 个时间片 Beta2 中的一个，当延时结束时，网络仍为空闲，节点发送报文，否则节点检测是否需接收信息，然后重复 MAC 算法。

2）LLC 子层。LLC 子层提供子网内链路协议数据单元（link protocol data unit，LPDU）顺序的无响应传输。它提供错误检测能力，但不提供错误恢复能力。当一帧数据 CRC 校验出错，则该帧被丢掉。

（3）网络层。网络层有时也称通信子网层，其功能可简单归结为控制通信子网的运行。为简化路由，LonTalk 协议定义了一种分层编址方式。最高层为域地址，下面为子网地址，再下面是节点地址。每个域最多可有 255 个子网，每个子网的节点数最多为 127

个。显然，一个单独的域中可容纳的最多节点数是 255×127=32385 个。

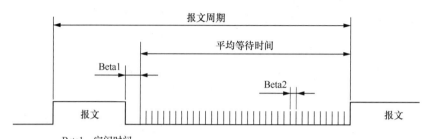

图 3-19　带预测的 P-坚持的 CSMA 概念示意图

（4）传输层。传输层协议在 OSI 七层模型中是低三层与高三层衔接的接口，为用户提供进程与进程之间的通信。它从下层获取的服务是发送和接收顺序正确的数据块，它向上层提供的服务是为无差错的报文收发提供传输道路和传输地址。

（5）会话层。会话层协议的功能是在两个节点或用户之间进行原始的报文传输，并增加了一些面向用户的服务。这些服务包括用户标识识别、注册手续履行、对话管理及故障恢复等。

（6）表示层。表示层协议的目的是对应用层输入的命令和数据内容加以解释说明，并赋予各种语法应有的含义，使从应用层输入的各种信息具有明确意义。

（7）应用层。应用层是 OSI 参考模型的最高层，直接为用户服务，是发送和接收用户应用进程、进行信息交换的执行机构。一般来说，各种资源的外部属性及其管理功能划归应用层，而各种资源的内部属性及其有关管理功能划归表示层。

3.3.3　LonWorks 系统组成

LonWorks 系统的基本组成部分包括智能收发器、控制网络、开发工具、路由器、网络接口、智能服务器、网络管理工具、网络工具以及 LonTalk 协议等。

1. 智能收发器

为了进一步降低设备成本，Echelon 提供了 Neuron 核与通信收发器的组合，称为智能收发器。Neuron 核是一个独立的组件，也称 Neuron 芯片。

智能收发器消除了开发或集成通信收发器的需要。Neuron 核提供了 ISO/OSI 参考模型的第二～六层，而智能收发器增加了第一层。设备制造商只需要提供应用层编程，网络集成商提供网络安装的配置，就可以实现 LonWorks 网络控制系统的开发。

大多数 LonWorks 设备都利用 Neuron 核的功能，将其作为控制处理器。Neuron 核是一种专门为低成本控制设备提供智能和网络功能的半导体组件。

Neuron 核是一个有多个处理器、存储器、通信和 I/O 子系统的片上系统。在制造过程中，每个 Neuron 核都有一个永久的独一无二的 48 位代码，称为 Neuron ID。Neuron 系列核有不同的速度、内存类型、容量和接口。

Neuron 核是 LonWorks 技术的核心，它不仅是 LON 总线的通信处理器，而且是采集和控制的通用处理器，LonWorks 技术中所有关于网络的操作实际上都是通过它来完成的。

2. 控制网络

LonWorks 控制网络采用分布式结构，如图 3-20 所示。

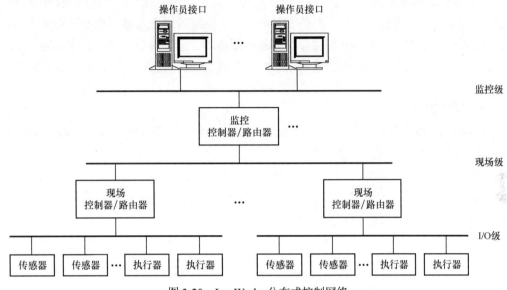

图 3-20　LonWorks 分布式控制网络

3. 开发工具

Echelon 为开发 LonWorks 设备和应用程序提供了广泛的工具。

（1）Mini FX Eval 评估工具用于评估 LonWorks 技术的工具和评估板。该工具包可以用来为 Neuron 核或智能收发器开发简单的 LonWorks 应用程序，但不包括许多设备所需的调试器、项目管理器或网络集成工具。

（2）NodeBuilder FX 开发工具用于为 Neuron 核或智能收发器开发简单或复杂的 LonWorks 应用程序的工具和评估板，包括调试器、项目管理器和网络集成工具。

（3）ShortStack Developer's Kit 用于开发 LonWorks 应用程序的工具和固件，该应用程序运行在不包含 Neuron 核的处理器上。ShortStack 工具包包括加载到智能收发器上的固件，以及使智能收发器成为主机处理器的通信协处理器。

使用这些工具的开发人员通常还需要网络集成和诊断工具。NodeBuilder FX 开发工具中包含网络集成工具，但其他 LonWorks 开发工具中不包含网络集成工具。

4. 路由器

LonWorks 路由器可以在互联网等广域网络上跨越很远的距离。Echelon 公司提供连接不同类型双绞线通道的路由器，以及用于双绞线通道与 Internet、Intranet 或 VPN 等 IP 网络之间路由的 IP-852 路由器。

5. 网络接口

网络接口是用于将主机（通常是 PC）连接到 LonWorks 网络的板卡或模块。

6. 智能服务器

智能服务器是一种可编程设备，它将控制器与 Web 服务器组合在一起，用于本地或远程访问、LonWorks 网络接口和可选的 IP-852 路由器等。

7. 网络管理工具

LonWorks 网络按执行网络安装的方法可分为托管网络和自安装网络两类。托管网络是使用共享网络管理服务器执行网络安装的网络。网络管理服务器可以是网络操作系统的一部分，也可以是 Internet 服务器（如智能服务器）的一部分。用户通常使用一个工具与服务器交互，并定义如何配置网络中的设备以及如何进行通信，这种工具称为网络管理工具。

8. 网络工具

LonWorks 技术有多种基于 LonWorks 网络操作系统（LonWorks network system，LNS）的工具，用于 LON 网络的维护和组态。

9. LonTalk 通信协议

LonWorks 技术支持 OSI 七层模型的 LonTalk 通信协议，LonTalk 协议是一种直接面向对象的网络协议，这是 LON 总线最突出的特点。

3.4 工 业 以 太 网

3.4.1 工业以太网简介

1. 传统以太网存在的问题

传统以太网以办公自动化为目标，无法满足工业环境和标准要求，若将传统以太网用于工业领域，则存在着通信不确定性、非实时性、可靠性低、安全性差等问题以及总线供电问题。

（1）通信不确定性。以太网采用的 CSMA/CD 协议会导致网络存在冲突，大量的冲突应用于控制网络，会使网间通信的不确定性大大增强，从而必然导致系统的控制性能降低。

（2）非实时性。工业控制对数据传输的实时性要求很严，数据更新通常在数十毫秒内完成。同样，由于以太网的 CSMA/CD 机制，当发生冲突时，需要重发数据，从而增加了传输时间。如果出现掉线，还会造成安全事故。

（3）可靠性低。传统以太网以商业应用为目的，并非从工业网络应用的角度设计，不能满足工业现场各种工况的需要，可靠性低。

（4）安全性差。在工业生产过程中，很多现场存在易燃、易爆或有毒的气体等，因此要求对设备采取一定的防爆措施来保证工业现场的安全生产。网络安全是以太网应用必须考虑的另一个安全性问题。企业采用传统的三层网络系统，网络之间的集成引入了一系列网络安全问题，会受到非法操作、病毒感染、黑客入侵等网络安全威胁。

（5）总线供电问题。总线供电是指连接到现场设备的线缆不仅能传输数据信号，还

70

能给现场设备提供工作电源。以太网设计没有考虑到该问题，而工业现场存在着大量的总线供电需求。

2. 工业以太网的相关技术

传统以太网不适合直接用于工业现场控制，为了解决上述问题，工业以太网应运而生。工业以太网是将传统以太网应用于工业控制和管理的局域网技术。在技术上，工业以太网与 IEEE 802.3 标准兼容；在产品设计时，在材质的选用、产品的强度、适用性、实时性、互操作性、抗干扰性和可靠性、总线供电和本质安全等方面确保满足工业现场的需要。目前业内已采用多种方法来改善以太网的性能和品质，以满足工业领域的要求。

基于工业标准，工业以太网技术的发展得益于以太网技术的发展。首先是通信速率的提高；其次由于采用星型网络拓扑结构和交换技术，使以太网交换机的各端口之间数据帧的 I/O 不再受 CSMA/CD 机制的制约，避免了冲突；最后全双工通信方式使端口间两对双绞线（或光纤）上可以同时接收和发送数据而不发生冲突。

（1）交换技术。为了改善以太网负载较重时的网络拥塞问题，可以使用以太网交换机。交换技术采用将共享的局域网进行有效冲突域划分的技术。各个冲突域之间用交换机连接，以减少 CSMA/CD 机制带来的冲突问题和错误传输问题。该方法可以尽量避免冲突的发生，提高系统的确定性，但该方法成本较高，在分配和缓冲过程中存在一定的延时。

（2）以太网技术。网络中的负载越大，发生冲突的概率也就越大。提高以太网的通信速率，可以有效降低网络的负荷。现已出现通信速率达 100Mbit/s、1Gbit/s 的高速以太网，加上全面的设计以及对系统中的网络节点的数量和通信流量进行控制，可以将以太网用作工业网络。

（3）IEEE 1588 对时机制。IEEE 1588 定义了一个在测量和控制网络中与网络交流、本地计算和分配对象有关的精确网络时间协议（precise time protocol，PTP）。该协议特别适合基于以太网的系统，精度可达微秒范围。它使用时间标记来同步本地时间的机制。即使在网络通信同步控制信号产生一定的波动时，它所达到的精度仍可满足要求。采用这种技术，以太网 TCP/IP 不需要大的改动就可以运行于高精度的网络控制系统之中。

3. 以太网的特性、结构及分类

美国 Xerox、DEC 与 Intel 三家公司基于合作研究的 10Mbit/s 以太网实验系统，于 1980 年第一次公布了以太网的物理层、数据链路层规范即 Ethernet V1.0，并于 1981 年 11 月公布了 Ethernet V2.0，随后该标准成为 IEEE 802.3 的基础。

（1）以太网技术特性。以太网是基于总线型的广播式网络，它是最成功的局域网技术，也是应用最广泛的一种局域网。以太网技术先进，使用成熟，价格低廉，易扩展、维护和管理。以太网不仅是局域网和城域网的主流技术，而且在广域网的应用方面也发挥着重要作用。

以太网的技术特性如下：

1）以太网是基带网，采用基带传输技术，在同一时间只能有一个设备占用信道发送数据，基带网上的设备能够使用全部有效带宽，对信道不进行多路复用。

2）以太网的标准是 IEEE 802.3，它使用 CSMA/CD 的 MAC 方法，对单一信道的访问进行控制并分配介质的访问权，以保证同一时间只有一对网络站点使用信道，以避免发生冲突。

3）以太网是一种共享型网络，网络上的所有站点共享传输介质和带宽，是广播式网络，具有广播式网络的全部特点。

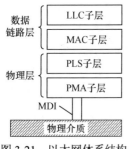

图 3-21 以太网体系结构

4）以太网采用曼彻斯特编码方式。

5）以太网所支持的传输介质类型有同轴电缆、非屏蔽双绞线和光纤。

6）以太网所构成的拓扑结构主要是总线型和星型。

7）有多种以太网标准，支持不同的传输速率（10、100、1000Mbit/s），最高可达 1Gbit/s。

（2）以太网体系结构。按 IEEE 802.3 标准规定，以太网体系结构如图 3-21 所示。

1）物理层。在 IEEE 802.3 标准中，物理层可分为两个子层，分别是物理信令（physical signaling，PLS）子层和物理介质连接件（PMA）子层。PLS 子层向 MAC 子层提供服务，并负责比特流的曼彻斯特编码/译码和载波监听功能。PMA 子层向 PLS 子层提供服务，完成冲突检测、超长控制以及发送和接收串行比特流的功能。介质相关接口（medium dependent interface，MDI）与传输介质的形式有关，它定义了连接器以及电缆两端的终端负载特性，是设备与总线的接口部件。IEEE 802.3 标准规定，PLS 和 PMA 可以在也可以不在同一个设备中实现，如 10Base-5 以太网是在网卡中实现 PLS、在收发器中实现 PMA 功能的。

2）数据链路层。数据链路层可分为 MAC 子层和 LLC 子层。该设计的目的主要是使数据链路功能中与硬件有关的部分和与硬件无关的部分分开，以降低不同类型数据通信设备的研制成本。MAC 子层与硬件相关，与 LLC 子层之间通过 MAC 子层的服务接入点（service access point，SAP）相连接。MAC 子层的核心协议是 CSMA/CD。IEEE 802.3 的帧结构如图 3-22 所示。

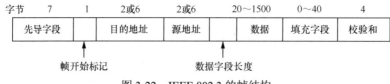

图 3-22 IEEE 802.3 的帧结构

其中，7 字节的先导字段是为接收方与发送方时钟同步所设计的，其每个字节的内容都是 10101010。一个字节的帧开始标记，表示一个帧的开始，内容为 10101011。后面为两个地址段，即目的地址和源地址。目的地址可以是单个物理地址，也可以是一组地址（多点广播）。当目的地址的最高位为 0 时，是普通地址；最高位为 1 时，是组地址。两个字节的数据字段长度标记了数据字段中的字节数。数据字段就是 LLC 数据帧，如果帧的数据部分少于 46 字节，则用填充字段使之达到要求的最短长度。

（3）传统以太网。传统以太网一般包括 10Base-5 以太网、10Base-2 以太网、10Base-T 以太网和 10Base-F 以太网。

1）10Base-5 以太网。IEEE 802.3 标准中最早定义的以太网，也称粗缆以太网。10Base-5 以太网的拓扑结构为总线型，采用基带传输，在无中继器的情况下最远传输距离可以达到 500m。

2）10Base-2 以太网。10Base-2 是以太网支持的第二类传输介质。10Base-2 以太网使用 50Ω 细同轴电缆作为传输介质，组成总线型网络。

3）10Base-T 以太网。规定在非屏蔽双绞线介质上提供 10Mbit/s 的数据传输速率。每个网络站点都需要通过非屏蔽双绞线连接到一个中心设备集线器上，构成星型拓扑结构。10Base-T 双绞线以太网系统操作在两对 3 类非屏蔽双绞线上，其中一对用于发送信号，另一对用于接收信号。为了改善信号的传输特性和信道的抗干扰能力，每一对线必须绞在一起。

4）10Base-F 以太网。10Mbit/s 光纤以太网，它使用多模光纤传输介质，在介质上传输的是光信号而不是电信号，具有传输距离长、安全可靠、可避免电击的危险等特点。

（4）高速以太网。高速以太网一般包括快速以太网、千兆以太网、万兆以太网以及光纤分布式数据接口（fiber distributed data interface，FDDI）。

1）快速以太网。快速以太网的传输速率比传统以太网快 10 倍，数据传输速率达到了 100Mbit/s。快速以太网保留了传统以太网的所有特性，包括相同的数据帧格式、MAC 方式和组网方法，只是将每个比特的发送时间由 100ns 降低到 10ns。快速以太网在 LLC 子层使用 IEEE 802.2 标准，在 MAC 子层使用 CSMA/CD 协议，在物理层做了一些调整，定义了新的物理层标准（100Base-T）。100Base-T 标准定义了介质专用接口，它将 MAC 子层和物理层分开，使得物理层在实现 100Mbit/s 速率时所使用的传输介质和信号编码方式的变化不会影响 MAC 子层。100Base-T 可以支持多种传输介质，现有的传输介质标准有 100Base-TX、100Base-T4、100Base-FX。

2）千兆以太网。千兆以太网是提供 1000Mbit/s 数据传输速率的以太网，它和传统以太网使用相同的 IEEE 802.3 标准的 CSMA/CD 协议、相同的帧格式和相同的帧大小。千兆以太网与现有以太网完全兼容，其传输速率一般在 1Gbit/s。千兆以太网支持全双工操作，最高传输速率可以达到 2Gbit/s。

1996 年，IEEE 802.3 工作组成立了 IEEE 802.3z 千兆以太网工作组，并于 1998 年完成了 IEEE 802.3z 标准。IEEE 802.3z 标准定义了三种介质标准，即短波长激光光纤介质系统标准 1000Base-SX、长波长激光光纤介质系统标准 1000Base-LX、短铜线介质系统标准 1000Base-CX。这三个介质标准有时也统称 1000Base-X。1997 年，IEEE 802.3 工作组成立了一个新的工作组 IEEE 802.3ab，被授权开发长铜线千兆以太网标准。1999 年，IEEE 802.3 工作组正式公布了第二个铜线标准 IEEE 802.3ab，即长铜线介质系统标准 1000Base-T。

3）万兆以太网。为了完善 IEEE 802.3 协议，提高以太网带宽，IEEE 802.3 高速研究小组于 1999 年开始研究 IEEE 802.3ae 万兆以太网标准，将以太网应用扩展到城域网和广域网，并与原有以太网的网络操作和管理保持一致，并于 2002 年正式公布了万兆以太网标准。

万兆以太网是一种数据传输速率高达 10Gbit/s、通信距离可延伸到 40km 的以太网。

万兆以太网本质上仍然是以太网，只是在速度和距离方面有了显著的提高。万兆以太网继续使用 IEEE 802.3 标准的以太网协议、帧格式和帧大小。但由于万兆以太网是一种只适用于全双工通信方式，并且只能使用光纤介质的技术，所以它不需要使用 CSMA/CD 协议。此外，万兆以太网标准中包含了广域网的物理层协议，不仅可以应用于局域网，也可以应用于城域网和广域网，从而使局域网与城域网、广域网可以实现无缝连接，因此其应用范围更为广泛。

4）FDDI。FDDI 是一个使用光纤介质传输数据的高性能环型局域网，是在令牌环网的基础上发展起来的。它是一个技术规范，描述了一个以光纤为介质的高速（100Mbit/s）令牌环网。FDDI 为各种网络提供高速连接，网络覆盖的最大距离可达 200km，最多可连接 1000 个站点。

FDDI 标准由 ANSI X3T9.5 标准委员会于 1980 年提出，具有高速、技术成熟、双环结构等特点，可提供高速、安全的站点管理机制。由于站点管理复杂，价格昂贵，因此主要用于主干网，在桌面局域网中不如以太网应用广泛。

4．TCP/IP 体系结构及协议簇

（1）TCP/IP 体系结构。TCP/IP 起源于美国 ARPAnet 网，因其两个主要协议——传输控制协议（transmission control protocol，TCP）和互联网协议（internet protocol，IP）而得名。通常所说的 TCP/IP 实际上包含了大量的协议和应用，是由多个独立定义的协议组合在一起，确切地应称其为 TCP/IP 协议簇。

TCP/IP 采用分层体系结构，每一层提供特定的功能，层与层间相对独立，改变某一层的功能不会影响其他层。分层技术简化了系统的设计和实现，提高了系统的可靠性及灵活性。

TCP/IP 参考模型共分四层，即网络接口层、网际层、传输层和应用层。与 OSI 七层模型相比，TCP/IP 参考模型没有表示层和会话层，这两层的功能由应用层提供；OSI 的物理层和数据链路层功能由网络接口层完成。OSI 模型在网络层支持无连接和面向连接的通信，在传输层仅有面向连接的通信。相对而言，TCP/IP 要简单一些，ISO/OSI 协议在数量上要远多于 TCP/IP。TCP/IP 参考模型及协议簇如图 3-23 所示。

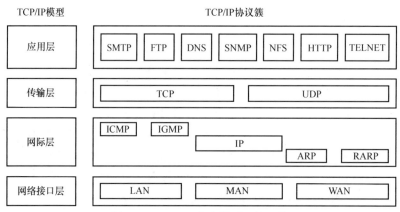

图 3-23　TCP/IP 参考模型及协议簇

1）网络接口层。网络接口层也称网络访问层，是 TCP/IP 参考模型的最底层，对应着 OSI 的物理层和数据链路层。TCP/IP 没有定义具体的网络接口协议，而是提供灵活性，以适应各种网络类型，如局域网、城域网和广域网，说明 TCP/IP 可以运行在任何网络之上。

2）网际层。网际层是 TCP/IP 参考模型的第二层，是在 Internet 标准中正式定义的第一层。网际层的主要功能是处理来自传输层的分组，将分组形成数据包（IP 数据包），为该数据包进行路径选择，最终将数据包从源主机发送到目的主机。在网际层中，最常用的协议是 IP，其他一些协议用来协助 IP 的操作。

3）传输层。传输层是 TCP/IP 参考模型的第三层，与 OSI 参考模型的传输层类似，主要负责主机到主机的端到端通信。该层使用了 TCP 和用户数据报协议（user datagram protocol，UDP）两种协议来支持两种数据的传送。

4）应用层。应用层是 TCP/IP 参考模型的最高层，与 OSI 参考模型中高三层的任务相同，它包括所有的高层协议，用于提供网络服务，如文件传输、远程登录、域名服务和简单网络管理等。

（2）TCP/IP 协议簇简介。TCP/IP 协议簇通过一系列协议来提供各层的功能服务，以实现网间的数据传送。TCP/IP 协议簇的主要协议、所在层次如图 3-23 所示。

1）应用层包括了所有的高层协议，并不断有新的协议加入，该层中有许多协议。例如，远程登录协议（TELNET protocol），本地主机作为仿真终端登录到远程主机上运行应用程序；超文本传输协议（hypertext transfer protocol，HTTP），用于 Internet 中的客户机与 WWW 服务器之间的数据传输；文件传送协议（file transfer protocol，FTP），实现主机之间文件的传送；简单邮件传送协议（simple mail transfer protocol，SMTP）实现主机之间电子邮件的传送等。

2）传输层使用两种不同的协议：一种是面向连接的 TCP，另一种是无连接的 UDP。传输层传送的数据单位是报文（message）或数据流（stream）。

3）网际层最主要的协议是无连接的 IP。该层传送的数据单位是分组。与 IP 配合使用的还有四个协议，即互联网控制报文协议（internet control message protocol，ICMP）、互联网组管理协议（internet group management protocal，IGMP）、地址解析协议（address resolution protocol，ARP）和逆地址解析协议（reverse address resolution protocol，RARP）。

4）网络接口层支持所有流行的物理网络协议，如 IEEE 802 系列局域网协议、HDLC 等。

（3）主要协议。TCP/IP 协议簇的主要协议介绍如下：

1）IP。IP 的任务是对数据包进行相应的寻址和路由，并从一个网络转发到另一个网络。IP 在每个发送的数据包前加入一个控制信息，其中包含了源主机的 IP 地址和其他信息。IP 的另一项工作是分割和重编在传输层被分割的数据包。由于数据包要从一个网络转发到另一个网络，当两个网络所支持传输的数据包的大小不相同时，IP 就要在发送端将数据包分割，然后在分割的每一段前加入控制信息后再进行传输。当接收端接收到数据包后，IP 将所有的片段重新组合形成原始的数据。

IP 是一个无连接的协议，主机之间不建立用于可靠通信的端到端连接，源主机将 IP

数据包发出后可能会丢失、重复、延迟或者出现次序混乱。要实现数据包的可靠传输，必须依靠高层的协议或应用程序，如传输层协议 TCP。

2）TCP。TCP 是传输层的一种面向连接的通信协议，它提供可靠的数据传送。对于大量数据的传输，通常都要求有可靠的传送。TCP 将源主机应用层的数据分成多个分段，然后将每个分段传送到网际层，网际层将数据封装为 IP 数据包，并发送到目的主机。目的主机的网际层将 IP 数据包中的分段传送给传输层，再由传输层对这些分段进行重组，还原成原始数据，并传送给应用层。TCP 还要完成流量控制和差错校验的任务，以保证可靠的数据传输。

3）UDP。UDP 是一种面向无连接的协议，它不能提供可靠的数据传输，而且不进行差错校验，必须由应用层的应用程序来实现可靠性机制和差错控制，以保证端到端数据传输的正确性。虽然 UDP 与 TCP 相比显得不可靠，但在一些特定的环境下有其优势。例如，要发送的信息较短，不值得在主机之间建立一次连接时。另外，面向连接的通信通常只能在两个主机之间进行，若要实现多个主机之间一对多或多对多的数据传输，即广播或多播，就需要使用 UDP。

3.4.2　工业以太网协议

对应于 ISO/OSI 参考模型，工业以太网协议在物理层和数据链路层均与商用以太网（即 IEEE 802.3 标准）兼容；在网络层和传输层则采用了 TCP/IP，可以直接和局域网的计算机互联而不需要额外的硬件设备；为方便数据共享，采用 IE 浏览器进行终端数据访问。工业以太网除了完成数据传输之外，往往还需要依靠所传输的数据和指令，执行某些控制计算与操作功能，由多个网络节点协调完成控制任务，因此需要在应用层、用户层等高层协议与规范上满足开放系统的要求，满足互操作条件。

由于不存在统一的应用层协议，以太网设备中的应用程序是专用的而非开放的，因此设备之间还不能实现透明互访。要解决这一问题，就必须在 Ethernet+TCP（UDP）/IP 之上，制定统一的、适用于工业现场控制的应用层技术规范。已经发布的工业以太网协议主要有 HSE、PROFINET、Ethernet/IP、Modbus TCP/IP、EtherCAT、Ethernet Powerlink、EPA 等。

1. HSE 协议

HSE 是现场总线基金会摒弃原有高速总线 H2 之后推出的基于以太网的协议，也是第一个成为国际标准的以太网协议。现场总线基金会明确将 HSE 定位于实现控制网络与 Internet 的集成。由 HSE 连接设备将 H1 网段信息传送到以太网的主干上，并进一步送到企业的 ERP 和管理系统。操作员在主控室可以直接使用网络浏览器查看现场运行情况。现场设备同样也可以从网络获得控制信息。

HSE 在低四层直接采用 Ethernet+TCP/IP，在应用层和用户层直接采用 FF 总线 H1 的应用层服务和功能块应用进程规范，并通过连接设备将 H1 网络连接到 HSE 网段上。HSE 连接设备同时也具有网桥和网关的功能，其网桥功能可以连接多个 H1 总线网段，使不同 H1 网段上 H1 设备之间能够进行对等通信而无须主机系统的干预。HSE 主机可以与所有的连接设备和连接设备上挂接的 H1 设备进行通信，使操作数据能够传送到远程的现场设备，并接收来自现场设备的数据信息。

2. PROFINET 协议

PNO 组织于 2001 年提出了 PROFINET 规范，其将工厂自动化和企业信息管理技术有机地集成为一体，同时又完全保留了 PROFIBUS 的开放性。PROFINET 主要包含基于组件对象模型（component object model，COM）的分布式 AS，规定了 PROFIBUS 和标准以太网之间的开放、透明通信，提供了一个包括设备层和系统层、独立于制造商的系统模型。

PROFINET 采用 Ethernet+TCP/IP 通信模型加上应用层来完成节点之间的通信和网络寻址。它可以同时挂接传统 PROFIBUS 系统和新型的智能现场设备。现有的 PROFIBUS 网段可以通过一个代理设备连接到 PROFINET 网络中，使整套 PROFIBUS 设备和协议能够原封不动地在 PROFINET 中使用。传统的 PROFIBUS 设备可通过代理与 PROFINET 上面的 COM 进行通信，并通过对象链接与嵌入（object link and embedding，OLE）自动化接口实现 COM 之间的调用。

3. Ethernet/IP

标准工业以太网技术的解决方案 Ethernet/IP 由 Rockwell 公司推出。Ethernet/IP 使用所有的传统以太网协议，构建于标准以太网技术之上。这意味着 Ethernet/IP 可以和目前所有的标准以太网设备透明衔接工作。Ethernet/IP 的协议由 IEEE 802.3 物理层和数据链路层标准、TCP/IP 协议簇和控制与信息协议（control information protocol，CIP）3 个部分组成。Ethernet/IP 为了提高设备间的互操作性，采用了与 ControlNet 和 DeviceNet 控制网络中相同的 CIP。不同于源/目的通信模式，Ethernet/IP 采用生产者/消费者通信模式，允许网络上的不同节点同时存取同一个源的数据。

4. Modbus TCP/IP

Schneider 公司于 1999 年公布了 Modbus TCP/IP。Modbus TCP/IP 并没有对 Modbus 协议本身进行修改，但是为了满足通信实时性需求，改变了数据的传输方法和通信速率。

Modbus TCP/IP 采用简单的方式将 Modbus 帧嵌入 TCP 帧中。这是一种面向连接的方式，每一个请求都要求一个应答。这种请求/应答的机制与 Modbus 的主/从机制相互配合，使交换式以太网具有很高的确定性。利用 TCP/IP，通过网页的形式可以使用户界面更加友好。用户利用网络浏览器就可以查看企业网内部的设备运行情况。

5. EtherCAT 协议

EtherCAT 是开放的实时以太网络通信协议，最初由德国 Beckhoff 公司研发。EtherCAT 是 IEC 规范（IEC/PAS 62407）。EtherCAT 为系统的实时性和拓扑的灵活性树立了新的标准，还符合甚至降低了现场总线的使用成本。EtherCAT 的特点包括高精度设备同步、可选线缆冗余和功能性安全协议。

3.4.3　工业以太网系统组成

工业现场环境在振动、湿气、温度方面要比普通环境恶劣，因此工业以太网系统的要求更高，需要具备坚固耐用的设计，还必须具备许多有用的管理及监控功能。不同的系统对网络的管理功能和网络设备有不同的要求。选择工业以太网设备时一般要考虑以太网通信协议、电源、通信速率、工业环境、安装方式、外壳对散热的影响、简单通信功能和通信管理功能、接口等。如果对工业以太网的网络管理有更高要求，则需要考虑所选择产品的高级功能，如信号强弱、端口设置、出错报警、串口使用、主干冗余、环网冗余、服务质量、VLAN、简单网络管理协议（simple network management protocol，SNMP）、OPC 服务、端口镜像等，能够实现系统自动恢复、隔离非授权者、触发事件的自动报警等功能。工业以太网系统主要包括联网设备和控制设备。

1. 工业以太网联网设备

（1）工业以太网集线器。工业以太网集线器接收来自某一端口的消息，再将消息广播传输到其他所有的端口。工业以太网集线器利用了以太网共享介质的特性，实现数据包的广播传递以及监测、数据收集等功能。对来自任一端口的每一条消息，工业以太网集线器都会将其传递到其他的各个端口。在消息传递方面，工业以太网集线器是低速低效的，多个端口数据包同时出现时会产生消息碰撞和冲突现象。工业以太网集线器的规模一般不大，网络上数据包的有效传输负载率也不能太高，否则发生冲突的概率会大大增加，造成数据多次重发，甚至丢包，影响网络的传输可靠性。工业以太网集线器的使用非常简单，可以即插即用。

（2）工业以太网交换机。与普通交换机相比，工业以太网交换机在功能和性能有较大区别。在功能上，工业以太网交换机与工业网络通信更加接近，如各种现场总线的互通互联、设备的冗余以及设备要求的实时性。在性能上，主要体现在适用外界环境的参数不一样。由于工业环境除了特别恶劣之外，还对电磁兼容、温度、湿度、防尘等有要求，因此工业以太网交换机采用工业级设计，使其满足工业宽温设计，电磁兼容设计，主动式电路保护，过电压、欠电压自动断路保护，冗余交直流电源输入等要求。另外，对 PCB 一般做"三防"处理。一般不建议在工业环境中使用商业交换机，因为长时间工作在恶劣环境下，其容易出现故障，维护成本高。

工业以太网交换机采用存储转换交换方式，同时提高以太网通信速度，并且内置智能报警装置监控网络运行状况，从而使得在恶劣危险的工业环境中保证以太网可靠稳定运行。

（3）非管理型交换机。非管理型交换机是在集线器的基础上改进的设备。它能实现消息从一个端口到另一个端口的路由功能，相对集线器更加智能化。非管理型交换机能自动探测每台网络设备的网络速度。另外，它具有一种称为"MAC 地址表"的功能，能识别和记忆网络中的设备。换言之，如果端口收到一条带有特定识别码的消息，此后非管理型交换机就会将所有具有那种特定识别码的消息发送到该端口。非管理型交换机避免了消息冲突，提高了传输性能，但不能实现任何形式的通信检测和冗余配置功能。

（4）管理型交换机。相对集线器和非管理型交换机，管理型交换机拥有更多、更复杂的功能，通常可以通过基于网络的接口实现完全配置。它可以自动与网络设备交互，用户也可以手动配置每个端口的网速并进行流量控制。管理型交换机功能丰富，但价格高昂，通常是一台非管理型交换机价格的 3～4 倍。

管理型交换机通常也提供一些高级功能，如用于远程监视和配置的 SNMP、用于诊断的端口映射、用于网络设备成组的 VLAN、用于确保优先级消息通过的优先级排列功能等。利用管理型交换机可以组建冗余网络。使用环型拓扑结构，管理型交换机可以组成环型网络。每台管理型交换机能自动判断最优传输路径和备用路径，当优先路径中断时自动阻断备用路径。

（5）管理型冗余交换机。高级的管理型冗余交换机提供了一些特殊的功能，特别是对有严格稳定性、安全性要求的冗余系统进行了设计上的优化。构建冗余网络的主要方式主要有生成树协议（spanning tree protocol，STP）、快速生成树协议（rapid spanning tree protocol，RSTP）、环网冗余以及主干冗余。

1）STP/RSTP。STP 是一个链路层协议，提供路径冗余和阻止网络循环发生。它强令备用数据路径为阻塞状态。如果一条路径有故障，该拓扑结构能借助激活备用路径重新配置及重构链路。网络中断恢复时间为 30～60s。RSTP 作为 STP 的升级协议，将网络中断恢复时间缩短到 1～2s。STP 网络结构灵活，但也存在恢复速度慢的缺点。

2）环网冗余。为了满足工业控制网络实时性强的特点，环网冗余孕育而生。这是在以太网中使用环网提供高速冗余的一种技术。该技术可以使网络在中断后 300ms 之内自动恢复，并且可以通过交换机的出错继电连接、状态显示灯和 SNMP 设置等方法来提醒用户出现的断网现象。这些都可以帮助诊断环网在何处出现了断开。用管理型交换机实现环网连接如图 3-24 所示。

3）主干冗余。将不同交换机的多个端口设置为主干端口，并建立连接，则这些交换机之间可以形成一个高速的骨干连接。这样不但成倍地提高了骨干连接的网络带宽，增强了网络吞吐量，还提供了另外一个功能，即冗余功能。如果网络中的骨干连接产生断线等问题，那么网络中的数据会通过剩下的连接进行传递，保证网络的通信正常。主干网络采用总线型和星型网络结构，理论通信距离可以无限延长。该技术由于采用了硬件侦测及数据平衡的方法，使得网络中断恢复时间达到了新的高度，一般恢复时间在 10ms 以下。用管理型交换机实现主干连接如图 3-25 所示。

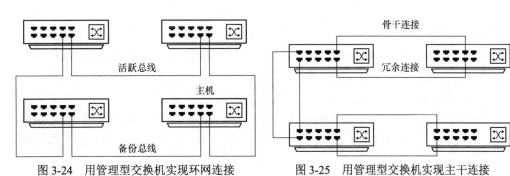

图 3-24　用管理型交换机实现环网连接　　　　图 3-25　用管理型交换机实现主干连接

2. 嵌入式以太网控制器

嵌入式以太网控制器是用于执行指定独立控制功能并具有以复杂方式处理数据能力

的控制系统。

（1）嵌入式以太网控制器硬件。由嵌入式微电子芯片控制的电子设备装置，能够完成监视、控制等各种自动化处理任务。嵌入式以太网控制器硬件由微处理器、外围控制电路、只读存储器、可读写存储器和外围设备组成，如图 3-26 所示。

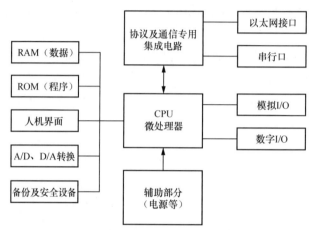

图 3-26　嵌入式以太网控制器硬件组成

（2）嵌入式以太网控制器软件。嵌入式以太网控制器软件包括 μCLinux 嵌入式操作系统基本内核、硬件设备驱动程序、TCP/IP 等通信协议程序、Web 服务器等用户应用程序几大部分。用户应用程序主要是实现服务器，系统其他的软件部分包含在经裁减和修改的 μCLinux 操作系统内核中。嵌入式以太网控制器软件基本结构如图 3-27 所示。

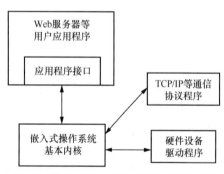

图 3-27　嵌入式以太网控制器软件基本结构

（3）嵌入式以太网控制器的实现方案。下面主要介绍两种典型的实现方案：

1）使用嵌入式操作系统。嵌入式操作系统具有通用操作系统的基本特点，如能够有效管理越来越复杂的系统资源，能够提供库函数、驱动程序、工具集以及应用程序。目前市场上的嵌入式操作系统，如 Windows CE、VxWork、μCLinux 等，都集成了 TCP/IP。因此，使用嵌入式操作系统，只需完成操作系统代码的剪裁以及硬件驱动程序的移植即可，而对 TCP/IP 不必有深度的了解，这将大大减少软件编写的工作量。

2）直接对单片机编程，自行编制 TCP/IP。采用这种方法，需要对 TCP/IP 有深刻的理解，工作量较大，但可以为更好地理解以太网通信原理、开发基于其他协议的通信软件打下良好的基础。

若选用第一种方案，则工作量小，设计成功率较高，但是市场上的嵌入式操作系统都价格不菲。如果选择自由软件 Linux，则一方面其实时性不好，做到微秒级的响应需要付出极大的代价；另一方面熟悉 Linux 操作系统需要相当长的时间。另外，使用嵌入式操作系统，将会占用大量的存储空间，将其移植入 8 位单片机，需要开发人员对系统移植有深入的理解，否则效果会适得其反。如果选用通用的 ARM 平台，往往需要增加很多外围接口电路，无论从人力还是物力来说，都不利于节点成本控制。

小　　结

　　有线测控网络的发展促进了网络化测控系统的广泛应用。测控网络技术是测控系统的基础，工业测控网络类型很多，本章首先介绍了三种典型的现场总线技术，即 CAN、PROFIBUS、LonWorks，然后介绍了流行的工业以太网技术，为后续章节的网络化测控系统具体设计提供了基础。

第**4**章 无线测控网络

电磁波在均匀空间中是以直线方式传播的。在直射过程中，如果电磁波入射到一个尺寸比波长大得多的物体（如地球表面、建筑物和墙壁表面），电磁波将发生反射。如果电磁波被不规则的边缘阻挡，则由阻挡表面产生的二次波存在于整个空间，甚至存在于阻挡物的后面，也就是电磁波能够绕过障碍物传播，即电磁波的绕射。当电磁波在传播过程中遇到尺寸小于波长的目标物或者障碍物的数目很多（如粗糙表面、小物体或其他不规则物体），电磁波将发生散射。

无线测控网络就是利用电磁波实现点对点或点对多点的无线连接，突破电缆束缚；在测控终端节点实现自检、信息感知、信号处理和转换、通信和控制输出功能，提高系统可靠性和布局灵活性，显著降低系统成本。

根据距离，无线通信技术可以分为近距离无线通信技术和远距离无线通信技术。其中，近距离无线通信技术主要包括射频识别（radio frequency identification，RFID）、近场通信（near field communication，NFC）、Bluetooth、ZigBee、Wi-Fi 等；远距离无线通信技术主要包括 LoRa、移动通信、窄带物联网（narrow band internet of things，NB-IoT）等。

4.1 近距离无线通信技术

4.1.1 RFID 技术

RFID 是一种利用无线射频技术去识别目标对象并获取相关信息的非接触式双向通信技术，通常由一个读写器和若干标签组成。标签可分为有源标签和无源标签，有源标签自身带电源，无源标签自身不带电源。能量来自阅读器发射的电磁波，标签通过感应将电磁波能量转化为工作电源。RFID 的工作过程如图 4-1 所示。

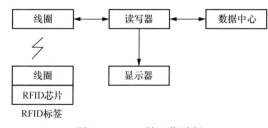

图 4-1 RFID 的工作过程

RFID 的技术特点：

（1）双向数据通信。通过射频读写器能够对支持读写功能的射频标签进行数据的写入与读出。

（2）应用灵活。标签的小型化和形状的多样化使 RFID 能更容易嵌入和应用于不同的产品和场景之中。

（3）良好的环境适应性。RFID 采用非接触式读写，标签可以全封闭，因此对水、油等物质不敏感，可在低能见度以及高污染环境中读取数据；在被纸张、木质材料以及塑料等非金属障碍物覆盖的情况下，射频卡也可以进行穿透性通信。

（4）可重复使用。RFID 电子标签中存储的内容是特定格式的电子数据，可通过射频读写器对其进行反复读写，信息的更新方便。

（5）数据容量大。RFID 的最大存储容量可达兆字节。

（6）安全性高。RFID 射频标签存储的是电子数据，可通过加密手段对数据进行保护。

RFID 的应用领域非常广泛，除了在工业测控系统的应用之外，还包括物流运输、市场流通、商品溯源、智慧城市、金融信息、安全管理、档案管理等领域。

4.1.2　NFC 技术

NFC 是一种短距离高频无线通信技术，主要用于电子设备之间的非接触式点对点数据传输。NFC 是在 RFID 的基础上演变而来的，向下兼容 RFID。2002 年，NFC 由 Philips 公司和 Sony 公司联合开发，并被欧洲计算机制造商协会（European Computer Manufacturers Association，ECMA）和国际标准化组织/国际电工委员会（International Organization for Standardization/International Electrical Commission，ISO/IEC）接收为标准。2004 年，Nokia、Philips、Sony 公司成立 NFC 论坛，共同制定了行业应用的相关标准，以推广 NFC。

（1）NFC 的技术特点：

1）工作频率固定。采用与 ISO 14443 标准一致的 13.56MHz。

2）通信距离短。有效通信距离一般为 1～4cm，理论最大值为 10cm。

3）多种通信速率。典型的数据传输速率有 106、212、424kbit/s 三种标准。

4）连接便捷。非接触式点对点连接，无须搜索扫描，无须握手配对。

5）快速响应。多以被动连接方式，反应时间只需 0.1s，几乎不消耗电量。

（2）NFC 业务应用模式：

1）卡模式。将具有 NFC 功能的设备模拟成一张非接触卡，如门禁卡、银行卡等。

2）读卡器模式。即作为非接触式读卡器使用，如从海报或者展览信息电子标签上读取相关信息。

3）点对点模式。即将两个具备 NFC 功能的设备连接，实现点对点数据传输。

4.1.3　Bluetooth 技术

Bluetooth 技术是由东芝、IBM、Intel、爱立信和 Nokia 公司于 1998 年 5 月共同提出的一种近距离无线数字通信的技术标准。Bluetooth 技术是低功率短距离无线连接技术，能穿透墙壁等障碍，通过统一的无线链路，在各种数字设备之间实现安全、灵活、低成本、小功率的语音和数据通信。Bluetooth 的目标是实现最高数据传输速率为 1Mbit/s（有效传输速率为 721kb/s），最大传输距离为 10m，采用 2.4GHz 的 ISM 频段，在该频段上设立 79 个带宽为 1MHz 的信道，每秒频率切换 1600 次，利用扩频技术来实现的电磁波收发通信。

Bluetooth 技术是一种短距离无线通信的技术规范，具有体积小、功率低的优势，被广泛应用于工业测控和民用领域的各种数字设备中，特别是那些对数据传输速率要求不高的移动设备和便携设备。

1. Bluetooth 的技术特点

（1）全球范围适用。Bluetooth 工作在 2.4GHz 的 ISM 频段，全球大多数国家 ISM 频段的范围是 2.4～2.4835GHz，是免费频段，使用该频段无须向政府职能部门申请许可证。

（2）可同时传输语音和数据。Bluetooth 采用电路交换和分组交换技术，支持一路数据信道、三路语音信道以及异步数据与同步语音同时传输信道。每个语音信道的数据传输速率为 64kbit/s，语音信号编码采用 PCM 或连续可变斜率增量调制（continuously variable slope delta modulation，CVSD）方法。当采用非对称信道传输数据时，数据传输速率最高为 721kbit/s，反向为 57.6kbit/s；当采用对称信道传输数据时，数据传输速率最高为 342.6kbit/s。Bluetooth 有两种链路，即同步的面向连接的链路（synchronous connection-oriented link，SCO）和异步无连接链路（asynchronous connectionless link，ACL）

（3）可以建立临时对等连接。根据网络中的角色，Bluetooth 设备可分为主设备和从设备。主设备是组网连接主动发起请求的 Bluetooth 设备，当几个 Bluetooth 设备连接成一个皮网（piconet，也称微微网）时，其中只有一个主设备，其余的都为从设备。皮网是 Bluetooth 最基本的网络形式，最简单的皮网是一个主设备和一个从设备组成的点对点通信连接。

（4）抗干扰能力强。在 ISM 频段工作的无线电设备有很多，如 WLAN、变频器等产品，为了很好地抵抗来自这些设备的干扰，Bluetooth 采用了跳频方式来扩展频谱。将 2.402～2.48GHz 频段分成 79 个频点，相邻频点间隔为 1MHz。Bluetooth 设备在某个频点发送数据之后，再跳到另一个频点发送，而频点的排序是伪随机的，每秒频率可以改变 1600 次，每个频率持续约 625μs。

（5）体积小，便于集成。Bluetooth 模块体积小，接口简单，易于集成到各类工业测控系统和个人移动设备中。一般 Bluetooth 芯片通过 UART、USB、SDIO、I^{2}S、PcCard 和主控芯片通信。

（6）低功耗。Bluetooth 设备在通信连接状态下有 4 种工作模式，分别是呼吸模式（Sniff），激活模式（Active）、保持模式（Hold）和休眠模式（Park）。激活模式是正常的工作模式，另外 3 种均是低功耗模式。新一代低功耗 Bluetooth（Bluetooth low energy，BLE）则在功耗方面进一步做了优化。

（7）开放的接口标准。Bluetooth 技术联盟（Bluetooth Special Interest Group，Bluetooth SIG）为了让 Bluetooth 技术能广泛应用，将 Bluetooth 的技术标准全部公开，全世界范围内任何单位、个人都可以进行 Bluetooth 产品的开发，只要通过其 Bluetooth 产品兼容性测试认证，即可推向市场。

（8）成本低。随着市场需求的不断扩大，业内各供应商纷纷推出和改良自己的 Bluetooth 芯片和模块，致使 Bluetooth 产品的价格飞速下降。

2. Bluetooth 的功能单元

Bluetooth 系统按照功能分为四个单元，即射频单元（radio）、基带与链路控制单元（baseband & link controller）、链路管理单元（link manager）和 Bluetooth 协议单元。Bluetooth 系统内各单元分布结构如图4-2所示。

（1）射频单元。负责数据和语音的发送和接收。Bluetooth 天线属于微带天线，具有体积小、质量小、功耗低的特点。

（2）基带与链路控制单元。进行射频信号与数字信号的相互转换，实现基带协议和其他的底层连接规程。

（3）链路管理单元。负责管理 Bluetooth 设备之间的通信，实现链路的建立、验证、配置等操作。

（4）Bluetooth 协议单元。Bluetooth 协议单元包括传输协议、中介协议和应用协议。

1）传输协议。负责 Bluetooth 设备间互相确认对方的位置，以及建立和管理 Bluetooth 设备间的物理链路，包括底层传输协议和高层传输协议。

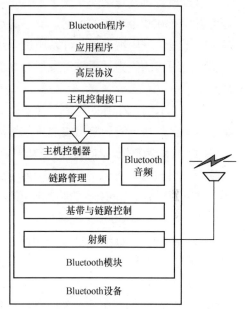

图 4-2 Bluetooth 系统内各单元分布结构图

底层传输协议涉及 Bluetooth 射频单元、基带与链路控制单元、链路管理单元协议（link manager protocol，LMP），负责语言、数据无线传输的物理实现以及 Bluetooth 设备间的联网组网。

高层传输协议涉及 LLC 与适配器协议（logical link control and adaptation protocol，L2CAP）、主机控制接口（host control interface，HCI），为高层应用屏蔽了跳频序列选择等底层传输操作，为高层程序提供有效、有利于实现的数据分组格式。

2）中介协议。为高层应用协议或者程序在 Bluetooth 逻辑链路上工作提供必要的支持，为应用提供不同标准接口。

3）应用协议。Bluetooth 协议栈之上的应用软件和所涉及的协议。

4.1.4 ZigBee 技术

ZigBee 是无线测控网络的热门技术之一，是一种短距离低功耗的无线通信技术。它源于蜜蜂的八字舞，蜜蜂（bee）通过飞翔和抖动翅膀（zig）与同类伴传递信息，ZigBee 协议继承了该特征，故取名为 ZigBee。ZigBee 在组网和低功耗方面具有很大优势，可以满足无线测控网络所要求的节点成本低、功耗低、自动组网等方面的要求，因此获得了较广泛的应用。

1. ZigBee 的技术特点

ZigBee 采用 DSSS 技术，具有以下特点：

（1）功耗低。ZigBee 采用极低功耗设计，可以全电池供电。ZigBee 联盟网站公布，和普通电池相比，ZigBee 产品可使用数月至数年之久。

（2）容量大。ZigBee 可采用星型和网状网结构，由一个主节点管理若干子节点，一个主节点最多可管理 254 个子节点，每个子节点的网络协调器可带 255 个激活节点，最多可组成 65000 个节点的大网，能够满足常规工业测控和家庭网络覆盖需求；ZigBee 设备具有无线信号中继功能，可以通过无线继力传输突破 1000m 以上的通信距离；ZigBee 具备双向通信的能力，不仅能发送命令到设备，同时设备也能把执行状态和相关数据反馈回来。

（3）成本低。ZigBee 只需要 80C51 之类的处理器以及少量的软件即可实现，而不需要主机平台。从天线到应用实现只需 1 块芯片即可。

（4）传输速率低。ZigBee 的低功率导致了低传输速率，其原始数据吞吐速率在 2.4GHz 频段为 250kbit/s，在 915MHz 频段为 40kbit/s，在 868MHz 频段为 20kbit/s。

（5）短时延。ZigBee 的响应速度较快，一般从睡眠转入工作状态只需 15ms，节点连接进入网络只需 30ms，能耗低。

（6）高安全。ZigBee 技术采用高级加密标准（advanced encryption standard，AES）加密，防护严密程度相当于银行卡加密技术的 12 倍，具有较高的安全性。

（7）免执照频段。使用 ISM 频段，即 915MHz（美国）、868MHz（欧洲）、2.4GHz（全球），分别有 1、10、16 个信道。三个频段除物理层不同外，各自信道的带宽也是不同的，分别为 0.6、2、5MHz。

2. ZigBee 的设备分类

ZigBee 网络中有三种设备类型，即协调器（coordinator）、路由器（router）和终端设备（end-device）。ZigBee 网络由一个协调器、多个终端设备以及多个路由器组成，如图 4-3 所示。

（1）协调器。协调器选择一个信道和一个网络 ID，随后启动整个网络。协调器主要涉及网络的启动和配置，一旦这些动作都完成后，协调器就失去了原本的作用，以后的工作就会像路由器一样。但是，基于 ZigBee 网络的分布特性，后续整个网络的操作就不再依赖协调器而存在。

（2）路由器。路由器的功能主要是允许其他设备加入网络。一般情况下，路由器希望一直处于活动状态下，因此必须使用主电源给其供电。但是，当使用树型网络拓扑结构时，允许在路由间隔一定的周期操作一次，这样就可以使用电池给其供电。

（3）终端设备。终端设备没有特定的维持网络结构的责任，它可以睡眠或者唤醒，因此它可以是一个电池供电设备。通常情况下，终端设备的存储空间比较小。

3. ZigBee 协议栈体系

ZigBee 协议栈体系包含一系列的层元件，其中有 IEEE 802.15.4 中的 MAC 层和物理层，也包括 ZigBee 组织设计的网络层、应用层和安全服务提供层。ZigBee 协议栈体系结构如图 4-4 所示。ZigBee 协议栈体系中每个层的组件有其特定的服务功能，相关组件的内在关联如图 4-5 所示。

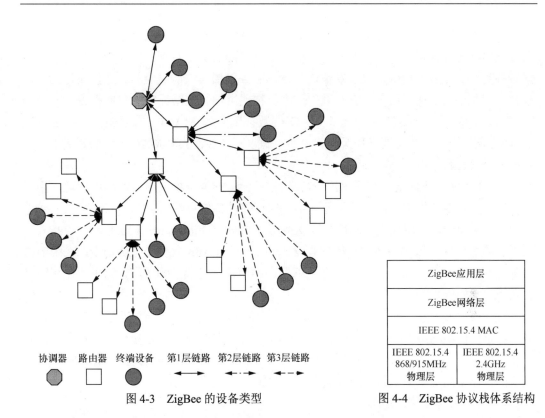

图 4-3　ZigBee 的设备类型

图 4-4　ZigBee 协议栈体系结构

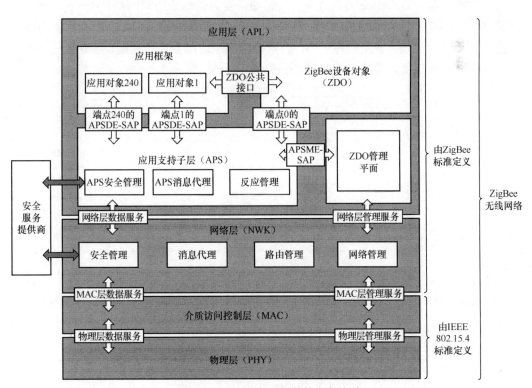

图 4-5　ZigBee 各层组件的内在关联

（1）物理层。物理层定义了物理无线信道和 MAC 子层之间的接口，提供物理层数据服务和物理层管理服务，主要是在驱动程序的基础上实现数据传输和管理。物理层数据服务是指从无线物理信道上收发数据，管理服务包括信道能量监测、链接质量指示、载波检测和空闲信道评估等，以及维护一个由物理层相关数据组成的数据库。

（2）MAC 层。MAC 层定义了 MAC 层数据服务和 MAC 层管理服务。前者保证MAC 协议数据单元在物理层数据服务中的正确收发，后者从事 MAC 层的管理活动，并维护一个信息数据库。

（3）网络层。网络层定义了网络的加入和退出、安全结构的申请、路由管理，用于在设备之间发现和维护路由、发现邻设备、储存邻设备信息。

（4）应用层。应用层包括应用程序支持子层（application support sublayer，APS）和ZigBee 设备对象（ZigBee device object，ZDO）。其中，APS 负责维持绑定表、在绑定的设备之间传送消息；ZDO 则定义设备在网络中的角色、发起和响应绑定请求、在网络设备之间建立安全机制。

ZigBee 协议栈的不同层与 IEEE 802.15.4 中的 MAC 层通过 SAP 进行通信。SAP 是某一特定层提供的服务与上层之间的接口。ZigBee 大多数层有两个接口，即数据实体接口和管理实体接口。数据实体接口的目标是向上层提供所需的常规数据服务；管理实体接口的目标是向上层提供访问内部层参数、配置和管理数据的机制。

4. ZigBee 帧结构与分类

（1）帧结构。在 ZigBee 协议栈中，任何通信数据都是采用帧的格式来组织完成的，协议的每一层都有特定的帧结构。当应用程序需要发送数据时，将通过 APS 数据实体发送数据请求到 APS 层，下面的各层都会为数据附加相应的帧头及帧尾，组成要发送的帧信息。ZigBee 帧结构之间的关联如图 4-6 所示。

图 4-6 ZigBee 帧结构之间的关联

1）物理层帧结构。ZigBee 的物理层帧结构如图 4-7 所示。

4字节	1字节	1字节		可变
前同步码	帧定界符	帧长度（7位）	保留位（1位）	PSUD
同步包头		物理层包头		物理层净荷

图 4-7 ZigBee 的物理层帧结构

帧内各数据单元简介如下：

同步包头（SHR）：用于接收端同步时钟，包含前同步码和帧定界符。

物理层包头（PHR）：数据帧长度信息。

物理层净荷（PSUD）：上层数据（即 MAC 帧），长度可变。

2）MAC 层帧结构。ZigBee 的 MAC 层帧结构如图 4-8 所示。

2字节	1字节	0/2字节	0/2/8字节	0/2字节	0/2/8字节	可变	2字节
控制域	序列号	目的PAN标识符	目的地址	源PAN标识符	源地址	帧载荷	FCS
		地址域					
MAC帧首部						MAC载荷	帧尾

（a）MAC层协议数据单元结构

位序	0~2	3	4	5	6	7~9
标示	帧类型	安全允许控制	未处理数据标志	请求确认	PAN内部标记	保留
位序	10、11		12、13		14~15	
标示	目的地址模式		保留		源地址模式	

（b）帧控制域结构

图 4-8　ZigBee 的 MAC 层帧结构

帧内各数据单元简介如下：

MAC 帧首部（MHR）：包含地址信息、安全控制信息。

MAC 层净荷：上层数据（即网络层帧），长度可变。

MAC 层帧尾：数据帧校验序列（frame check sequence，FCS）。

3）网络层层帧结构。ZigBee 的网络层帧结构如图 4-9 所示。

2字节	2字节	2字节	0/1字节	0/1字节	长度可变
帧控制域	目的地址	源地址	广播半径	广播序列号	帧载荷
	路由域				
网络帧首部					有效载荷

（a）网络层协议数据单元结构

位序	0、1	2~5	6、7	8	9	10~15
标示	帧类型	协议版本	路由发现	保留	安全性	保留

（b）帧控制域结构

图 4-9　ZigBee 的网络层帧结构

帧内各数据单元简介如下：

网络层帧首部（NHR）：网络级地址信息、控制信息。

网络层净荷：上层数据（即 APS 帧），长度可变。

4）应用程序支持子层帧结构。ZigBee 的应用程序支持子层帧结构如图 4-10 所示。

帧内各数据单元简介如下：

应用程序支持子层头（AHR）：应用层级的地址信息、控制信息。

辅助帧头（AFR）：安全信息及密钥等。

应用程序支持子层净荷：来自于应用程序的数据和命令。

消息完整性码（message integrity code，MIC）：用于安全性检验的认证。

1字节	1字节	0/2/8字节	0/2字节	0/2字节	0/1	1	2
帧控制域	目的端点	组地址	Cluster标识符	Profile标识符	原端点	APS计数器	FCS
			寻址域				
		APS帧首部					帧尾

（a）应用层协议数据单元结构

位序	0~1	2、3	4	5	6	7
标示	帧类型	发送模式	应答格式	安全性	请求应答	扩展头

（b）帧控制域结构

图 4-10　ZigBee 的应用程序支持子层帧结构

（2）ZigBee 的帧分类。ZigBee 协议栈体系中共定义了 4 种功能的帧结构：

1）信标帧：主协调器用来发送信标的帧。

2）数据帧：用于所有数据传输的帧。

3）确认/应答帧：用于确认成功接收的帧。

4）MAC 命令帧：处理所有 MAC 层对等实体间控制传输的帧。

5. ZigBee 的端点

ZigBee 设备是通过模板定义并以应用对象（application object）的形式实现的。每个应用对象通过一个端点连接到 ZigBee 堆栈的余下部分，它们都是器件中可寻址的组件。从应用角度看，通信的本质就是端点到端点的连接。

端点 0 和端点 255 为特殊端点。端点 0 用于整个 ZigBee 设备的配置和管理。应用程序可以通过端点 0 与 ZigBee 堆栈的其他层通信，从而实现对这些层的初始化和配置。依附于端点 0 的对象被称为 ZDO；端点 255 用于向所有端点的广播；端点 241～254 是保留端点。

所有端点都使用 APS 提供的服务。APS 通过网络层和安全服务提供层与端点相接，并为数据传送、安全和绑定提供服务，因此能够适配不同但兼容的设备。

APS 使用网络层提供的服务。网络层负责设备到设备的通信，并负责网络中设备初始化所包含的活动、消息路由和网络发现。应用层可以通过 ZDO 的网络层参数进行配置和访问。

4.1.5　Wi-Fi 技术

目前所使用的 Wi-Fi 标准是由 1997 年发布的 IEEE 802.11 演变而来的，以 IEEE 802.11 为前缀的标准是 WLAN 络标准，后缀为区分各自属性的一个或者两个字母。为了满足通信速率和传输距离日益提升的要求，IEEE 工作组又相继推出了 IEEE 802.11a/b/g/n/ac/ah/ax

等许多新标准，各标准的主要技术差异在于 MAC 层和物理层。在 Wi-Fi 技术发展过程中，每一代 IEEE 802.11 的标准都在大幅度地提升速率和扩展覆盖范围。例如，IEEE 802.11ac 速率能达到 1Gbit/s，IEEE 802.11ax（Wi-Fi 6）理论最大速率在 10Gbit/s 左右；IEEE 802.11ah 标准在理想情况下的传输距离可以达到 1km，从而实现更大的覆盖范围。

1. IEEE 802.11 信道划分

传统的 Wi-Fi 使用 2.4GHz 频段，随着使用该频段的设备越来越多，相互之间干扰增强，第五代 Wi-Fi 设计了运行在 5GHz 以上的高频段。理论上 5GHz 频段相较 2.4GHz 频段速率更高，但两者各有优缺点。2.4GHz 频段穿墙衰减率低，传播距离远，但使用设备多，干扰大；5GHz 频段网速稳定，传输速率高，但穿墙衰减率高，覆盖范围小。

IEEE 802.11 以载波频率为 2.4GHz 频段和 5GHz 频段来划分信道，并在此基础之上划分成多个子信道。

（1）2.4GHz 频段。IEEE 802.11 和 GB 15629.1102 共同规定，2.4GHz 工作频段为 2.402～2.483GHz，子信道个数为 12 个且带宽为 22MHz。每个国家所用信道有所不同，美国使用 1～11 号，欧盟国家使用 1～13 号，中国使用 1～13 号。2.4GHz 频段划分如图 4-11 所示。

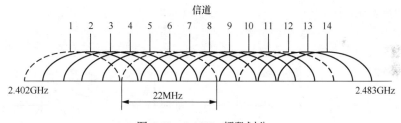

图 4-11　2.4GHz 频段划分

由图 4-11 可知，在 2.4GHz 频段中，大部分频点之间相互重叠，只有 3 个频点是可同时使用的。

（2）5GHz 频段。IEEE 802.11 工作小组在 5GHz 频段上选择了 555MHz 的带宽，共分为 3 个频段，频率范围分别是 5.150～5.350GHz、5.470～5.725GHz、5.725～5.850GHz。2002 年，中国信息产业部（现工业和信息化部）规定 5.725～5.850GHz 为中国大陆 5.8GHz 频段，信道带宽为 20MHz，可用频率为 125MHz，总计 5 个信道。2012 年，中国工业和信息化部放开 5.150～5.350GHz 的频段资源，用于无线接入系统。新开放的信道有 8 个，每个信道的带宽为 20MHz。由于 5GHz 频段的 13 个信道是无重叠的，所以这 13 个信道可以在同一个区域内覆盖，但新开放的 8 个信道仅可应用于室内。5GHz 频段划分如图 4-12 所示。

2. IEEE 802.11 物理帧结构

IEEE 802.11 的物理帧可以分为数据帧、控制帧和管理帧。其中，数据帧用于网络通信中传输数据，其结构在不同的网络环境下可能略有差异；控制帧一般与数据帧配合使用，负责区域情况、信道的获取以及载波监听维护，在接收到数据帧时及时应答，提升网络通信的可靠性；管理帧承担监管职责，主要负责无线网络的加入和退出以及跨接入点（access point，AP）转移的管理。

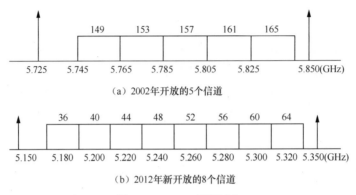

（a）2002年开放的5个信道

（b）2012年新开放的8个信道

图 4-12　5GHz 频段划分

典型的 IEEE 802.11 物理帧最大长度为 2346 字节，包含帧控制域（frame control）、持续时间/标识域（duration/ID）、地址域（address）、序列控制域（sequence control）、帧体域（frame body）和帧校验序列域（FCS），结构如图 4-13 所示。

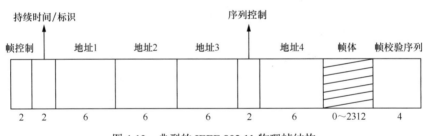

图 4-13　典型的 IEEE 802.11 物理帧结构

（1）帧控制域。IEEE 802.11 所有帧的开头均是长度为两个字节的帧控制位。IEEE 802.11 帧控制域的组成和数据位如图 4-14 所示。域中各部分解释如下：

Protocol	Type	Sub Type	To DS	From DS	More Frag	Retry	Pwr Mgmt	More Data	Protected Frame	Order
2	2	4	1	1	1	1	1	1	1	1

图 4-14　IEEE 802.11 帧控制域的组成

1）Protocol 位。Protocol 位由 2 位构成，用以显示该帧所使用的 MAC 版本。目前，IEEE 802.11 的 MAC 只有一个版本，其协议编号为 0。未来 IEEE 如果推出不同于原始规格的 MAC 版本，则会出现其他版本的编号。

2）Type 位与 Sub Type 位。Type 位含有 2 位，定义了不同的帧类型，即当前帧是属于数据帧、管理帧还是控制帧；Sub Type 位含有 4 位，进一步定义了帧的子类型。Type

位与 Sub Type 位的具体定义见表 4-1。

表 4-1　　　　　　　　　　Type 位与 Sub Type 位的具体定义

Type	帧类型	Sub Type	帧的子类型定义
00	管理帧	0000	连接请求
		0001	连接应答
		0010	重连请求
		0011	重连应答
		0100	探查要求
		0101	探查应答
		1000	导引信号
		1001	数据代传指示
		1010	解除连接
		1011	身份认证
		1100	解除认证
01	控制帧	1010	省电模式-轮询
		1011	请求发送
		1100	允许发送
		1101	应答
		1110	无竞争结束
		1111	无竞争结束+应答
10	数据帧	0000	数据
		0001	数据+
		0010	数据+无竞争轮询
		0011	数据+无竞争应答+无竞争轮询
		0100	无数据
		0101	无竞争应答（无数据）
		0110	无竞争轮询（无数据）
		0111	无竞争应答+无竞争轮询（无数据）
11			保留

3）To DS 与 From DS 位。这两个位用来指示帧的目的地是否为传输系统。在基础网络里，每个帧都会设定其中一个 DS 位。表 4-2 给出了不同的设定值的含义。

表 4-2　　　　　　　　　　DS 设定值含义

帧控制位		To DS	
		0	1
From DS	0	所有物理帧和控制帧	节点所传送的数据帧
	1	节点所收到的数据帧	无线桥接器上的数据帧

4）More Frag 位。该位的功能类似于 IP 的 More Fragments 位。若较上层的封装包经过 MAC 分段处理，除最后一个片段外，其他片段均会将该位设定为 1，以此来判定帧是

否传输完成，再将这些帧片段重新组合成原来的帧。大型的数据帧以及某些管理帧可能需要加以分段，除此之外的其他帧则会将该位设定为 0。实际上，大多数数据帧均会以最大的以太网长度进行传送，帧分段并不常用。

5）Retry 位。通信异常情况下需要重传帧。任何重传的帧都会将该位设定为 1，以协助接收端剔除重复的帧。

6）Pwr Mgmt 位。为延长便携式测控终端储能电池的使用时间，通常可以关闭网卡以节省电力。该位用来指出发送端在完成目前的基本帧交换之后是否进入省电模式。1 代表工作站即将进入省电模式，而 0 则代表工作站会一直保持在清醒状态。由于基站需要负责相应的管理功能，所以不允许基站进入省电模式，从而在基站所传送的帧中，该位必然为 0。

7）More Data 位。为了服务处于省电模式的终端，基站会将所接收的帧加以暂存。基站如果设定该位为 1，即代表至少有 1 个帧待传给休眠中的终端。

8）Protected Frame 位。相对于有线网络，无线传输本质上比较容易遭受拦截。如果帧受到链路层安全协议的保护，则该位会被设定为 1，否则为 0。

9）Order 位。如需严格依序进行帧数据传送，则该位被设定为 1，否则为 0。

（2）持续时间/标识域。该域占有 2 字节，用来记载网络分配矢量（network allocation vector，NAV）的值，访问时间限制由 NAV 指定，其单位为 μs。IEEE 802.11 的 MAC 层采用虚拟载波监听机制，站点在发送数据帧时将其要占用信道的时间写入帧头，其他站点据此调整自己的 NAV。NAV 值等于发送一帧的时间加上短的帧间空隙（short inter-frame space，SIFS）时间与目的站点发送确认帧的时间，表示信道在经过 NAV 值的时间之后才可能进入空闲状态。第 15 位设置为 0，0～14 用来设置 NAV，单位为 μs。

（3）地址域。一个 IEEE 802.11 的帧最多包含 4 个地址字段，每个字段包含 6 字节。随着帧类型的不同，这些字段的作用也有所差异。通常 Address 1 代表目标端地址，Address 2 代表发送端地址，Address 3 代表被接收端拿来过滤的地址。如果实际传送帧的地址域第一位为 0，则该地址为单播（unicast）地址；如果第一位 1，则该地址为组播（multicast）地址；如果所有位均为 1，则该地址为广播（broadcast）地址。

（4）序列控制域。该域包含 2 字节，用于重复帧过滤控制，实现帧重组和重复帧丢弃。

（5）帧体域。该域包含的信息根据帧的类型而有所不同，主要用于封装上层的数据单元，长度为 0～2312 字节，加上其他固定域长度，可确定 IEEE 802.11 的典型帧最大长度为 2346 字节。

（6）帧校验序列域。该域共占 4 字节，由 32 位 CRC 码构成，校验计算范围涵盖地址域所有位及帧体域。如果校验错误，则丢弃该帧且不应答；如果校验正确，则应答并交由上一协议层处理。

3. Wi-Fi 组网模式

Wi-Fi 基本组网模式有一对多（Infrastructure 组网）和点对点（Ad-hoc 组网）两种。最典型的 Wi-Fi 组网模式是一对多。例如，日常使用的无线路由是路由器+AP 结构，可接入多台设备，如图 4-15（a）所示；此外，Wi-Fi 可实现点对点组网。例如，多台笔记本计算机可以用 Wi-Fi 直接连接起来而不经过无线路由器，如图 4-15（b）所示。

标准 Wi-Fi（基于 IEEE 802.11 a/b/g/n/ac）通常用于高速数据传输，但由于 Wi-Fi 技术应用的广泛性，某些无线测控应用可以在室内或工厂环境利用已安装的标准 Wi-Fi。基于 IEEE 802.11ah 的 Wi-Fi HaLow 是专

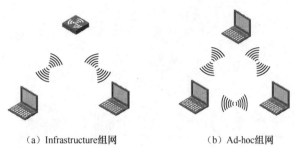

（a）Infrastructure组网　　　　（b）Ad-hoc组网

图 4-15　Wi-Fi 组网模式

为物联网等无线测控应用而设计的，但它需要独立（与标准 Wi-Fi 相比）的基础设施和专用客户端。IEEE 802.11ax 已经能够满足大多数无线测控领域物联设备的使用，但在以后能否广泛采用 IEEE 802.11ax，仍将取决于 IEEE 802.11ax 客户端的成本以及客户端、AP 进入市场的速度。

4.2　远距离无线通信技术

4.2.1　LoRa 技术

LoRa 最初是由法国 Cycleo 公司推出的一种基于线性调频扩频的物理层调制技术，2012 年该公司被美国 Semtech 公司收购。LoRa 的核心调制技术是具有前向差错控制能力的扩频技术，其灵敏度接近香农定理的极限。目前 LoRa 与 NB-IoT 等技术构成了低功耗广域网（low power wide area network，LPWAN）的不同发展方向。

1. LoRa 的组网方式

LoRa 的组网方式非常多，且很多供应商根据需求制定了相应的协议（网络层和应用层）。LoRa 支持 IEEE 802.15.4g、LoRaWAN 协议。根据是否支持 LoRaWAN 协议，LoRa 网络可以分为 LoRaWAN 协议网络和私有协议网络两大类。LoRaWAN 是 LoRa 联盟推广的统一协议，也是唯一一个全球达成共识的 LoRa 协议。

（1）点对点拓扑结构。LoRa 技术应用于点对点通信时，只需要两个 LoRa 节点，分别规定为主机和从机。一般会由主机主动发起命令和任务，从机响应，主机和从机是可以互换的。由于 LoRa 的节点芯片支持半双工通信，因此可以很好地支持这类应用。

（2）星型拓扑结构。星型拓扑结构是最常见的网络拓扑结构。图 4-16 所示的星型拓扑结构以网关为中心，其他的连接都为节点（即测控终端），网关与每个节点实现双向通信。

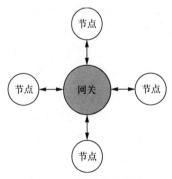

图 4-16　星型拓扑结构

（3）Mesh 拓扑结构。Mesh 网络即"无线网格网络"，是"多跳"网络，它是由 Ad-hoc 网络发展而来的。Mesh 拓扑结构如图 4-17 所示。其核心的大圆为网关或集中器；周围分布若干路由，测控终端节点可以直接和网关相连，也可通过路由中继后和网关相连。采用该拓扑结构可以进一步提升 LoRa 的通信距离和可靠性。

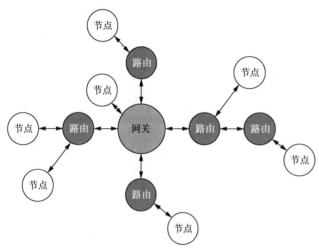

图 4-17　Mesh 拓扑结构

所示。在 LoRa 网络中，应用数据可双向传输。

2. LoRa 网络体系架构

LoRa 网络主要由终端（可内置 LoRa 模块）、网关（基站）、网络服务器以及应用服务器四部分组成，其体系架构如图 4-18

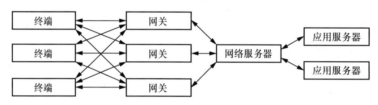

图 4-18　LoRa 网络体系架构

3. LoRa 的技术特点

（1）通信距离远。LoRa 运行在 433、470、868、915MHz 等 ISM 频段，数据通信速率最高为 62.5kbit/s。

（2）接收灵敏度高。LoRa 的最高接收灵敏度可达−149.1dBm，而 Bluetooth、ZigBee 等无线通信技术的灵敏度在−100dBm 左右。LoRa 的超高灵敏度来自调制本身，而不依赖于窄带（Sigfox 使用超窄带技术）、重传（NB-IoT 使用重传技术）和编码冗余（ZigBee 使用编码冗余）。

（3）抗干扰能力强。LoRa 具有噪声低于 20dB 依然可以通信的极限抗干扰能力，主要是因为 Chirp 调制在相干解调时可以把在噪声之下有用的 LoRa 信号聚集在一起，而噪声在相干解调后还是噪声。

（4）低功耗。LoRa 调制是一种非常高效的调制方式，工作电流非常低，其静态电流小于 1μA，接收电流不到 5mA，发射功率为 17dBm 时电流只有 45mA，测控终端电池待机时间可达 10 年。这是因为 LoRaWAN 节点与网关通信简单，开销少；网络服务器可以根据信号质量，动态调整节点速率和发射功率，以达到省电的目的。

（5）大容量。LoRaWAN 的网络容量大，主要与以下几个参数相关：①节点的发包频次；②数据包的长度；③信号质量及节点的速率；④可用信道数量；⑤基站/网关的密度；⑥信令开销；⑦重传次数。

（6）调节能力强。LoRa 具有根据终端节点状况进行调节的能力，叫作自适应速率（adaptive data rate，ADR）选择。ADR 选择可以根据节点与网关的距离以及信号情况调整其通信速率和发射功率等参数，还可以调整节点的跳频频率以实现更大的接入量和减少碰撞。当遇到极端情况时，可以直接扩展更多信道或采用多网关覆盖解决。

（7）组网灵活。LoRa 网络可根据应用需要和现场环境，针对测控终端位置合理部署基站；网络的扩展十分简单，可根据节点规模的变化，随时对覆盖区域进行增强或扩展；个人、企业或机构可部署 LoRa 私有网、企业网或行业网（免 License 频段），通信数据采用 AES 128 位加密，安全可靠。

（8）轻量级、低成本。LoRa 技术是一个轻量级的技术，硬件模块简单，无须入网许可等成本；通信基站相当于 WLAN 的路由器，布局简单；LoRaWAN 协议也是一个轻量级的通信协议，LoRaWAN 模块的量产价格远低于 NB-IoT 等其他无线技术基站的价格，且因为 LoRa 传输距离远，需要的基站少。

4. LoRa 的帧结构

LoRa 的数据帧主要包括前导码、数据头、净荷和 CRC 校验四部分，其中数据头和 CRC 为可选内容，可通过硬件寄存器进行设置，以压缩数据帧的长度，进而降低无线通信的能耗，提高通信速率。LoRa 的帧结构如图 4-19 所示。

前导码	数据头（可选）	净荷	CRC（可选）

图 4-19　LoRa 的帧结构

（1）前导码。负责信号检测、接收增益设置、频率和采样时间同步控制、LoRa 网络识别。

（2）数据头。负责标识净荷的数据包长度、CRC 编码方式以及是否进行 CRC 校验。

（3）CRC。16 位。

4.2.2　移动通信技术

在移动通信领域，新的技术每十年就会出现一代，传输速率也不断提升。第一代移动通信（1G）使用的是模拟技术；第二代移动通信（2G）实现了数字化语音通信，如 GSM、CDMA；3G 以多媒体通信为特征，标准有宽带码分多址接入（wideband CDMA，WCDMA）、CDMA 2000、时分同步码分多址接入（time-division synchronous CDMA，TD-SCDMA）等；4G 集 3G 与 WLAN 于一体，标志着无线宽带时代的到来，其通信速率可达 100Mbit/s；目前，5G 已经进入规模化商用阶段。从移动通信发展现状以及技术、标准与产业的演进趋势来看，基于 5G 的无线测控系统的通信能力、可靠性和覆盖能力将会进一步得到突破。这里仅介绍 5G 的发展趋势和技术特点。

1. 5G 发展背景

（1）长期演进技术/高级长期演进技术（long term evolution，LTE/LTE-advanced）已经是事实上的全球统一的 4G 标准，并将会在 5G 阶段继续演进。在产业化方面，LTE 在全球范围内的商用化进程不断加快。在标准化方面，第三代合作伙伴计划（3rd generation partnership project，3GPP）R12 版本的标准化工作正在对小区增强、新型多天线、终端直通、机器间通信等新技术开展研究和标准化工作。更多先进技术融入 LTE/LTE-advanced 技术标准中，将给蜂窝移动通信带来强大的生命力和发展潜力。

（2）WLAN 是当今全球应用最广泛的宽带无线接入技术之一，拥有良好的产业和用户基础。巨大的市场需求推动了 WLAN 技术的发展，大量的非授权频段也给 WLAN 技术提供了巨大的发展空间。目前，IEEE 已经启动了下一代 WLAN 标准"高效率（high-efficiency）WLAN"的研究，将进一步提升运营商业务能力，推动 WLAN 技术与蜂窝网络的融合。

2. 5G 技术特点

3GPP 对 5G 的定位是高性能、低延迟与高容量，主要体现在毫米波、小基站、大规模多进多出（multiple-in multiple-out，MIMO）、全双工和波束成形这 5 大技术上。

（1）毫米波。随着无线网络设备数量的增加，频谱资源稀缺的问题日渐突出，目前采用的措施是在狭窄的频谱上共享有限的带宽，导致用户体验不佳。提高无线传输速率的方法有增加频谱利用率和增加频谱带宽两种方法。5G 开启了新的频带资源。5G 使用毫米波（26.5～300GHz）增加频谱带宽，提升传输速率，其中 28GHz 频段可用频谱带宽为 1GHz，60GHz 频段每个信道的可用带宽则为 2GHz。

（2）小基站。毫米波具有穿透力差、在空气中衰减大、频率高、波长短、绕射能力差等特点。由于波长短，毫米波天线尺寸小，这是部署小基站的基础。小基站的体积小，功耗低，部署密度高。5G 移动通信将采用大量的小基站来覆盖各个角落，从而改善接收信号的强度，抑制用户间干扰，实现更高的系统容量和频谱效率。

（3）大规模 MIMO。5G 基站拥有大量采用大规模 MIMO 技术的天线。4G 基站有十几根天线，5G 基站可以支持上百根天线，这些天线通过大规模 MIMO 技术形成大规模天线阵列，基站可以同时发送和接收更多用户的信号，从而将移动网络的容量提升数十倍。MIMO 技术已经在一些 4G 基站上得到了应用。传统系统使用时域或频域实现不同用户之间的资源共享，大规模 MIMO 技术导入了空间域（spatial domain）的概念，开启了无线通信的新方向，在基地台采用大量的天线并进行同步处理，可在频谱效益与能源效率方面取得几十倍的增益。

（4）波束成形。基于大规模 MIMO 的天线阵列集成了大量天线，通过给这些天线发送不同相位的信号，这些天线发射的电磁波在空间互相干涉叠加，形成一个空间上较窄的波束，这样有限的能量都集中在特定方向上进行传输，不仅能使传输距离更远，而且能避免信号的相互干扰。这种将无线信号（电磁波）按特定方向传播的技术叫作波束成形（beam forming）或波束赋形。波束成形技术不仅可以提升频谱利用率，而且通过多个天线可以发送更多的信息，还可以通过信号处理算法来计算信号传输的最佳路径，确定移动终端的位置。

（5）全双工技术。全双工技术是指设备使用相同的时间、相同的频率资源同时发射和接收信号，即通信上、下行可以在相同时间使用相同的频率，在同一信道上同时接收和发送信号，对频谱效率有很大的提升。消除频分双工（frequency-division duplex，FDD）和时分双工（time-division duplex，TDD）对频谱资源的使用差异。通过多用户信息在相同资源上的叠加传输，在接收侧则利用先进的接收算法分离多用户信息。

4.2.3　NB-IoT 技术

2015 年 9 月，全球通信业对共同形成一个 LPWAN 标准达成共识，NB-IoT 标准应运而生。NB-IoT 是运行在 180kHz 频段上的无线通信技术，下行使用 15kHz 子载波间隔，上行使用 3.75kHz 和 15kHz 两种子载波间隔，可直接部署于 GSM 网络、LTE 网络。随着 5G 时代的到来，NB-IoT 成为 5G 通信的核心技术之一。由于 NB-IoT 使用的是授权 License 频段，因此可以采取独立部署（stand-alone operation）、保护带部署（guard band operation）和带内部署（in-band operation）三种方式。

1. NB-IoT 的技术特点

（1）多链接。在同一基站的情况下，NB-IoT 能提供 50～100 倍的 2G/3G/4G 的接入数。一个扇区能够支持 10 万个连接，支持延时不敏感业务。对工业领域的无线测控终端，NB-IoT 的多链接可以轻松解决联网需求。

（2）广覆盖。NB-IoT 比 LTE 提升了 20dB 增益的室内覆盖能力，相当于提升了 100 倍覆盖区域能力，而在室外传输距离可以达到 10km，可以满足各测控领域的深度覆盖需求。

（3）低功耗。NB-IoT 主要针对小数据量、低速率的应用。NB-IoT 上行采用单载波频分多址（single-carrier frequency-division multiple access，SC-FDMA），下行采用正交频分多址（orthogonal frequency division multiple access，OFDMA），支持半双工，具有单独的同步信号。其设备消耗的能量与数据量或速率有关，单位时间内发出数据包的大小决定了功耗的大小。

（4）低成本。NB-IoT 可利用运营商现有频带中的局部频段，实现 LTE 和 NB-IoT 的同时部署，射频和天线均可以复用，但 NB-IoT 的模组成本仍然偏高。

2. NB-IoT 的网络结构

NB-IoT 的网络结构如图 4-20 所示。

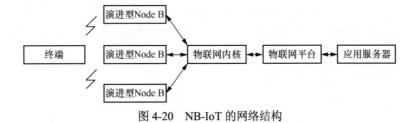

图 4-20　NB-IoT 的网络结构

（1）终端。通过 NB 空中接口连接到 Node B。终端侧主要包含行业终端与 NB-IoT 模块两类。行业终端包括芯片、模组、传感器接口、终端等；NB-IoT 模块则包括无线传输接口、软 SIM 装置、传感器接口等。

（2）Node B：基站，连接到物联网内核。

（3）物联网内核：面向物联网业务的核心网，主要作用是传输、转发数据。

（4）物联网平台：物联网业务管理平台，主要作用是汇集、管理数据。

（5）应用服务器：物联网数据的最终目的地，属于应用层，可根据不同的需求、方案来处理数据，一般是用户自己的服务器。

3. NB-IoT 的工作频段

全球大多数运营商部署的 NB-IoT 使用 900MHz 频段，也有些运营商使用 800MHz 频段。中国移动、中国联通的 NB-IoT 部署在 900、1800MHz 频段，中国电信的 NB-IoT 部署在 800MHz 频段，频段带宽只有 15MHz。

4. NB-IoT 的部署方式

NB-IoT 占用 180kHz 带宽，与 LTE 帧结构中一个资源块所占带宽相同。如图 4-21 所示，NB-IoT 有 3 种部署方式。

（1）独立部署。适用于重耕 GSM 频段。GSM 的信道带宽为 200kHz，正好为 NB-IoT 开辟出两侧带有 10kHz 保护间隔的 180kHz 带宽空间。

（2）保护带部署。利用 LTE 边缘保护频带中未使用的 180kHz 带宽的资源块。

（3）带内部署。利用 LTE 载波中间的任何资源块。

NB-IoT 适合运营商部署，为无线测控带来大数量连接、低功耗、广覆盖的网络解决方案。

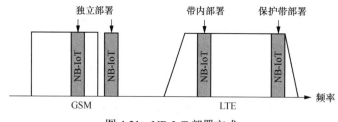

图 4-21　NB-IoT 部署方式

小　　结

本章通过引入常见的无线测控网络通信技术，分别介绍了典型无线测控网络的基本原理、技术特点、组网方式和通信数据帧结构，为不同场景下无线测控系统的通信网络设计提供了基础。

第5章 网络化测控系统硬件开发

测控系统硬件主要由各式各样的传感器、测量控制电路和执行机构三部分组成。在测控系统硬件中，电路部分是比较灵活的，其具有对信号的放大、转换、传输功能。针对不同应用场合，应设计调整相应的电路结构使其适配。测控电路系统在整机构成和生产系统中起着举足轻重的作用。

5.1 测控系统硬件的电路基础

5.1.1 测控电路的主要特点

（1）为了保证高测量精度，要求测控电路具有低噪声与高抗干扰能力，对此可以通过选用低噪声器件、合理安排电路、合理布线与接地、采取适当的隔离与屏蔽等等措施来实现。对信号进行调制，合理安排电路的通频带，对抑制干扰有重要作用。采用具有高共模抑制比的电路，对抑制干扰也有重要作用。

（2）大多数电子元器件的特性，如放大器的失调电压与失调电流、晶体管与二极管的漏电流，都会受温度的影响而在一定程度上发生变化。由于电路在工作中总会有电流流过，不可避免地会产生热量，从而使电路发生漂移。外界温度的变化也会引起电路漂移，特别是许多测控系统需要在非常恶劣的温度条件下工作。为了减小漂移，第一应选择温度漂移小即对温度不敏感的元器件，采用能够对漂移进行自动补偿的电路；第二应尽量减小电路特别是电路关键部分的温度变化，这里包括减小电路中的电流、让大功率器件远离前级电路、安排好散热等。

（3）线性度是衡量一个仪器或控制系统精度的一个重要指标。从理论上讲，一个系统也可按非线性度定标，这时输入与输出间具有非线性关系并不一定影响精度。但在大多数情况下，要求系统的输入与输出间具有线性关系。这是因为线性关系使用方便，如线性标尺便于读出，在换挡时不必重新定标，进行模数转换、细分、伺服跟踪时不必考虑非线性因素，以及波形不失真等。

（4）有合适的输入与输出阻抗，但即使电路完全没有误差，在将其用于某一测控系统时，仍然有可能给系统带来误差。例如，若测量电路的输入阻抗太低，在接入电路后会使传感器的输出发生变化。从不影响前级的工作状态出发，要求电路有高输入阻抗。在一些领域的测量中，被测对象和使用的传感器输出电流的能力非常低，这就要求电路有很高的输入阻抗。但输入阻抗越高，输入端噪声也越大，因此合理的要求是使电路的输入阻抗与前级的输出阻抗相匹配。同样，若电路的输出阻抗太大，在接入输入阻抗较低的负载后，会使电路输出下降，因此要求电路的输出阻抗与后级的输入阻抗相匹配。

（5）响应速度快已经成为对测控电路性能的一项重要要求，实时动态测量已成为测量技术发展的主要方向。测量电路若没有良好的频率特性和高响应速度，就不能准确地测出被测对象的运动状况，无法对被测系统进行准确控制。对一个存在高速变化因素的运动系统，控制的滞后可能引起系统振荡，振荡的幅度还可能越来越大，最终导致系统失去稳定。为了能够准确测出快速变化的参数，确保一个高速运动系统的稳定，要求测控电路有高响应速度和良好的频率特性。

（6）随着科技和生产的发展，需要测量的参数类别越来越多，参数的定义也越来越精确化。以最简单的情况——圆的直径为例，传统的定义是对径两点之间的距离。这是由于过去只能进行静态测量，也由于对圆的形状评定没有提出很高的要求。而现代的定义是最佳拟合圆的直径，而最佳拟合圆又根据需要可以按不同准则确定。随着技术的进步和对于现象深入研究的需求，要求对于一个动态过程、一个波形进行细致分析。

5.1.2 信号调理电路的构成

信号调理电路主要是通过非电量的转换、信号的变换与放大、滤波、线性化、共模抑制及隔离等方法，将非电量和非标准的电信号转换成标准的电信号。信号调理电路是传感器和模数转换器之间以及数模转换器和执行机构之间的桥梁，也是计算机测控系统中重要的组成部分。

在计算机测控系统中，模拟量输入信号主要有传感器输出的信号和变送器输出的信号两类。因此，信号调理电路的设计主要是根据传感器输出的信号、变送器输出的信号以及模数转换器的具体情况而定。

传感器输出的信号包括：①电压信号，一般为 mV 或 μV 信号；②电阻信号，单位为 Ω，如热电阻信号，通过电桥转换成 mV 信号；③电流信号，一般为 mA 或 μA 信号。

变送器输出的信号包括：①电流信号，一般为 0～10mA（0～1.5kΩ 负载）或 4～20mA（0～500Ω 负载）；②电压信号，一般为 0～5V 或 1～5V 信号。

以上这些信号往往不能直接送入模数转换器，对于较小的电压信号，需要经过模拟量输入通道中的放大器放大后，变换成标准的电压信号（如 0～5V、1～5V、0～10V、−5～+5V 等），再经滤波后才能送入模数转换器。而对于电流信号，应该通过电流/电压变换电路，将电流信号转换成标准电压信号，再经滤波后送入模数转换器。下面将介绍几种常用的模拟信号调理电路。

5.1.3 线性运算放大电路

1. 反相线性运算放大电路

典型的反相线性运算放大电路如图 5-1 所示。在理论条件下，其主要特性参数见式（5-1）～式（5-4）。

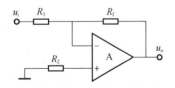

图 5-1 典型的反相线性运算放大电路

（1）闭环放大倍数

$$A_{\mathrm{f}} = \frac{u_{\mathrm{o}}}{u_{\mathrm{i}}} = -\frac{R_{\mathrm{f}}}{R_{\mathrm{1}}} \tag{5-1}$$

（2）平衡电阻

$$R_2 = \frac{R_1 R_{\mathrm{f}}}{R_1 + R_{\mathrm{f}}} \tag{5-2}$$

（3）输入电阻

$$R_{\mathrm{i}} = R_{\mathrm{1}} \tag{5-3}$$

（4）输出电阻

$$R_{\mathrm{o}} = 0 \tag{5-4}$$

2. 同相线性运算放大电路

典型的同相线性运算放大电路如图 5-2 所示。在理论条件下，其主要特性参数见式（5-5）～式（5-8）。

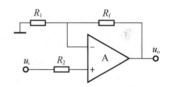

图 5-2　典型的同相线性运算放大电路

（1）闭环放大倍数

$$A_{\mathrm{f}} = \frac{u_{\mathrm{o}}}{u_{\mathrm{i}}} = 1 + \frac{R_{\mathrm{f}}}{R_{\mathrm{1}}} \tag{5-5}$$

（2）平衡电阻

$$R_2 = \frac{R_1 R_{\mathrm{f}}}{R_1 + R_{\mathrm{f}}} \tag{5-6}$$

（3）输入电阻

$$R_{\mathrm{i}} = \infty \tag{5-7}$$

（4）输出电阻

$$R_{\mathrm{o}} = 0 \tag{5-8}$$

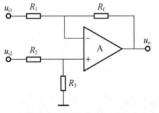

图 5-3　典型的差动线性运算放大电路

3. 差动线性运算放大电路

典型的差动线性运算放大电路如图 5-3 所示，通常要求电阻 $R_2 = R_1$，$R_3 = R_{\mathrm{f}}$。在理论条件下，其主要特性参数见式（5-9）～式（5-12）。

（1）差模增益

$$A_{\mathrm{f}} = \frac{u_{\mathrm{o}}}{u_{\mathrm{i}1} - u_{\mathrm{i}2}} = -\frac{R_{\mathrm{f}}}{R_{\mathrm{1}}} \tag{5-9}$$

（2）差模输入阻抗

$$R_{\mathrm{id}} = 2R_1 \tag{5-10}$$

（3）共模输入阻抗

$$R_{ic} = \frac{1}{2}(R_1 + R_f) \qquad (5\text{-}11)$$

（4）输出阻抗

$$R_o = 0 \qquad (5\text{-}12)$$

5.1.4 仪表运算放大电路

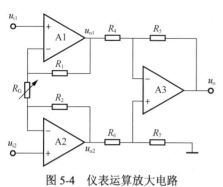

图 5-4 仪表运算放大电路

仪表运算放大电路如图 5-4 所示，由 A1、A2 两个对称的同相运算放大电路构成输入级，由差动运算放大电路 A3 构成输出级，可调电阻 R_G 为外接增益调节电阻。为提高电路的抗共模干扰能力和抑制漂移的能力，通常要求输入级电路上下对称，即 $R_1 = R_2$，$R_4 = R_6$，$R_5 = R_7$。由此可得，仪表运算放大电路输入级的增益见式（5-13）。

$$A_{fi} = \frac{u_{o1} - u_{o2}}{u_{i1} - u_{i2}} = 1 + 2\frac{R_1}{R_G} \qquad (5\text{-}13)$$

仪表运算放大电路的整体增益见式（5-14）。

$$A_f = \frac{u_o}{u_{i1} - u_{i2}} = -\left(1 + 2\frac{R_1}{R_G}\right)\frac{R_5}{R_4} \qquad (5\text{-}14)$$

典型的仪表运算放大器有 AD 公司出品的 AD620。

5.1.5 隔离运算放大电路

隔离运算放电电路是一种应用于特殊场合的放大电路，其输入电路、输出电路及供电电源电路之间没有直接耦合，信号在放大传输过程中保持隔离状态。隔离运算放大电路主要应用于便携式测量仪器或存在高共模干扰的特殊场合。

隔离运算放大电路的主要隔离方式有变压器隔离和光电隔离两种。其中，变压器隔离技术较为成熟，变压器隔离类器件具有较高的线性度和隔离性能，共模抑制比高，但带宽较窄，器件体积大，集成工艺复杂且成本高。常见的变压器隔离运算放大器有双隔离型的 AD204、AD277 等，三隔离型的 AD210、GF289 等。光电隔离类器件结构简单，成本低廉，具有一定的转换速度，带宽较宽，但传输线性度较差。

1. 双隔离型隔离运算放大器 AD204

AD204 是美国 AD 公司生产的双隔离运算放大器，其电路原理如图 5-5 所示。

该器件由 31、32 脚输入直流 15V 供电，该输入电源经内部振荡器调节，产生解调器所需的工作电压；经电源变压器产生输入端所需的运放工作电压和调制器工作电压，并经隔离电压输出端 5、6 脚输出，供需要隔离供电的传感器及前端电路使用。需要注意的是，该器件具有多种封装形式，采用不同封装形式的引脚编号与功能略有不同，使用时需参考器件手册。AD204 隔离运算放大器的基本应用电路如图 5-6 所示，该电路的增益倍数为 1。

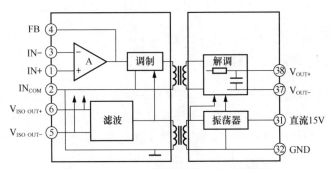

图 5-5　AD204 隔离运算放大器电路原理

对于要求增益倍数大于 1 的应用场合，应采用图 5-7 所示的电路，其中 R_f 的取值应大于 20kΩ，该电路的增益可用式（5-15）表示。

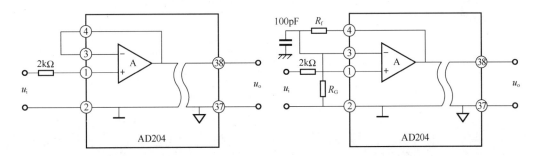

图 5-6　AD204 隔离运算放大器基本应用电路　　　图 5-7　AD204 隔离运算放大器典型应用电路

$$A_f = \frac{u_o}{u_i} = 1 + \frac{R_f}{R_G} \tag{5-15}$$

2. 三隔离型隔离运算放大器 AD210

AD210 是美国 AD 公司生产的三隔离运算放大器，其电路原理如图 5-8 所示。

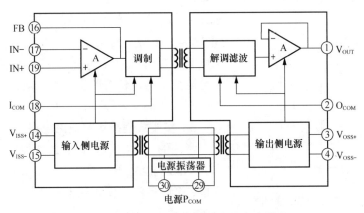

图 5-8　AD210 隔离运算放大器电路原理

该器件由 30、29 脚输入供电，该输入电源经内部振荡器调节，分别经变压器给输入端和输出端供电，并经 14、15 脚及 3、4 脚分别输出，供外部电路使用。AD210 的具体使用电路可参考器件手册。

5.1.6　程控运算放大电路

对于智能仪器的测控系统而言，通常要求在系统的整个测量范围之内具有较为理想的辨识度，即要求当输入信号较小时，系统具有较大的放大倍数；而当输入信号较大时，系统的放大倍数适当降低，使得不同的输入信号放大后均处于系统的模数转换范围之内，且具有较大的动态范围。使用程控运放放大电路可以满足这样的实用要求。

1.　多路模拟开关式程控运算放大电路

多路模拟开关式程控运算放大电路的基本思想是通过接通不同的运放反馈电阻，达到切换放大倍数的目的，其基本原理如图 5-9 所示。控制接口在程序的控制下接通不同的开关 S，选通不同的反馈电阻网络，即可实现增益的程序控制，常见的多路模拟开关有 AD7506 等。

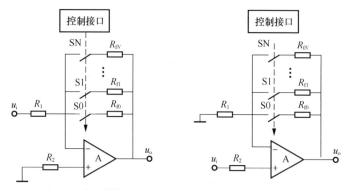

图 5-9　多路模拟开关式程控运算放大电路的基本原理

2.　数字电位器式程控运算放大电路

数字电位器式程控运算放大电路是在运放的反馈回路中采用数字电位器。图 5-10 所示为 CAT 5113 数字电位器的引脚图，其中 V_{CC}、GND 为电源输入端，$\overline{CS}$ 为片选信号输入端，$U/\overline{D}$ 为电阻抽头触点，R_W 为改变方向控制端，$\overline{INC}$ 为控制电阻抽头触点位置的步进输入端，R_L、R_H 为内置电阻网络的端点。

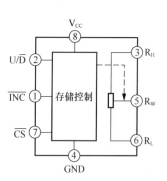

图 5-10　CAT 5113 数字电位器的引脚图

3.　集成式程控运算放大电路

常见的集成式程控运算放大器有 PGA204/205 等。PGA204/205 是美国 Burr-Brown 公司生产的低价格、多用途的可编程增益放大器，可用两位 TTL 或 CMOS 逻辑信号 A1、A0 对其增益进行数字选择。PGA204 的增益档级为 1、10、100、1000V/V，最大增益误差为±0.1%；PGA205

的增益档级为 1、2、4、8V/V，最大增益误差为±0.05%。图 5-11 所示为 PGA204/205 的引脚图。

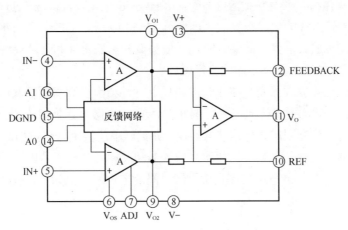

图 5-11　PGA204/205 的引脚图

5.1.7　电桥运算放大电路

电桥运算放大电路常配套应用于电阻传感器的信号处理电路，如应变式位移的测量、热敏电阻（positive temperature coefficient，PTC）测温等，如图 5-12 所示。

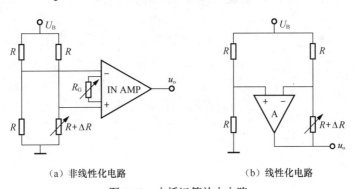

（a）非线性化电路　　　　　　　　（b）线性化电路

图 5-12　电桥运算放大电路

图 5-12（a）中电桥的供电电源与运算放大器共地，运放的输出见式（5-16）。

$$u_{\text{o}} = G\left(\frac{R + \Delta R}{2R + \Delta R} - \frac{1}{2}\right)U_{\text{B}} \tag{5-16}$$

式中：G 为仪表运算放大电路的增益。

由式（5-16）可知，测量桥臂的变化量 ΔR 存在于输出表达式的分母上，因此该电路具有非线性特性。

图 5-12（b）所示的电路为实用的电桥线性化电路，其输出表达式见式（5-17）。

$$u_{\text{o}} = -\frac{\Delta R}{2R}U_{\text{B}} \tag{5-17}$$

5.1.8 高输入阻抗运算放大电路

采用金属-氧化物-半导体场效应晶体管（metal-oxide-semiconductor field effect transistor，MOSFET）作为输入级的集成运算放大器，如 CA3140 等，其输入阻抗很高，通常大于 $10^6 M\Omega$。该类运算放大器具有高输入阻抗、低失调、高稳定性和低功耗等优点。

1. 高输入阻抗运算放大器的抗干扰设计

高输入阻抗运算放大器安装在印制电路板上时，会因引脚周围的漏电流流入高输入阻抗而形成干扰，对此类干扰通常采用图 5-13 所示的屏蔽方法加以克服，即在运算放大器的高输入阻抗引脚周围用导体构建屏蔽层，并把屏蔽层接至低阻抗回路。图 5-13（a）、（b）和（c）分别为电压跟随器、同相运算放大器和反相运算放大器的高输入阻抗屏蔽示意图。由图 5-13 可知，屏蔽层与高阻抗引脚之间的电位差近似为零，有效避免了漏电流的流入。

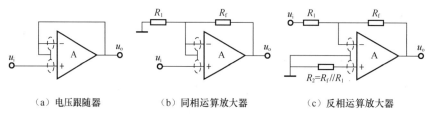

（a）电压跟随器　　　　（b）同相运算放大器　　　　（c）反相运算放大器

图 5-13　高输入阻抗运算放大电路的抗干扰设计

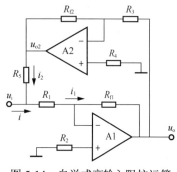

图 5-14　自举式高输入阻抗运算
放大电路

2. 自举式高输入阻抗运算放大电路

在某些应用场合，为了进一步提升测控运算放大电路的输入阻抗，可采用图 5-14 所示的自举式高输入阻抗运算放大电路，各参数关系见式（5-18）～式（5-20）。

$$u_o = -\frac{R_{f1}}{R_1} u_i \tag{5-18}$$

$$u_{o2} = -\frac{R_{f2}}{R_3} u_o \tag{5-19}$$

$$i = \frac{u_i}{R_1} - \frac{u_{o2} - u_i}{R_5} \tag{5-20}$$

当 $R_{f1} = R_3$，$R_{f2} = 2R_1$ 时，电路的输入阻抗见式（5-21）。

$$R_i = \frac{u_i}{i} = \frac{R_5 R_1}{R_5 - R_1} \tag{5-21}$$

当 $R_5 = R_1$ 时，运算放大器 A1 的输入电流将全部由运算放大器 A2 所提供，电路的输入阻抗趋于无穷大。实际上，由于各电阻的匹配存在一定的偏差，电路的最终输入阻抗会降低。

需要指出的是，测量放大电路的输入阻抗越高，输入端所引起的噪声也越大。因此，不是所有情况下都要求放大电路具有高输入阻抗，而是应该与传感器输出阻抗相匹配，使测量放大电路的输出信噪比达到最佳值。

5.1.9　低漂移运算放大电路

在多级运算放大器组成的电路中，前级的零点漂移会随信号一起被后级电路放大，引起较大的输出零点漂移电压，因此常采用自动稳零运算放大电路实现低漂移运算放大电路，如图 5-15 所示。自动稳零运算放大电路的基本原理是，将前级的失调电压存储在电容上并回送至运算放大器的输入端，从而抵消掉自身的失调电压。电路在特定频率的方波控制下进行两个阶段的工作：第一阶段为运算放大器的误差检测与存储，第二阶段为稳零和放大。

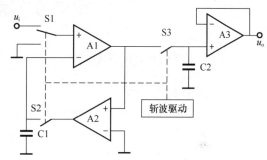

图 5-15　自动稳零运算放大电路

在第一阶段，开关 S1 接地，S2 闭合，S3 断开，A1 与 A2 构成单位增益负反馈运算放大电路，增益分别为 G_1 和 G_2。考虑 A1、A2 的失调电压后，其等效电路如图 5-16（a）所示。此时，存储电容 C_1 上的电压 V_{C1} 及输出电压 V_{o1} 分别为

$$V_{C1} = \left(V_{o1} + V_{oS2}\right)G_2 \qquad (5\text{-}22)$$

$$V_{o1} = \left(V_{oS1} - V_{C1}\right)G_1 \qquad (5\text{-}23)$$

故有

$$V_{C1} = V_{oS1} - \frac{V_{oS2}}{G_1} \qquad (5\text{-}24)$$

又因 $G_1 \gg 1$，故有

$$V_{C1} \approx V_{oS1} \qquad (5\text{-}25)$$

可见，自动稳零运算放大电路在该阶段实现了误差检测与存储。

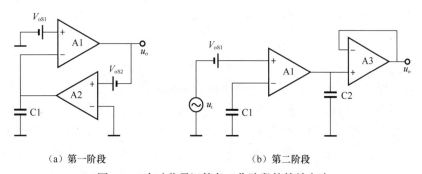

（a）第一阶段　　　　　　　　　　（b）第二阶段

图 5-16　自动稳零运算各工作阶段的等效电路

在第二阶段，开关 S1 接通输入信号 u_i，S2 断开，S3 闭合，此时 A1、A3 构成运算放大电路，其等效电路如图 5-16（b）所示。此时，运算放大器 A3 构成电压跟随器，其输出电压与电容 C2 的端电压相等，即

$$u_o = \left(u_i + V_{oS1} - V_{C1}\right)G_1 = u_i G_1 \tag{5-26}$$

可见，自动稳零运算放大电路在该阶段实现了失调电压的自动稳零与放大。

5.2 常用传感器及其测量电路

5.2.1 位移和位置传感器

1. 电位器式传感器

电位器式传感器由电位器构成，电位器的电阻值与导线长度成线性比例关系。电位

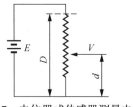

图 5-17 电位器式传感器测量电路

器式传感器通过物体的移动来控制导线的长度以实现位移的测量。电位器式传感器测量电路如图 5-17 所示。电源加在电阻的两侧，当物体移动时，电阻的滑片移动，从而引起阻值的变化。通过测量有效段的电压，可计算出滑片有效段电压与位移 d 之间的关系，见式（5-27）。

$$V = V_0 d / D \tag{5-27}$$

式中：V_0 为电位器两端的电压；D 为满量程时物体的位移值。

2. 压阻式传感器

材料受到压力发生形变引起电路中阻值变化的现象，称为压阻效应。当在工程机械结构中使用应力/应变敏感电阻作为连接纽带，当机械结构受到外力发生形变时，电阻值也发生相应变化。压敏元件的灵敏度被量化为应变系数 G，定义为单位应变量 ε 产生的相对阻值变化量，见式（5-28）。

$$G = \frac{\Delta r / r}{\varepsilon} \tag{5-28}$$

压敏电阻的归一化变化量可以表示为

$$\frac{\Delta r}{r} = \frac{\Delta \rho}{\rho} + \frac{\Delta(l/a)}{l/a} = \frac{\Delta \rho}{\rho} + \left(\frac{\Delta l}{l} - \frac{\Delta a}{a}\right) \tag{5-29}$$

式中：ρ 为电阻率；l 为长度；a 为待测电阻的横截面积。

当在一个硅基材料横梁上嵌入两个应变敏感电阻 r_{x1} 和 r_{x2}，在外力的作用下平板产生了 d 的位移量，当平板达到平衡状态时，支撑的横梁发生了形变，导致压敏电阻也产生了形变。但是，两个电阻所产生的阻值变化量是不同的，其中一个电阻产生拉伸形变，阻值增加；而另一个电阻被压缩，阻值减小。当两个电阻接入电桥，阻值的变化转变为

电压的变化。两个压敏电阻嵌入硅基横梁的位移传感器原理如图 5-18 所示。

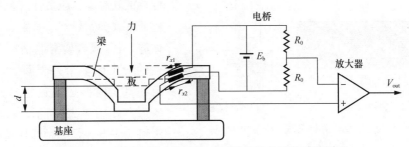

图 5-18　两个压敏电阻嵌入硅基横梁的位移传感器原理

3. 电容式传感器

平板电容器的电容值与极板间距成反比，而与极板的重叠面积成正比。通过改变电容器的几何参数，或者改变板间介质材料来改变电容值，将变化的电容值转化为变化的输出电信号。如图 5-19（a）所示，3 个等间距的平板形成两个电容器 C1 和 C2。上、下极板由异相的正弦信号来激励，即两个信号的相位差为 180°。由于两个电容器的大小几乎相等，所以中心极板几乎没有对地电压（C1 和 C2 上的电荷相互抵消）。现在假设中心极板向下移动的位移为 x，如图 5-19（b）所示，这会导致两个电容值发生变化，见式（5-30）。

$$C_1 = \frac{\varepsilon A}{x_0 + x} ; \quad C_2 = \frac{\varepsilon A}{x_0 - x} \tag{5-30}$$

中间极板信号 V 的大小与位移量成比例，而输出信号的相位可以表示中间板是向上移动还是向下移动。则输出信号的幅值为

$$V_{\text{out}} = V_0 \left(-\frac{x}{x_0 + x} + \frac{\Delta C_0}{C_0} \right) \tag{5-31}$$

极板上的电压变化 ΔV 引起的静电力瞬时值为

$$F = -\frac{1}{2} \frac{C \Delta V^2}{x_0 + x} \tag{5-32}$$

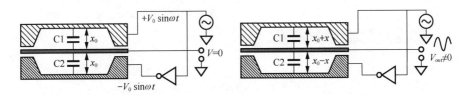

（a）初始平衡状态　　　　　　　　　　　（b）中间板向下移动式

图 5-19　差分平板电容式传感器的工作原理

5.2.2　应变传感器

1. 应变计

当力施加到可压缩的弹性元件上时，元件变形或张紧。应力（变形）的程度可以用

来衡量力对位移的影响。因此，应变计可用作测量可变形元件的一部分相对于其他部分

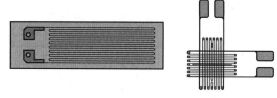

位移的转换器。应变计应直接嵌入弹性元件（弹簧、梁、悬臂、导电弹性体等）中，或者紧密地粘贴于弹性元件的一个或多个外表面上，当力作用在其上时，应变计将与元件一起变形，如图 5-20 所示。一种典型的压阻式应变计是一种弹性传感器，其

（a）金属丝应变片 （b）双轴应变片

图 5-20 粘贴于弹性基底上的应变片

电阻值是外加应变（单位变形）的函数，见式（5-33）。

$$R = R_0(1+x) = R_0(1+S_e e) \tag{5-33}$$

式中：R_0 为没有施加应力时的电阻值。

对于半导体材料，式（5-33）取决于掺杂浓度。在材料压缩时电阻减小，而在拉伸时电阻增加。

2. 压敏薄膜传感器

这种传感器本质上是一种电导率随施加的外力而发生线性变化的电阻。当没有外力施加时，其电阻值在兆欧级（电导率非常低）。当施加的外力增加时，传感器的电阻降低，最后可达 10kΩ 或更低（电导率增加），降低程度取决于浆料成分和几何形状。传感器的输出用电导率与力的比值表示，是完全线性的（线性误差的典型值小于 3%）。压敏薄膜传感器如图 5-21 所示。薄膜的传导性随着应力的增加而增强，其机理可能是传导性、电子跃迁和隧道效应。在浆料中存在两种不同类型的氧化物，即导电型和绝缘型。

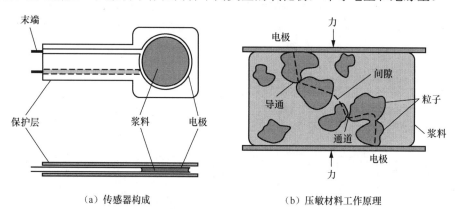

（a）传感器构成 （b）压敏材料工作原理

图 5-21 压敏薄膜传感器

3. 压电电缆传感器

可以采用压电效应来检测在基座（地面、路面等）上施加重力的物体的运动。为了感应分布在相对较大区域的力，传感器形似长同轴电缆，该电缆放置在坚硬的基座上并且当外力作用其上时被压缩。电缆长度可能从几厘米到几米不等。它可以直线放置或以任何所需的形式放置。压力电缆传感器如图 5-22 所示。与其他任何压电传感器一样，压电电缆包含具有压电性质的晶体材料和放置在材料相对侧的两个电极。一个电极是外部

电缆导电包层，另一个电极是内部导体。同时，晶体材料充满于电缆全长。电缆在经受可变压缩时在电极上产生电信号。

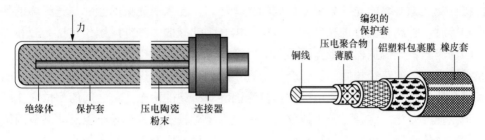

（a）含有晶体粉末的压电电缆　　　　　　（b）作为电压产生器件的聚合物薄膜

图 5-22　压力电缆传感器

5.2.3　速度和加速度传感器

1. 线速度传感器

速度传感器的一个典型例子是采用法拉第电磁感应定律的线速度传感器。电磁线速度传感器的工作原理如图 5-23 所示。该传感器的线圈是固定的，而磁心连接着被测物体并以速度 v 在线圈内运动。当运动磁体与导线相互作用时，线圈两端产生的电压为

$$V = Blv \qquad (5\text{-}34)$$

式中：B 为磁场强度；l 为导线长度。

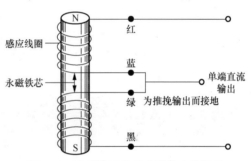

图 5-23　电磁线速度传感器的工作原理

2. 转速传感器

图 5-24 所示为带弹性梁的凸轮转速计。当凸轮旋转时，使固定在右侧支撑结构上的弹性梁产生弯曲。应变传感器放置在梁表面。转换元件可以选择任何合适的类型，如应变计或压电元件。当梁上下变形时，转换元件将机械应变转换为变化的电信号，然后该信号又通过信号处理器转换为矩形脉冲信号。凸轮每转过一周，产生一个信号。

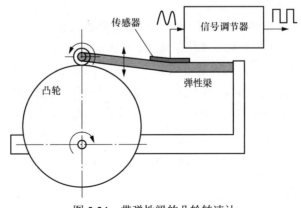

图 5-24　带弹性梁的凸轮转速计

3. 惯性旋转传感器

光纤陀螺仪采用的是光纤环形谐振器或光纤圈，光纤圈是由多匝光纤绕成的。它包括由极低交叉耦合率的光纤分束器构成的光纤环路。当入射光束的频率与光纤环的共振频率相等时，它就会耦合进光纤腔，造成输出光强的减弱。光纤陀螺仪包括光源和连接光纤的探测器。光偏振器位于探测器和第二个耦合器之间，以保证两个反向传输的光束在光纤圈内传播的路径相同。旋转会引起光束的相位变化，进而引起光强的变化。两个光束混合并作用到探测器上，由探测器探测因旋转引起的两个光束之间的相位变化所导致的余弦强度变化。这种光纤陀螺仪是一种成本相对较低、外形较小以及动态范围达到一万的旋转传感器，可用于偏航和俯仰测试、姿态稳定以及陀螺平台指北等方面。惯性旋转传感器如图 5-25 所示。

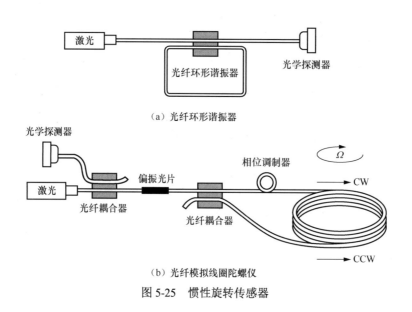

（a）光纤环形谐振器

（b）光纤模拟线圈陀螺仪

图 5-25　惯性旋转传感器

4. 加速度传感器

单轴加速度传感器可定义为一个由质量激振质量块、弹簧状支撑系统、具有阻尼特性的框架结构以及位移传感器组成的单自由度装置。线性机械加速度传感器如图 5-26 所示。为了制造一个加速度传感器，其外壳需连接到运动平台。连接加速度传感器外壳的平台可以是静止的，也可以沿着 x 坐标轴运动。把距离变化看成具有抛物线形状的函数。整个组件从速度 v 开始向上加速，速度以加速度 a 线性变化，这个线性变化就是需要测量的阶梯函数。当运动开始时，由于惯性，质量块具有留在原位置的趋势，因此会在弹簧上施加力 F，压缩弹簧的距离 $\Delta x = x_2 - x_1$。弹簧由刚度 k 表征，其反作用力 F 使得式（5-35）成立。

$$F = ma = k\Delta x = k(x_2 - x_1) \tag{5-35}$$

质量块的位移为

$$x_2 - x_1 = \frac{m}{k}a \qquad (5\text{-}36)$$

$$S = \frac{m}{k} = \frac{1}{\omega_0^{\,2}} = \frac{1}{(2\pi f_2)^2} \qquad (5\text{-}37)$$

式中：S 是加速度传感器的静态灵敏度，与质量块组件的固有频率 f_0 的平方成反比。

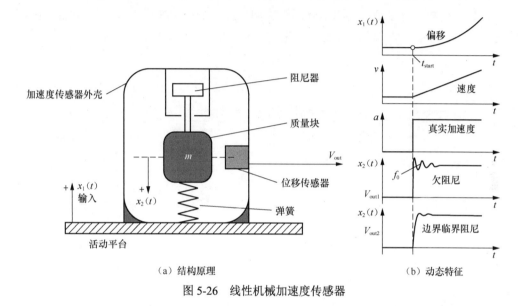

（a）结构原理　　　　　　　　　　　　　　　　　（b）动态特征

图 5-26　线性机械加速度传感器

5.2.4　流量传感器

伯努利方程是流体力学中的一个基本公式，它仅严格适用于非黏性、不可压缩的稳定流体，见式 5-38。

$$p + \rho\left(\frac{1}{2}v_a^2 + gy\right) = c \qquad (5\text{-}38)$$

式中：c 为常量；p 为流管中的压强；ρ 为流体介质速度；v_a 为流体流速；g 为重力加速度；y 为介质位移的高度。

1. 三部件热式流量传感器

该传感器的工作原理如下：第一个温度探测器 R_0 用于测量流体的温度。流体流过 R_0 之后，被加热器加热，升高的温度由第二个温度探测器 R_s 测量得到。在静止的介质中，加热器中的热量将通过介质向两个温度探测器扩散。在流动速度为 0 的介质中，加热器中的热量主要通过热传导和重力对流方式流失。由于加热器放置在离 R_s 更近的位置，该传感器将测到更高的温度值。当介质流动时，由于强制对流作用，热量消散加剧。流动速度越快，热量消散越厉害，R_s 测到的温度也就越低。可通过测量损失的热量来计算介质的流速。三部件热式流量传感器如图 5-27 所示。

2. 超声波式传感器

超声波式传感器用于检测由流动介质引起的频移或相移。一种可行的方法是基于多普勒效应，其方法是通过检测介质中超声波有效速度来确定介质速度。移动介质中的有效声速等于相对于介质的声速加上介质相对于声源的速度。因此，逆流超声波具有较小的有效声速而顺流超声波具有较大的有效声速。因为这两种速度之间正好相差两倍的介质速度，所以测量顺流速度和逆流速度可以用来确定流体的速度。具有交互式发射机和接收机的超声波式传感器结构如图 5-28 所示。相距为 D 的两个晶片被布置在与流体成 θ 角的位置。同样，可以把晶体沿流体运动方向放置，这种状况下 $\theta=0$。超声波经过 A 和 B 的时间 t 可以通过平均流速 v_c 得到，见式（5-39）。

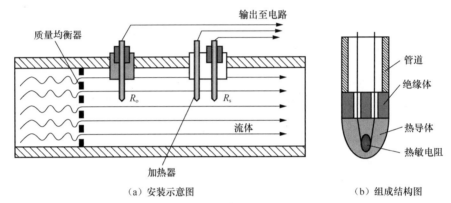

（a）安装示意图　　　　　　　　（b）组成结构图

图 5-27　三部件热式流量传感器安装示意图及组成结构图

$$t = \frac{D}{c \pm v_c \cos\theta} \qquad (5\text{-}39)$$

式中：c 为流体中的声速。

通过湍流介质理论可以得到先后经过 A 和 B 的时间差 Δt 可用式（5-40）表示。

$$\Delta t = \frac{2Dv_c \cos\theta}{c^2 + v_c^2 \cos^2\theta} \approx \frac{2Dv_c \cos\theta}{c^2} \qquad (5\text{-}40)$$

也可以测量顺流和逆流方向上发射脉冲和接收脉冲的相位差，从式（5-41）推导出流速。

$$\Delta\varphi = \frac{4\pi f D v_c \cos\theta}{c^2} \qquad (5\text{-}41)$$

式中：f 为超声波的频率。

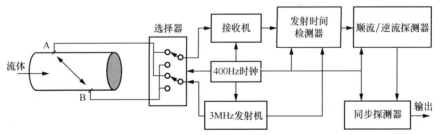

图 5-28　具有交互式发射机和接收机的超声波式传感器结构

5.2.5　温湿度传感器

1. 电阻式温度传感器

所有金属及大部分合金的电阻率都会受温度的影响，因此可以利用材料的这一特性来感知温度。虽然基本上所有金属都能用于感测温度，但是一般都使用铂，因为铂有响应可被预测、长期工作稳定性高、经久耐用等优点。

在 $-200 \sim 0℃$ 时，铂电阻的最佳二阶近似值为

$$R_t = R_0[1 + At + Bt^2 + Ct^3(t - 100)] \tag{5-42}$$

在 $0 \sim 630℃$ 时，铂电阻的最佳二阶近似值为

$$R_t = R_0(1 + At + Bt^2) \tag{5-43}$$

常数项由传感器结构中所使用的元素铂的性能来决定。

另外，在 $-200 \sim 0℃$ 时，式（5-42）可以写成

$$R_t = R_0\left\{1 + \alpha\left[1 - \delta\left(\frac{t}{100}\right)\left(\frac{t}{100} - 1\right) - \beta\left(\frac{t}{100}\right)^3\left(\frac{t}{100} - 1\right)\right]\right\} \tag{5-44}$$

式中：t 为温度；A、B、C 的关系为

$$A = \alpha\left(1 + \frac{\delta}{100}\right), B = -\alpha\delta \times 10^{-4}, C = -\alpha\beta \times 10^{-8} \tag{5-45}$$

2. 电容式湿度传感器

大气中的水分会改变空气的介电常数 κ，因此一个充满空气的电容可以作为相对湿度传感器，见式（5-46）。

$$\kappa = 1 + \frac{211}{T}\left(p_w + \frac{48p_s}{T}H\right) \times 10^{-6} \tag{5-46}$$

式中：T 为绝对温度；p_w 为潮湿空气的压力；p_s 为温度为 T 时的饱和水汽压力；H 为相对湿度。

图 5-29 所示为一个分立的电容式相对湿度传感器及其传递函数。其传递函数表明，电容随着湿度的增加近似于线性增加，这是由于水的介电常数很高。相对湿度传感器需

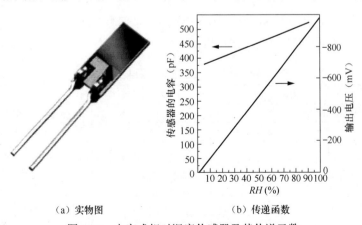

（a）实物图　　　　　　（b）传递函数

图 5-29　电容式相对湿度传感器及其传递函数

要辅以温度传感器来进行补偿。这可以通过在市场上购买商用的集成传感器实现，如由 Silicon Labs 公司生产的 Si7015 集成传感器，如图 5-30 所示。

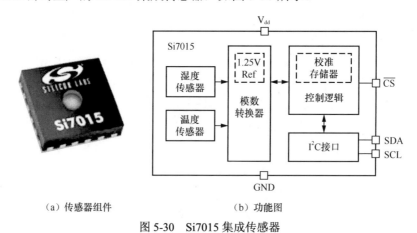

（a）传感器组件　　　　　　　（b）功能图

图 5-30　Si7015 集成传感器

5.3　常用外部通信协议及接口电路

5.3.1　RS-232C 总线及接口电路

RS-232C 是由美国电子工业协会（Electronic Industry Association，EIA）于 1969 年颁布的一种串行物理接口标准。其中，RS 指推荐标准（recommended standard），232 为标识号，C 表示版本号。RS-232C 总线标准设有 25 条信号线，包括 1 个主通道和 1 个辅助通道。在大多数情况下，RS-232C 总线主要使用主通道，对于一般双工通信，仅需几条信号线就可实现，如 1 条发送线、1 条接收线及 1 条地线。RS-232C 标准规定的数据传输波特率为 150、300、600、1200、2400、4800、9600、19200。

1．RS-232C 的接口引线定义

RS-232C 标准定义了 25 芯标准连接器中的 20 根信号线，其中 2 条地线、4 条数据线、11 条控制线、3 条定时信号线，对另外 5 根引线未定义，使用 DB25 型接插件。随着计算机技术的发展，针对 RS-232C 中最常用的 9 个信号，使用 DB9 型接插件。RS-232C 常用信号线的定义及其对应关系见表 5-1。

表 5-1　　　　　　　　　　RS-232C 常用信号线的定义及其对应关系

信号	DB9 引脚号	DB25 引脚号	功能说明
DCD	1	8	数据载波信号检测
RXD	2	3	数据接收
TXD	3	2	数据发送
DTR	4	20	数据终端准备
GND	5	7	信号地
DSR	6	6	数据设备准备
RTS	7	4	请求发送

续表

信号	DB9 引脚号	DB25 引脚号	功能说明
CTS	8	5	清除发送
DELL	9	22	振铃提示

逻辑电平及信号有效性定义：

（1）数据引脚（RXD、TXD）。逻辑 1：−15～−3V；逻辑 0：+3～+15V。

（2）控制信号引脚（RTS、CTS、DSR、DTR 和 DCD）。信号有效：+3～+15V；信号无效：−15～−3V。

2. RS-232C 常用电平转换芯片

RS-232C 规定的逻辑电平与一般微处理器的 TTL 电平存在较大差异。为了实现 RS-232C 电平与 TTL 电平的匹配连接，必须进行信号电平转换，MAX232 是常用电平转换芯片之一。

MAX232 芯片的引脚如图 5-31 所示。

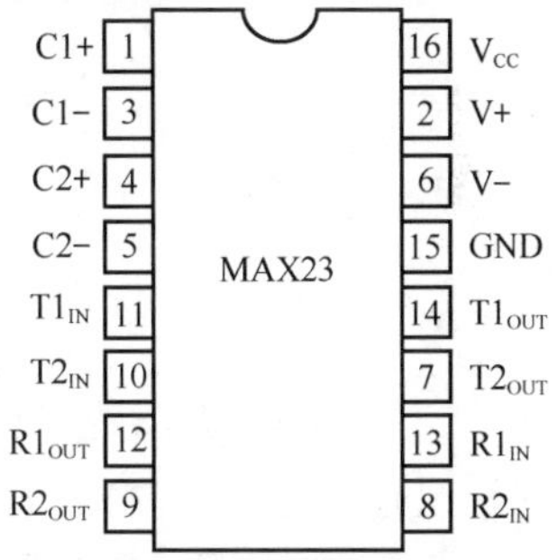

MAX232 芯片的各引脚说明如下：

（1）C1+、C1−、C2+、C2−：MAX232 正电荷泵电容和负电荷泵电容。

（2）R1$_{IN}$、R2$_{IN}$：MAX232 接收单元输入端。

（3）R1$_{OUT}$、R2$_{OUT}$：MAX232 接收单元输出端。

（4）T1$_{IN}$、T2$_{IN}$：MAX232 发送单元输入端。

（5）T1$_{OUT}$、T2$_{OUT}$：MAX232 发送单元输出端。

图 5-31　MAX232 芯片的引脚

（6）V+、V−：MAX232 的+2V$_{CC}$ 与−2V$_{CC}$ 电压发生器输出端，分别由对应电荷泵产生。

3. RS-232C 总线的局限性

RS-232C 总线的典型应用如图 5-32 所示。虽然目前 RS-232C 总线仍有一定范围的应用，但该总线所具有的技术局限性也限制了其应用范围，主要体现在：

（1）接口的信号电平值较高，易损坏接口电路的芯片，又因为与 TTL 电平不兼容，故需使用电平转换电路方能与 TTL 电路连接。

（2）传输速率较低，在异步传输时，传输速率为 20kbit/s，综合程序波特率只能采用 19200，也是这个原因。

（3）接口使用一根信号线和一根信号返回线而构成共地的传输形式，这种共地传输容易产生共模干扰，所以抗噪声干扰性弱。

（4）传输距离有限，实际最大传输距离 15m 左右。

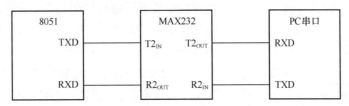

图 5-32　RS-232C 总线的典型应用

5.3.2 RS-422A/RS-485 总线

1. RS-422A 总线

由于 RS-232C 存在数据传输速率慢和传送距离短的缺点，EIA 于 1977 年公布了新的标准接口 RS-422A，其在传输速率和传送距离上均有大幅度提升。

（1）RS-422A 串行总线标准。RS-422A 标准是 EIA 公布的"平衡电压数字接口电路的电气特性"标准。与 RS-232C 的关键区别在于，RS-422A 把单端输入改为双端差分输入，信号地不再共用，双方的信号地也无须相连；数据传送首先通过驱动器，把逻辑电平转换为平衡驱动的差分信号，通过双绞线传送至接收器，接收器把差分信号的电位差转换回逻辑电平，实现信号的传输。RS-422A 的差分数据传送如图 5-33 所示，差分信号 $V_A = -V_B$。

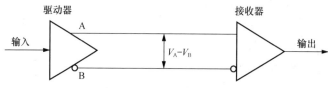

图 5-33　RS-422A 的差分数据传送

（2）RS-422A 的逻辑电平定义。由于 RS-422A 采用了差分数据传送方式，差分信号的输出范围为 $-6 \sim +6V$，因此逻辑电平用平衡差分信号电位差来表示。在图 5-33 中，当 $V_A - V_B > 0.2V$ 时，表示逻辑"1"；当 $V_A - V_B < -0.2V$ 时，表示逻辑"0"。差分传送方式无共地要求，因此提高了通信系统对共模干扰的抑制能力，实现了大衰减条件下的远距离数据通信。

（3）RS-422A 总线系统。RS-422A 总线系统一般需要 2 个数据通道，由驱动器、平衡连接电缆、电缆终端负载和接收器构成，在整个传送网络中只允许有 1 个发送器，至多可有 10 个接收器，因此常采用点对点的通信传输方式，最大通信速率可达 10Mbit/s，最大通信距离可达 1200m。

2. RS-485 总线

EIA 于 1983 年在 RS-422A 的基础上制定了 RS-485 标准。RS-422A 为双通道的全双工结构，可同时实现接收和发送；而 RS-485 则为半双工结构，在某一时刻，数据流单向传输。除此以外，RS-485 增加了发送器的驱动能力和冲突保护功能，允许多个驱动器连接到同一条总线上，扩展了总线共模范围。

（1）RS-422A/RS-485 常用驱动/接收芯片。与 RS-232C 总线类似，RS-485 标准的基础是系统中的串行通信接口芯片，其在实现收发控制的同时完成电平转换。RS-485 常用驱动/接收芯片为 MAX48X/49X 系列。

1）MAX481/483/485/487/1487。MAX481/483/485/487/1487 芯片双列直插封装（dual in-line package，DIP）引脚如图 5-34 所示，各管脚定义见表 5-2。

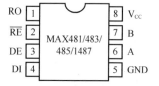

图 5-34　MAX481/483/485/487/1487
芯片的 DIP 引脚

表 5-2　　　　　　　　　　　MAX481/483/485/487/1487 芯片的 DIP 管脚定义

引脚号	引脚标识	功能	引脚号	引脚标识	功能
1	RO	接收器输出	5	GND	电源地端
2	$\overline{RE}$	接收器使能控制端	6	A	差分端子 A
3	DE	驱动器使能控制端	7	B	差分端子 B
4	DI	驱动器输入	8	V_{CC}	电源供电端

2）MAX488/490。MAX488/490 芯片的 DIP 引脚如图 5-35 所示，各管脚定义见表 5-3。

图 5-35　MAX488/490 芯片的 DIP 引脚

表 5-3　　　　　　　　　　　MAX488/490 芯片的 DIP 管脚定义

引脚号	引脚标识	功能	引脚号	引脚标识	功能
1	V_{CC}	电源供电端	5	Y	差分驱动输出 Y
2	RO	接收器输出	6	Z	差分驱动输出 Z
3	DI	驱动器输入	7	B	差分接收输入 B
4	GND	电源地端	8	A	差分接收输入 A

3）MAX489/491。MAX489/491 芯片的 DIP 引脚如图 5-36 所示，各管脚定义见表 5-4。

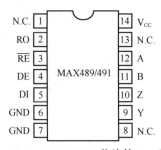

图 5-36　MAX489/491 芯片的 DIP 引脚

表 5-4　　　　　　　　　　　MAX489/491 芯片的 DIP 管脚定义

引脚号	引脚标识	功能	引脚号	引脚标识	功能
1	N.C.	无连接	8	N.C.	无连接
2	RO	接收器输出	9	Y	差分驱动输出 Y
3	$\overline{RE}$	接收器使能控制端	10	Z	差分驱动输出 Z
4	DE	驱动器使能控制端	11	B	差分接收输入 B
5	DI	驱动器输入	12	A	差分接收输入 A
6	GND	电源地端	13	N.C.	无连接
7	GND	电源地端	14	V_{CC}	电源供电端

（2）RS-485 芯片的典型应用电路。按不同系列具体介绍如下：

1）MAX481/483/485/487/1487 的典型应用电路，如图 5-37 所示。该电路为带收发使能的半双工通信应用电路。

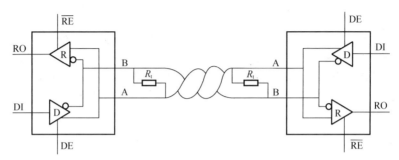

图 5-37　MAX481/483/485/487/1487 的典型应用电路

2）MAX488/490 的典型应用电路，如图 5-38 所示。该电路为不带收发使能的全双工通信应用电路。

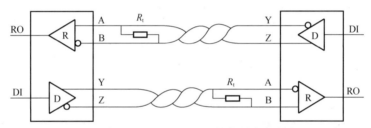

图 5-38　MAX488/490 的典型应用电路

3）MAX489/491 的典型应用电路，如图 5-39 所示。

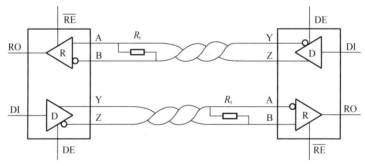

图 5-39　MAX489/491 的典型应用电路

3. RS-232C、RS-422A 及 RS-485 的对比

RS-232C、RS-422A 及 RS-485 的主要电气特性及性能对比见表 5-5。

表 5-5　　　RS-232C、RS-422A 及 RS-485 的主要电气特性及性能对比

类型	RS-232C	RS-422A	RS-485
操作方式	单端	差分	差分
最远距离	15m（24kbit/s）	1200m（100kbit/s）	1200m（100kbit/s）

续表

类型	RS-232C	RS-422A	RS-485
最高速率	200kbit/s	10Mbit/s	10Mbit/s
最大驱动器数目	1	1	32
最大接收器数目	1	10	32
接收灵敏度	±3V	±200mV	±200mV
驱动器输出阻抗	300Ω	100Ω	54Ω
接收器输入阻抗	3～7kΩ	>4kΩ	>12kΩ
接收器输入电压	−25～25V	−7～7V	−7～12V

5.3.3　USB 总线及接口电路

1．USB 总线简介

通用串行总线（universal serial bus，USB）是 Microsoft、Compaq、IBM 等公司于 1995 年联合制定的一种新的 PC 通用串行通信协议。USB 协议出台后得到各 PC 厂商、芯片制造商和 PC 外设厂商的广泛支持。USB 本身也处于不断发展和完善中，目前已发展至 USB4 2.0 版本。

USB 总线的技术特点可概括如下：

（1）即插即用。USB 具有自动侦测功能，所以无须顾虑计算机系统资源是否有冲突的情形，可随时安装使用。

（2）热插拔。使用 USB 接口时可以非常方便地带电插拔各种硬件，而不用担心硬件是否有损坏；支持多个不同设备的串联，一个 USB 接口最多可以连接 127 个 USB 设备。

（3）速度快。USB 2.0 的最高传输速率为 480Mbit/s；USB 3.0 的最高理论传输速率可达 5Gbit/s；USB 4.0 的最高传输速率可达 40Gbit/s，而 USB 4 2.0 的最高传输速率则可达 80Gbit/s。

（4）可扩充性。一个 USB 控制器在集线器的搭配下，可扩充高达 127 个外部周边 USB 装置。

（5）自供电。USB 设备不再需要单独的供电系统，而串口等其他设备都需要独立电源。USB 接口内置了电源线路，可以向低压设备提供+5V 的电源。

（6）电源管理。当 USB 装置不工作时，会自动进入省电模式。

基于 USB 的外设将逐渐增多，现在满足 USB 要求的外设有调制解调器、键盘、鼠标、光驱、游戏手柄、软驱、扫描仪等，而非独立性 I/O 连接的外设将逐渐减少，即主机控制式外设将减少，智能控制外设将增多，目前外置式工业控制设备均属此类。

2．USB 总线的硬件结构

USB 总线采用 4 线电缆，其中 2 根是用来传送数据的串行通道，另外 2 根为下游设备提供电源。对于高速且需要大带宽的外设，USB 以 12Mbit/s 的全速传输数据；对于低速外设，USB 则以 1.5Mbit/s 的传输速率来传输数据。USB 总线会根据外设情况在两种传输模式中自动切换。

USB 是基于令牌的总线，USB 主控制器广播令牌，总线上的设备检测令牌中的地址是否与自身相符，通过接收或发送数据给主机来响应。USB 通过支持悬挂/恢复操作来管理 USB 总线电源。USB 总线系统采用级联星型拓扑结构，该拓扑结构由主机、集线器和功能设备三个基本部分组成，如图 5-40 所示。

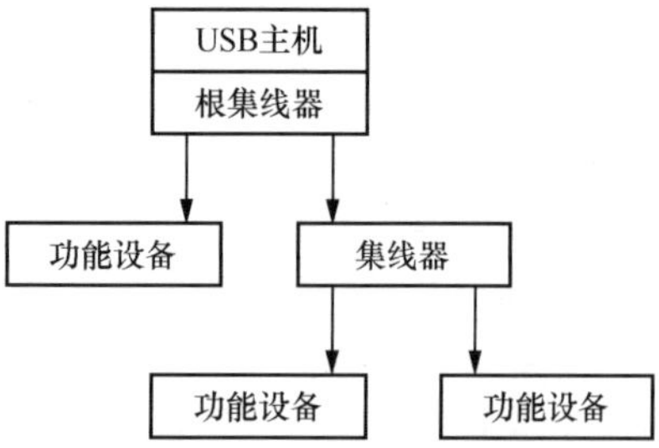

图 5-40　USB 总线拓扑结构

主机也称根，被安装在主板上或作为适配卡安装在计算机上。主机包含主控制器和根集线器，控制着 USB 总线上的数据和控制信息的流动。每个 USB 系统只能有一个根集线器，它连接在主控制器上。

集线器是 USB 总线系统中的特定组成部分，它提供端口将设备连接到 USB 总线上，同时检测连接在总线上的设备，并为这些设备提供电源管理，负责总线的故障检测和恢复。集线器既可为总线提供电源，也可为自身提供电源。

3. USB 总线的数据传输

USB 的数据传输方式有控制传输、同步传输、中断传输和批量传输四种。

（1）控制传输。控制传输是双向传输，数据量通常较小，主要进行查询、配置和给 USB 设备发送通用的命令。控制传输的数据可以是 8、16、32、64 字节的数据，这依赖于设备和传输速度。控制传输的典型应用是主计算机和 USB 外设的端点之间的传输。

（2）同步传输。同步传输提供了确定的带宽和间隔时间，主要应用于时间要求严格并具有较强容错性的流数据传输，或者用于要求恒定的数据传送率的即时应用中。例如，执行即时通话的网络电话应用时，使用同步传输模式是很好的选择。同步数据要求确定的带宽值和确定的最大传输次数。对于同步传输来说，即时的数据传送比完美的精度和数据的完整性更重要。

（3）中断传输。中断传输主要用于定时查询设备是否有中断数据要传送。设备的端点模式决定了其查询定时间隔典型值在 1～255ms。这种传输方式的典型应用是少量、分散、不可预测数据的传输。键盘、操纵杆和鼠标就属于这种类型。中断传输方式是单向的且对于主机来说只有输入的方式。

（4）批量传输。批量传输主要应用在数据传送量较大，又没有带宽和间隔时间要求的情况。打印机和扫描仪就属于这种类型。这种类型的设备适合传输速度非常慢和大量被延迟的数据，可以等到所有其他类型的数据传送完成之后再传送和接收数据。

USB 将其有效的带宽分成各个不同的帧，每一帧的时长通常是 1ms。每个设备每一帧只能传送一个同步的传送包。在完成系统的信息配置和连接之后，USB 主机就会对不同的传送点和传送方式做一个统筹，用来适应整个 USB 的带宽。通常情况下，同步方式和中断方式的传送会占据整个带宽的 90%，剩下的就安排给控制方式传送数据。

5.3.4　GPIB 总线及接口电路

1. GPIB 总线简介

通用接口总线（general-purpose interface bus，GPIB）最初是由 HP 公司用于连接计算机和可编程智能仪器的接口总线。由于其高转换速率和广泛的认可，GPIB 被接收为

IEEE 488 标准并加强了原有标准，精确定义了控制器和仪器的通信方式。因此，GPIB 总线也被称为 IEEE-488 总线。基于外围组件互联（peripheral component interconnect，PCI）接口的计算机 GPIB 总线扩展板和总线连接电缆如图 5-41 所示。

（a）GPIB总线扩展卡　　　　　　　　（b）GPIB总线连接电缆

图 5-41　基于 PCI 的计算机 GPIB 总线扩展板和总线连接电缆

2. GPIB 总线的基本特性

GPIB 总线的基本特性如下：

（1）组成简单。可以用一条总线互相连接若干台装置，以组成一个自动测试系统。系统中装置的数目最多不超过 15 台，总线的长度不超过 20m。

（2）传输方式。数据传输采用并行比特、串行字节双向异步传输方式，其最大传输速率不超过 1MBit/s。

（3）逻辑电平。总线上传输的消息采用负逻辑：低电平（≤+0.8V）为逻辑"1"，高电平（≥+2.0V）为逻辑"0"。

（4）地址容量。单字节地址可设置 31 个讲地址、31 个听地址；双字节地址可设置 961 个讲地址、961 个听地址。

（5）适用场景。一般适用于电气干扰轻微的实验室和生产现场。

3. GPIB 总线接口定义

GPIB 总线接口是一个 24 脚（扁形接口插座）并行总线。其中，16 根为 TTL 电平信号线，包括 8 根双向数据线、5 根控制线、3 根握手线；8 根为地址线和屏蔽线。GPIB 总线接口插座如图 5-42 所示。

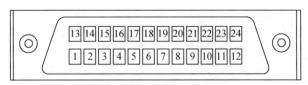

图 5-42　GPIB 总线接口插座

GPIB 总线接口各引脚的定义见表 5-6。

表 5-6　　　　　　　　　　　　GPIB 总线接口各引脚的定义

引脚	信号定义	引脚	信号定义	引脚	信号定义
1	DIO1	3	DIO3	5	EOI
2	DIO2	4	DIO4	6	DAV

引脚	信号定义	引脚	信号定义	引脚	信号定义
7	NRFD	13	DIO5	19	GND-NRFD
8	NDAC	14	DIO6	20	GND-NDAC
9	IFC	15	DIO7	21	GND-IFC
10	SRQ	16	DIO8	22	GND-SRQ
11	ATN	17	REN	23	GND-ATN
12	FG	18	GND-DAV	24	SG

表 5-6 中各引脚的定义说明：

（1）DIO1～DIO8：数据线。既送数据又送指令，用 11 脚的状态来确定是数据信息还是指令信息。所有指令和绝大多数数据都使用 7 位 ASCII 或 ISO 码集，在这种情况下，第 8 位的 DIO8 要么不使用，要么做奇偶校验用。

（2）DAV、NRFD、NDAC：握手线。用于异步控制设备之间信息字节的传输。把该过程称作 3 线内锁握手，它可以保证数据线发送和接收的信息字节不会出现传输错误。

（3）ATN：接口管理线。配合 DIO1～DIO8 使用，用来表示当前传送的是数据还是指令。

（4）IFC：接口管理线。系统控制器驱动 IFC 线对总线进行初始化并成为责任控制器。

（5）REN：接口管理线。系统控制器驱动 REN 线可以使设备成为远程模式或本地模式。

（6）SRQ：接口管理线。任何设备都可以驱动 SQR 线，异步向控制器请求服务。

（7）EOI：接口管理线。讲话者用 EOI 线来标注一个信息串的结束，控制器使用 EOI 线来告诉设备在一个并行协商区内确认响应。

5.4 微型板卡与工业控制主板硬件开发

5.4.1 基于 Arduino 的测控硬件开发

图 5-43 Arduino 的实物图

1. Arduino 简介

Arduino 是一款开源电子原型机，包含各种型号的 Arduino 开发板和集成开发环境 Arduino IDE，如图 5-43 所示。它使用类似 C++、Python 语言的开发环境。

Arduino 能通过各种各样的传感器来感知环境，通过控制灯光、电动机和其他装置来进行指令输出。可以通过 Arduino 的编程语言来编写程序，然后编译成二进制文件，烧录进微控制器。

对 Arduino 的编程是通过 Arduino 编程语言（基于 Wiring）和 Arduino 开发环境来实现的。

基于 Arduino 的应用项目的开发，可以包含 Arduino，也可以包含其他一些 PC 软件程序，它们之间利用 Flash、Processing、MaxMSP 进行数据交换。

Arduino Uno Rev3 是基于 ATMEGA328P 控制器的 Arduino 板。ATMEGA328P 是 Arduino 的核心，它是由 Atmel 公司制造的低功耗 8 位 AVR RISC 的高性能微控制器，可在单个时钟周期内执行功能强大的指令；Arduino Uno Rev3 通过辅助控制器 ATMEGA16U 完成 USB 连接和加载程序引导。Arduino Uno Rev3 有 14 个数字 I/O 引脚（其中 6 个可用作脉冲宽度调制输出）、6 个模拟输入引脚（可用于测量电压并将其转换为数字值）以及 16MHz 晶振、USB 接口、外接电源插座、集成电路板接口和复位按钮。

2. 工程案例

利用 Arduino 开发板设计一款无线自供电加速度传感器。无线传感器节点通常由传感器、微控制器、外部存储装置、无线通信装置和电源等几部分组成。无线传感器节点从现场获取数据并将其转换为数字数据。微控制器用作处理器来获取和处理传感器原始数据，并将结果存储到外部存储器中。外部存储器可以保存大量数据，允许用户进行访问。无线通信装置可实现基站或其他无线节点之间的数据共享。电源由一个电容器和电池组成。根据不同应用场景的要求，可以添加更多模块。

传感器选择 NXP 公司的三轴数字加速度传感器 MMA8451Q，模块如图 5-44 所示。MMA8451Q 是一款低成本、低功耗的电容式加速度传感器，内置 14bit 模数转换器，可选测量范围为±2g、±4g 和±8g，测量结果数据更新速度为 1.56～800 次/秒，线性误差小于 1%，可在-10～50℃的环境下正常工作。Arduino UNO 通过 I^{2}C 接口访问由 MMA8451Q 采样的加速度数据。可以使用 Adafruit 公司为 MMA8451Q 开发的开源 Arduino 库来对传感器进行必要的设置。

无线通信模块选择 Digi 公司生产的 XBee，其采用 ZigBee 无线通信技术，非常适用于控制领域，模块如图 5-45 所示。通过 XBee 模块可以实现计算机、系统和微控制器之间的通信，能够快速将设备接入 ZigBee 网络中。它支持点对点通信以及点对多点网络，并可转换为网状网络。XBee 模块在室内有障碍的条件下通信距离约为 30m，在室外空旷条件下的通信距离可达 120m。只需通过 XCTU 软件对该模块进行一次简单的配置，以后在相同的环境中不需要进行二次配置就可直接操作。

图 5-44　MMA8451Q 加速度传感器模块

图 5-45　XBee 模块

5.4.2 基于 RaspberryPi 的测控硬件开发

1. RaspberryPi 简介

RaspberryPi 是一款尺寸只有银行卡大小的微型计算机，它具备 PC 的所有基本功能，却比 PC 便携、灵活，被称为世界上最小的台式机。

目前已经发展到 RaspberryPi 4 版本，其在前面版本的基础上，进一步扩展了内存和硬件接口。RaspberryPi 4 能够流畅运行 ARM GNU/Linux 操作系统，也支持 Snappy Ubuntu Core 以及 Windows 10 操作系统。RaspberryPi 4 实物图如图 5-46 所示。

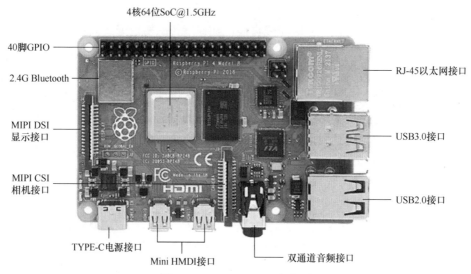

图 5-46　RaspberryPi 4 实物图

2. 工程案例

利用 RaspberryPi 实现船模自动控制，系统总体结构如图 5-47 所示。

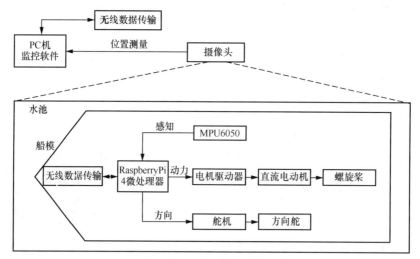

图 5-47　船模的总体结构

船模的姿态感知传感器为 MPU6050，模块如图 5-48 所示。MPU6050 是 InvenSense 公司推出的全球首款整合性 6 轴运动处理组件，包括 3 轴陀螺仪和 3 轴加速度传感器，自带数字运动处理器硬件加速引擎，9 轴姿态融合计算结果可通过 I²C 接口实时输出。

MPU6050 姿态传感器模块的特征如下：

（1）V_{DD} 供电电压（3±5%）V。

（2）角速度测量范围为±250、±500、±1000、±2000°/sec 可选。

（3）加速器测量范围为±2g、±4g、±8g、±16g 可选。

图 5-48　MTi-G 姿态传感器实物图

（4）I²C 通信速率为 400kHz。

无线数据传输模块采用 APC802-43 模块，实现下位机 RaspberryPi 4 和 PC 上位机之间的无线通信。APC802-43 模块可设置众多的频道，发射功率高达 500mW，体积为 50mm×43mm×14mm，易于集成到航模等小空间应用场景。封装好的 APC802-43 无线数据传输模块实物如图 5-49 所示。

图 5-49　APC802-43 无线数据传输模块实物图

APC802-43 共有 8 个引脚，具体定义见表 5-7。

表 5-7　　　　　　　　　　APC802-43 的各引脚定义

引脚	定义	说明	引脚	定义	说明
1	GND	电源地：0V	5	TXD	URAT 输出口，TTL 电平
2	V_{CC}	直流 4.5～5.5V	6	B/RX	RS-485−或 RS-232 RX
3	EN	模块使能端：≥1.6V 或悬空使能；≤0.5 休眠	7	A/TX	RS-485+或 RS-232 TX
4	RXD	URAT 输入口，TTL 电平	8	SET	参数设置控制端，低电平有效

5.4.3　基于 NI CompactRIO 和 LabVIEW 的测控硬件开发

1. 虚拟仪器简介

虚拟仪器是微机拓展的一种仪器体现形式。随着计算机技术的迅猛发展和大规模普及，在测控领域计算机和仪器的结合越来越紧密。以通用的计算机硬件及操作系统为依托，将测控仪器融入计算机，在实现各种仪器功能的同时保留计算机的通用性和可扩展性，这种存在形式即为虚拟仪器。

目前主流的虚拟仪器开发环境是由美国国家仪器公司（National Instruments，NI）研制开发的 LabVIEW，其使用图形化编辑语言 G 编写程序，产生的程序呈现为框图形式，而其他计算机编程语言都是采用基于文本的语言产生代码。作为一种高级通用编程系统，LabVIEW 的函数库包括数据采集、GPIB、RS-232 控制、数据分析、数据显示及数据存储等功能。与传统的程序调试工具类似，LabVIEW 也提供断点设置、以动画方式显示数据及其子程序的结果、单步执行等，便于程序的开发和调试。基于 PC 的自动化主流厂商均在自动化测量和控制领域为用户提供全新的解决方案，使用图形化的开发工具 LabVIEW，构建系统并快速完成数据采集与控制。

虚拟仪器的分类方式可以有很多种，可以按工作领域分类，也可以按测量功能分类，但最常用的还是按照构成虚拟仪器的接口总线分类，可分为插卡式数据采集卡虚拟仪器、串行接口虚拟仪器、并行接口虚拟仪器、USB 虚拟仪器、GPIB 虚拟仪器、VXI 虚拟仪器、PXI 虚拟仪器、现场总线虚拟仪器等。

（1）插卡式数据采集卡虚拟仪器。这种虚拟仪器以信号调理电路、数据采集卡及 PC 为硬件平台，采用 PCI 或 ISA 等计算机本身的总线，将数据采集卡直接插入 PC 的相应标准的总线扩展插槽即可。这种虚拟仪器受 PC 机箱、总线的限制，存在电源功率不足、机箱内噪声电平较高、无屏蔽、插槽数目不多、尺寸较小等缺点。随着基于 PC 的工业控制计算机技术的发展，这种虚拟仪器存在的缺点正在被克服。因 PC 数量非常庞大，这种虚拟仪器价格最便宜，因此其用途广泛，特别适合工业测控现场、各种实验室和教学部门使用。

（2）串行接口虚拟仪器。这种虚拟仪器以标准串行总线仪器及 PC 为硬件平台，它包括符合 RS-232/RS-422 标准的 PLC 和单片机系统。

（3）并行接口虚拟仪器。这种虚拟仪器把硬件集成到一个采集盒中或探头上，软件装在计算机上，以完成各种测量、测试仪器的功能。它可以组成数字存储示波器、频谱分析仪、逻辑分析仪、任意波形发生器、频率计、数字万用表、功率计、程控稳压电源、数据记录仪、数据采集器等。这种虚拟仪器既可以与笔记本计算机相连，又可以与台式 PC 相连，实现台式和便携式两用，非常方便，且价格低廉，用途广泛，特别适合研发部门和各种教学实验室使用。

（4）USB 虚拟仪器。USB 是被 PC 广泛采用的一种总线，它已被集成到计算机主板中。USB 总线能连接 127 个装置，仅需要一对信号线及电源线。该总线具有轻巧简便、价格便宜、连接方便快捷等特点，现已被广泛应用于宽带数字摄像机、扫描仪、打印机及存储设备等。基于 USB 总线，NI 公司推出了 USB-6008 和 USB-6009 等几款数据采集卡系列的虚拟仪器。

（5）GPIB 虚拟仪器。GPIB 是一种国际通用的可编程仪器接口标准，可用于可编程仪器装置之间的互联，可广泛用作仪器与计算机的接口。GPIB 总线在测量仪器的自动化过程中起到了重要的作用。GPIB 提供了 10 种接口功能，数据的最大传输速率可达 1Mbit/s 以上，传输距离通常不超过 10m，连接设备最多不超过 15 台。采用 3 线通信（DAV、NRFD、NDAC）的形式，可保证信息准确可靠地传递。GPIB 测试系统的结构和命令简单，造价较低，主要活跃在台式仪器市场，适用于精确度要求高但对计算机速率和总线控制实时性要求不高的传输场合。

（6）VXI 虚拟仪器。VXI 是 VME 总线在仪器领域的扩展，它不仅继承了 GPIB、VME 总线的优点，集测量、计算、通信于一体，还具有高速、模块化的优点。与 GPIB 仪器相比，VXI 模块没有前操作面板。因此，应用 VXI 总线组建测试系统时必须编制虚拟的软件面板，以完成对仪器系统的操作控制，实现测试控制、数据分析、结果显示等功能，从而设计出各种操作方便、基于图形用户界面的集成测试系统。VXI 系统的组建和使用越来越方便，尤其在组建大、中规模自动测量系统以及对速度、精度要求高的场合。

（7）PXI 虚拟仪器。PXI 是 PCI 总线在仪器领域的扩展，是 NI 公司发布的一种新的开放性、模块化的仪器总线规范。PXI 总线是在 PCI 总线内核技术上增加了成熟的技术规范和要求，增加了多板同步触发总线的参考时钟、用于精确定时的星型触发总线，以及用于相邻模块间高速通信的局部总线。PXI 具有高度的可扩展性，有 256 个扩展槽。PXI 把台式 PC 的性能价格比和 PCI 总线面向仪器领域的扩展优势结合起来，将形成未来主流的虚拟仪器平台之一。

（8）现场总线虚拟仪器。以现场标准总线仪器与计算机为硬件平台组成的虚拟仪器测试系统。现场总线是一种工业数据总线，其在智能现场设备、AS 之间提供了一个全数字化的、双向的、多节点的通信连接，常用于构建测控网络。

总之，虚拟仪器系统都是将硬件设备搭载到台式 PC、工作站或笔记本计算机等各种平台上，加上应用软件，实现了基于计算机的全数字化采集测试分析。因此，虚拟仪器的发展完全跟计算机的发展同步，显示出很强的灵活性。

2. CompactRIO 简介

CompactRIO 是 NI 公司生产的一款可重新配置的嵌入式测控系统。CompactRIO 拥有坚固的硬件架构，其中包含 I/O 模块、带有可重新配置的现场可编程门阵列（field programmable gate array，FPGA）的机箱、实时控制器。此外，用户可以采用 LabVIEW 图形化开发工具对 CompactRIO 进行编程，并将之应用于各类嵌入式控制和监测应用中。

CompactRIO 具有如下特点：

（1）高级控制。借助 NI CompactRIO，可开发各种类型的控制系统，无论是简单的 PID 控制，还是高级动态控制（如模型预测控制）。用户能从非常高的确定性中运行这类控制算法，并且由于 FPGA 处理器天然具备并行处理能力，因此添加更多的计算功能并不会降低应用的整体性和确定性。此外，针对运动控制系统，NI SoftMotion 还提供了创建自定义运动控制器的功能，从而能进一步提高性能与灵活性。

（2）优质高速模拟测量。在超过 35 年的时间里，NI 公司凭借高性能模拟前端设计，致力于实现高精度测量。许多应用程序既需要低速静态测量（如温度测量），也需要高速动态测量（如声音和振动测量）。NI CompactRIO 完全能通过一个统一的系统，实现多种类型的高质量测量。

（3）信号处理和分析。NI CompactRIO 是基于 LabVIEW 图形化系统设计平台而开发的。LabVIEW 中包含了数千种专为工业测量和控制应用程序而创建的高级函数。这些强大的工具可轻松实现高级信号处理、频率分析以及数字信号处理。例如，快速傅里叶变换（fast Fourier transform，FFT）、时频分析、声音和振动、小波分析、曲线拟合，以及控制设计与仿真。此外，用户还可通过添加针对各应用领域的专门函数来扩展 NI LabVIEW 的功能，如机器视觉、运动控制和机器状态监控等。

（4）坚固、可靠的嵌入式硬件。NI CompactRIO 是专为严酷环境和狭小区域条件下的应用而设计的。在很多类似的嵌入式应用中，尺寸、质量和 I/O 通道的密度，都是关键性设计需求。借助 FPGA 设备的顶尖性能和小巧规格，CompactRIO 不仅拥有顶级工业认证和评级的轻巧坚固式封装，并且能在严酷工业环境下提供超凡的控制和采集功能。

（5）灵活的模块化原型平台。NI CompactRIO 提供各类控制器、可重新配置机箱和可热插拔的 C 系列 I/O 模块，易于集成开发。适合不同测量类型的 C 系列模块有 50 多款，包括电压、电流、电阻和数字信号等模块。传感器专用模块还具有内置的信号调理功能，适用于多种传感器（如热电偶、热电阻、应变计、加速度计和麦克风）。单个模块上的通道数范围从 3～32 路不等，可满足多种系统需求。

3．工程案例

设计基于 LabVIEW 的 3-PRRU 并联机器人机电一体化仿真与控制系统。并联机构因其理论上具有刚度大、精度高和响应快等优点，近 20 年内在世界范围内受到了广泛关注，尤其在机床行业。控制系统是影响并联机构工程实际应用的关键因素。以 3-PRRU 并联机器人为研究对象，应用 NI 公司基于虚拟原型技术的机电一体化技术，通过将 LabVIEW、SolidWorks 和 COSMOSMotion 等设计工具集成到一起，在设计阶段就可以仿真出 3-PRRU 并联机器人的机械和电气性能，大大降低了开发电子控制系统所需要的成本和风险。进一步地，基于 NI 公司具有良好实时性且具备插值功能的多轴运动控制卡以及功能丰富的开发软件，完成了针对物理样机控制系统的开发，其中实现了参考点回归、单轴调整、多轴轨迹控制、变量共享等功能。

使用的 NI 硬件产品包括 PCI-7340 四轴运动控制卡、UMI-7764 接口板、LabVIEW 2018、NI-Motion、NI Motion Assistant、LabVIEW-SolidWorks Mechatronics Toolkit、LabVIEW Picture 3D Control。

（1）应用设计方案。以 3-PRRU 三自由度并联机器人为研究对象，利用 LabVIEW 与 SolidWorks 之间的接口工具包，实现对三维虚拟样机的机电一体化仿真。其中，机构数学模型的计算采用 MATLAB 完成，并以此生成的轨迹数据作为物理样机的驱动数据；硬件平台采用 PCI-7340 四轴运动控制卡和 UMI-7764 接口板来驱动 3 个伺服电动机，软件以 LabVIEW 2018 及配套的运动控制软件 NI Motion 和 Motion Assistant 实现对物理样机的精确控制。在软件功能层，采用了用户事件技术、通告技术以及全局变量，实现了不同模块之间的数据传递和共享；应用 3D 模型工具，实现了友好的人机界面。

（2）机电一体化仿真。借助 LabVIEW 与 SolidWorks 之间的接口软件工具包，可以完成在 COSMOSMotion 下的机构运动仿真。NI LabVIEW-SolidWorks Mechatronics Toolkit

软件可以用来为机器开发复杂的多轴运动轮廓，并利用仿真对其进行验证。仿真主要分为两个阶段：第一个是轨迹数据的生成；第二个是对虚拟模型的仿真。在仿真的两个阶段，通过事件结构完成各项任务。值得一提的是，对轨迹数据进行参数设置的程序代码，可直接移植到后续的物理样机的控制系统中，从而缩短了控制系统的开发周期。基于 LabVIEW 和 SolidWorks 的仿真界面如图 5-50 所示。

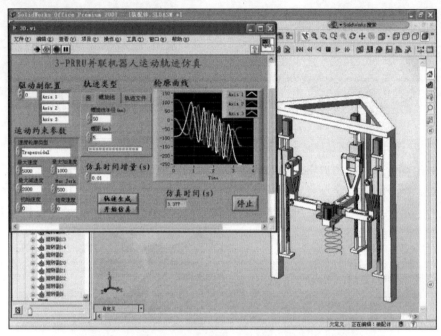

图 5-50　基于 LabVIEW 和 SolidWorks 的仿真界面图

（3）控制系统设计。控制系统设计包括硬件设计和软件设计两方面。

1）硬件设计。基于并联机构控制系统对灵活性和开放性的要求，采用 PC+运动控制卡的方式构建控制平台；为保证三个伺服驱动电动机的同步控制，选用性能优越的 NI PCI-7340 四轴运动控制卡来完成。PCI-7340 具有多轴插值功能，为开发多功能控制系统提供了硬件基础。可利用伺服电动机驱动和编码器反馈来实现闭环控制；同时，控制卡可将电动机在运行过程中的位置信号和速度信号高速采集下来，连同检测到的零点以及极限传感器信号反馈给计算机，作为对机器人轨迹精度和速度特性分析的依据。硬件总体设计方案如图 5-51 所示，电气接线和物理样机如图 5-52 和图 5-53 所示。

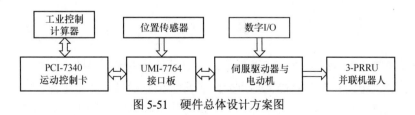

图 5-51　硬件总体设计方案图

图 5-52　电气接线图　　　　　　　　　图 5-53　物理样机图

2）软件设计。3-PRRU 并联机器人控制系统软件设计的核心是实现机器人的轨迹控制，然后是基于轨迹控制模块开发面向多种应用的功能模块。各功能模块独立完成运动参数设置、指令编译与轨迹规划等功能。最后将生成的指令和数据等传送给轨迹控制模块，从而通过控制电动机驱动机构来实现精确运动。基于 LabVIEW 的上位机用户界面如图 5-54 所示。

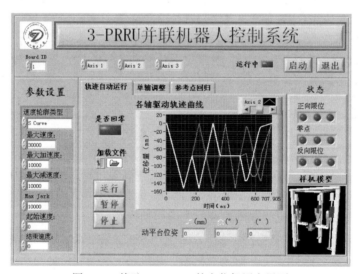

图 5-54　基于 LabVIEW 的上位机用户界面

小　结

本章从测控系统的硬件电路特点着手，介绍了信号调理电路的主要构成，以及常用的各类运算放大电路；在此基础上重点介绍了常用传感器及其测量电路、常用外部通信协议及接口电路；还介绍了目前流行的一些微型板卡与工业控制主板，并提供了具体的硬件开发工程案例，为测控软件的开发提供了基础。

第6章　网络化测控系统软件开发

　　用于开发测控系统的应用软件是各种语言的汇编、解释和编译程序，包括面向机器的汇编语言如 Masm，面向过程语言如 C，面向对象语言如 Visual C++、Visual Studio 等；监控组态软件 KingView、MCGS、力控、FIX 等；虚拟仪器软件如 LabVIEW、LabWindows/CVI 等；数字信号处理软件 MATLAB 以及各种数据库软件。本章介绍测控领域常用的 Visual Studio 软件、组态软件的使用步骤和特点，以使测控人员能够更加深入地掌握测控技术的编程理论。

6.1　网络化测控系统常用编程技术

6.1.1　基于 Visual Studio 的编程技术

　　Visual Studio 是美国 Microsoft 公司提供的开发工具包系列产品，具有功能完备的集成开发环境，可用于编码、调试、测试，也可部署到任何平台。 Visual Studio 是一个基本完整的开发工具集，它包括了整个软件生命周期中所需要的大部分工具，如统一建模语言（unified modeling language，UML）工具、代码管控工具、集成开发环境等。基于 Visual Studio 编写的目标代码适用于 Microsoft 公司支持的所有平台，包括 Microsoft Windows、Windows Mobile、Windows CE、.NET Framework、.NET Compact Framework 和 Microsoft Silverlight 及 Windows Phone。Visual Studio 是最流行的 Windows 平台应用程序的集成开发环境，最新版本为 Visual Studio 2022 版本，支持.NET Framework 4.5.2 及以上版本。

　　Visual Studio 是一套基于组件的软件开发工具和其他技术，可用于构建功能强大、性能出众的应用程序。它包含许多新的令人兴奋的功能，以支持跨平台移动开发、Web 和云开发、IDE 生产力增强。

　　Visual Studio 2019 有三个版本：Community 版本是适用于个体开发人员的免费、全功能型的集成开发环境；Professional 版本是适用于小型团队专业开发人员的工具和服务；Enterprise 版本是满足任何规模团队的生产效率和协调性需求的 Microsoft DevOps 解决方案。

1. 安装和配置

　　Visual Studio Community 版本在下载和安装过程中的界面配置选项如图 6-1 所示，正确安装完成后，启动运行后进入的主窗口界面如图 6-2 所示。

　　打开项目属性，设置预编译选项值为 "/D_CRT_SECURE_NO_WARNINGS"。设置方法为：创建好某一个控制台应用项目（如项目名为 Project1）后，在主窗口界面的主菜单栏上，选择"项目→Project1 属性"，出现项目属性对话框，选择"C/C++→命令行"，在"其他选项"提示的下一行输入"/D_CRT_SECURE_NO_WARNINGS"，如图 6-3 所示。

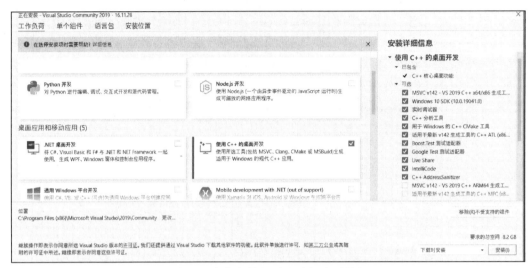

图 6-1　安装中的主要界面选项配置图

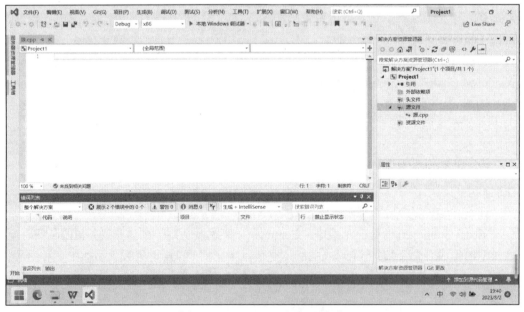

图 6-2　VisualStudio 主窗口界面

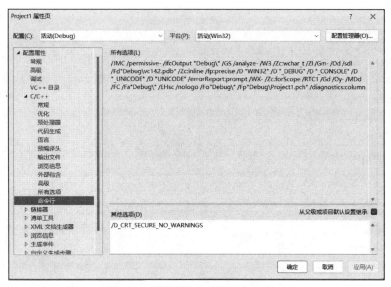

图 6-3　项目属性中配置预编译选项

2. 执行 C 程序的上机步骤

Visual Studio 是以项目为单位管理一组相关文件，一个 C 程序文件必须包含在某一个项目中才能被编译、运行，而一组项目又被包含在一个解决方案中。在 Visual Studio 环境下执行 C 程序的过程，包括创建项目、给项目添加文件、生成解决方案和执行项目四步。

（1）创建一个控制台应用项目。选择"文件→新建→项目→Windows 桌面→Windows 桌面向导"，单击"下一步"，如图 6-4 所示。在"名称"中输入项目名，如 Project1，在"位置"中输入项目存放的文件夹路径，如"C:\CExamples\"，如图 6-5 所示。单击"创建"，在"空项目"上打钩，其他选项不打钩，如图 6-6 所示。单击"确定"，进入主窗口界面。

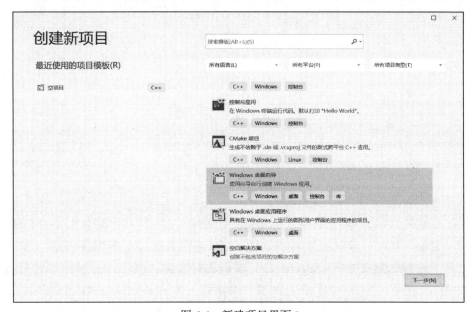

图 6-4　新建项目界面 1

图 6-5　新建项目界面 2

图 6-6　新建项目 3 界面

（2）新建 C/C++源文件。在解决方案资源管理区窗口中右击"源文件"，在出现的下拉菜单中选择"添加→新建项"，出现如图 6-7 所示的菜单，选择"C++文件（C++）"，在"名称"中输入源文件名，如 ch1-1.c，文件的后缀为.c（默认.cpp）。单击"添加"，出现如图 6-2 所示的主窗口界面，在源文件编辑区，逐行输入程序内容。

（3）给一个项目添加或移除现有的 C 源文件。现有的文件是指磁盘上已经建好的

C 源文件。

图 6-7　添加文件的下拉菜单

1）给项目添加现有文件。在解决方案资源管理区窗口中，右击"源文件"，出现如图 6-7 所示的下拉菜单，选择"添加→现有项"，出现文件对话框，选择要添加的现有文件名，单击"添加"，就完成了文件的添加，如图 6-8 所示。这时展开"源文件"文件夹，可以看到刚刚添加的文件名。

图 6-8　输入源文件名界面

2）将文件从项目中移除。右击要移除的文件，会出现下拉菜单，选择"移除"，则表示把该文件从项目中移除。但是，该操作不是删除该文件，必要时还可以将该文件添加到项目中。

3）生成解决方案，即编译、连接 C 程序。选择"生成→生成解决方案"，对项目中的文件进行编译和连接，生成可执行文件。

4）运行。选择"调试→开始执行（不调试）"，执行可执行文件，输出程序运行结果。

5）关闭解决方案。选择"文件→关闭解决方案"，即可关闭解决方案/项目。

6.1.2　基于组态的编程技术

随着工业自动化水平的迅速提高，计算机在工业领域的广泛应用，人们对工业自动化的要求越来越高。种类繁多的控制设备和过程监控装置在工业领域的应用，使得传统的工业控制软件已无法满足用户的各种需求。在开发传统的工业控制软件时，工业被控对象一旦有变动，就必须修改其控制系统的源程序，导致其开发周期长；已开发成功的工业控制软件又由于每个控制项目的不同而使其重复使用率很低,导致其价格非常昂贵;在修改工业控制软件的源程序时,倘若原来的编程人员因工作变动而离去,则必须同其他人员或新手进行源程序的修改,因此修改工作相当困难。通用工业自动化组态软件的出现为解决上述实际工程问题提供了一种崭新的方法,因为它能够很好地解决传统工业控制软件存在的种种问题,使用户能根据自己的控制对象和控制目的任意组态,完成最终的自动化控制工程。

组态软件指一些数据采集与过程控制的专用软件,是自动控制系统监控层一级的软件平台和开发环境,能以灵活多样的组态方式(而不是编程方式)提供良好的用户开发界面和简便的使用方法,从而解决了控制系统通用性问题。其预设置的各种软件模块可以非常容易地实现和完成监控层的各项功能,能同时支持各种硬件厂家的计算机和 I/O 产品,可与高可靠的工业控制计算机和网络系统结合,向控制层和管理层提供软硬件的全部接口,进行系统集成。

1. 组态软件功能与特点

(1)组态软件的功能。组态软件通常有以下几方面的功能:

1)强大的画面显示功能。工业控制组态软件目前大都运行于 Windows 环境下,充分利用了 Windows 图形功能完善、界面美观的特点,具有可视化的 IE 风格界面和丰富的工具栏,使开发人员可以直接进入开发状态,节省时间;丰富的图形控件和工况图库,既提供所需的组件,又是画面制作向导;提供丰富的作图工具,开发人员可随心所欲地绘制出各种工业画面,并可进行任意编辑,从而将其从繁重的画面设计中解放出来;丰富的动画连接方式,如隐含、闪烁、移动等,使画面生动直观,人机界面更加友好。

2)良好的开放性。社会化大生产使得构成系统的软硬件不可能出自一个厂家,"异构"成为当今控制系统的主要特点之一。开放性是指组态软件能与多种通信协议互联,支持多种硬件设备。开放性是衡量一个组态软件好坏的重要指标。组态软件向下应能与底层的数据采集设备通信,向上能与管理层通信,实现上位机与下位机的双向通信。

3)丰富的功能模块。提供丰富的控制功能库,满足用户的测控要求和现场要求;利用各种功能模块,完成实时监控、产生功能报表、显示历史和实时曲线、提供报警等功能,使系统具有良好的人机界面,易于操作;系统既可适用于单机集中式控制、分布式控制,又可用于带远程通信能力的远程测控系统。

4)强大的数据库。配有实时数据库,可存储各种数据,如模拟量、离散量、字符型数据等,实现与外部设备的数据交换。

5)可编程的命令语言。有可编程的命令语言,使用户可根据自己的需要编写程序,增强图形界面。

6)周密的系统安全防范措施。对不同的操作者,赋予不同的操作权限,保证整个系统的安全可靠运行。

7)仿真功能。提供强大的仿真功能,使系统并行设计,从而缩短开发周期。

8)组态软件的控制功能。随着以工业 PC 为核心的自动控制集成系统技术的日趋完善和工程技术人员使用组态软件水平的不断提高,用户对组态软件的要求已不像过去那样侧重于画面，而是考虑一些实质性的应用功能，如软件 PLC、先进过程控制策略等。

9）网络化、集成化与智能化。这是由工业过程控制和管理趋势所决定的，是目前软件产业甚至整个计算机工业的发展趋势。

（2）组态软件特点。组态软件的主要特点如下：

1）延续性和可扩充性。用组态软件开发的应用程序，当现场（包括硬件设备或系统结构）或用户需求发生改变时，不需做很多修改就能方便地完成软件的更新和升级。

2）封装性。组态软件所能完成的功能都用一种方便用户使用的方法包装起来，用户无须掌握太多的编程语言技术（甚至不需要编程技术），就能很好地实现一个复杂工程所要求的所有功能。

3）通用性。每个用户根据工程实际情况，利用组态软件提供的底层设备（PLC、智能仪表、智能模块、板卡、变频器等）的 I/O 驱动程序、开放式的数据库和画面制作工具，就能完成一个具有动画效果、实时数据处理、历史数据和曲线并存、具有多媒体功能和网络功能的工程而不受行业限制。

4）实时多任务。例如，数据采集与输出、数据处理与算法实现、图形显示及人机对话、实时数据存储、检索管理、实时通信等多个任务可在同一台计算机上同时运行。

组态控制技术是计算机控制技术发展的结果，采用组态控制技术的计算机控制系统最大的特点是从硬件到软件开发都具有组态性，因此系统的可靠性和开发速度提高了，开发难度却下降了。组态软件的可视性和图形化管理功能也为生产管理与维护提供了方便。

2. 组态软件的系统构成

组态软件功能强大，总体上由系统开发环境与运行环境两大部分构成。系统开发环境是自动化工程设计工程师为实施其控制方案，在组态软件的支持下进行应用程序生成工作所必需依赖的工作环境。通过建立一系列用户数据文件，生成最终的图形目标应用系统，供系统运行时使用。系统开发环境由若干个组态程序组成，如图形界面组态程序、实时数据库组态程序等。在系统运行环境下，目标应用程序被投入实时运行。

组态软件的每个功能相对来说都具有一定的独立性，其组成形式是一个集成软件平台，由若干程序组件构成。

（1）必备的典型组件包括以下几种：

1）应用程序管理器。应用程序管理器是提供应用程序的搜索、备份、解压缩、建立新应用等功能的专用管理工具。在应用组态软件进行工程设计时，会面临以下困难：经常需要进行组态数据的备份；经常需要引用以往成功应用项目中的部分组态成果（如画面）；经常需要迅速了解计算机中保存了哪些应用项目。虽然这些要求可以用手工方式实现，但效率低下，极易出错。有了应用程序管理器的支持，这些操作将变得非常简单。

2）图形界面开发程序。图形界面开发程序是为实施自动化工程控制方案，在图形编辑工具的支持下进行图形系统生成工作所依赖的开发环境。其通过建立一系列用户数据文件，生成最终的图形目标应用系统，供图形运行环境运行时使用。

3）图形界面运行程序。在系统运行环境下，图形目标应用系统被图形界面运行程序装入计算机内存并投入实时运行。

4）实时数据库系统组态程序。有的组态软件只在图形开发环境中增加了简单的数据管理功能，因此不具备完整的实时数据库系统。目前比较先进的组态软件（如力控组态软件等）都有独立的实时数据库组件，以提高系统的实时性，增强处理能力。实时数据库系统组态程序是建立实时数据库的组态工具，可以定义实时数据库的结构、数据来源、数据连接、数据类型及相关的各种参数。

5）实时数据库系统运行程序。在系统运行环境下，目标实时数据库及其应用系统被实时数据库系统运行程序装入计算机内存并执行预定的各种数据计算、数据处理任务。历史数据的查询与检索、报警的管理都是在实时数据库系统运行程序中完成的。

6）I/O 驱动程序。这是组态软件中必不可少的组成部分，用于和 I/O 设备通信，互相交换数据。DDE Client 和 OPC Client 是两个通用的标准 I/O 驱动程序，用来和支持 DDE、OPC 标准的 I/O 设备通信。多数组态软件的 DDE Client 驱动程序被整合在实时数据库系统或图形系统中，而 OPC Client 则大多单独存在。

（2）扩展可选组件有以下几种：

1）通用数据库接口组态程序。通用数据库接口是开放式数据库互联（open data database connectivity，ODBC）接口，其组态程序用来完成组态软件实时数据库与通用数据库（如 Oracle、Sybase、FoxPro、DB2、Infomix、SQL Server 等）的互联，实现双向数据交换。通用数据库既可以读取实时数据，也可以读取历史数据；实时数据库也可以从通用数据库实时地读入数据。通用数据库接口组态程序用于指定要交换的通用数据库的结构、字段名称及属性、时间区段、采样周期、字段与实时数据库数据的对应关系等。

2）通用数据库接口运行程序。已组态的通用数据库连接被装入计算机内存，按照预先指定的采样周期，对规定时间区段按照组态的数据库结构建立起通用数据库和实时数据库间的数据连接。

3）控制策略编辑组态程序。以 PC 为中心实现低成本监控的核心软件，具有很强的逻辑、算术运算能力和丰富的控制算法。策略编辑/生成组件以 IEC 1131-3 标准为用户提供标准的编程环境，共有 4 种编程方式，即梯形图、结构化编程语言、指令助记符、模块化功能块。用户一般习惯使用模块化功能块，即根据控制方案进行组态，结束后系统将保存组态内容并对组态内容进行语法检查、编译。编译生成的目标策略代码既可以与图形界面程序同在一台计算机上运行，也可以下载到目标设备上运行。

4）策略运行程序。组态的策略目标系统被装入计算机内存并执行预定的各种数据计算、数据处理任务，同时完成与实时数据库的数据交换。

5）实用通信程序。实用通信程序极大地增强了组态软件的功能，它可以实现与第三方程序的数据交换，是组态软件价值的主要表现之一。实用通信程序可实现操作站的双机冗余热备用，以及数据的远程访问和传送；实用通信程序可以使用以太网、RS-485、RS-232 等多种通信介质或网络实现其功能。实用通信程序可以划分为服务器和客户机两部分。其中，服务器是数据提供方，客户机是数据访问方。一旦服务器和客户机建立起了连接，两者间就可以实现数据的双向传送。

3. 组态软件的监控模式

随着计算机网络技术的发展，工业控制网络远程监控模式发生了重大变革，目前主要有主机集中模式、客户机/服务器（client/server，C/S）模式、浏览器/服务器（browser/server，B/S）模式三种。

（1）主机集中模式。大型主机通常是一台计算功能强大的计算机，众多远程终端本身没有任何计算能力，所有的处理过程（包括程序运行、数据访问、打印等）都是终端用户通过共享大型主机的 CPU 资源和数据库存储功能来完成的。这是一种典型的肥服务器/瘦客户机工作模式，其提供了高度的集中控制，可保证信息的安全。但若在线用户变多，或者数据库的数据累计量变大，会导致主机负担过重，系统的伸缩性变小。若想改善整体运行效率，必须扩充内存或升级主机，这样就增加了设备费用。由于采用主机集中模式，这无疑增加了设备故障的危险性，致使系统可靠性变差。

（2）C/S 模式。在 C/S 系统中，应用程序分为两大部分：一部分是由多个用户共享的信息与功能，称为服务器部分。服务器部分主要负责执行后台服务，如管理共享外设、控制对共享数据库的操纵、接受并应答客户机的请求等。另一部分为每个用户所专用，称为客户机部分。客户机部分负责执行前台功能，如管理用户接口、报告、请求等。这种体系结构将一个应用系统分为两大部分，由多台计算机分别执行，并使它们有机结合在一起，协同完成整个系统的应用，从而达到系统中软硬件资源最大限度的利用。

C/S 应用系统基本运行关系体现为"请求响应"的应答模式。当用户需要访问服务器时，由客户机发出"请求"，服务器接受"请求"并"响应"，然后执行相应的服务，将执行结果送回客户机，由其进一步处理后再提交给用户。

由于 C/S 结构被设计为两层模式，显示逻辑和事务处理逻辑部分均被放在客户端，数据处理逻辑和数据库放在服务器端，从而使客户端变得很"胖"，成为胖客户机，而服务器端的任务则相对较轻，成为瘦服务器。C/S 体系结构如图 6-9 所示。

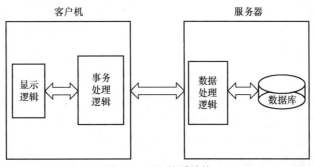

图 6-9 C/S 体系结构

由于硬件技术的发展和操作系统能力的加强，以及网络的日渐完善，开放式网络环境下的 C/S 结构成为分布式处理的主流。C/S 结构为实现企业级的信息共享起到举足轻重的作用，但随着企业规模的日益扩大，应用程序复杂程度的不断提高，该结构也暴露出许多问题：

1）系统软件和应用软件变得越来越复杂，这不仅给应用软件的实现带来困难，还给软件维护造成不便。

2）随着用户需求的改变，客户端应用软件可能需要增加新的功能或修改用户界面，那么该软件的应用范围越广，软件维护的开销也就越大。

3）C/S 结构所采用的软件产品大多缺乏开放的标准，一般不能跨平台运行，把 C/S 结构的软件应用于广域网时会暴露出更大的不足。

（3）B/S 模式。B/S 模式为 C/S 模式的扩展，采用三层结构即由 Web 浏览器、Web 服务器和数据库服务器组成的三层计算模式。这种计算模式方便了原有的 C/S 结构中客户端与服务器端的联系。可以看出，三层 B/S 模式增加了较厚的中间件，形成了"瘦客户机/胖中间层/瘦服务器"的计算模式，比较适用于 Internet/Intranet 的数据库发布信息系统。客户端只需安装和运行浏览器软件，而在 Web 服务器端安装 Web 服务器软件和数据库管理系统。B/S 体系结构如图 6-10 所示。该结构提供了一个跨平台的简单一致的应用环境，与传统的管理信息系统相比，实现了开发环境与应用环境的分离，使开发环境独立于用户的应用环境。

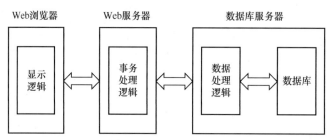

图 6-10 B/S 体系结构

4. 几种流行的组态软件

组态软件产品大约在 20 世纪 80 年代中期出现，在中国软件市场开始有较快的增长大约开始于 20 世纪 90 年代中期。

国外流行的组态软件产品主要包括美国 Intellution 公司的 iFIX、Wonderware 公司的 InTouch，澳大利亚 CiT 公司的 Citech，俄罗斯 AdAstrA 公司的 TRACE MODE 等。近年来国外一些著名的硬件或系统厂商也推出了日趋成熟的组态软件产品，如美国 GE 公司的 Cimplicity、AB 公司（Rockwell 公司）的 RSView，德国西门子公司的 WinCC 等。这些组态软件一改过去仅为其本身硬件配套的原厂委托制造（original equipment manufacture，OEM）形式或面孔，通过大力加强对其他硬件产品的驱动支持和软件内部的各种功能，发展成为专业化的通用组态软件。

国产化的组态软件产品已经成为软件市场上的一支生力军，近年来比较流行的产品有组态王、世纪星、MCGS、力控等，且市场占有率越来越大。

（1）iFIX。iFIX 是全新模式的组态软件，其思想和体系结构都比其他现有的组态软件要先进。iFIX 具有功能强大的 Microsoft 标准描述语言；具有标准的 SQL/ODBC 接口，直接集成关系数据库及管理系统；采用真正的实时 C/S 模式，允许最大的规模可扩展性。

但是，iFIX 使用了很多 Microsoft 的所谓新技术，太耗费资源，而且经常受 Microsoft 操作系统的影响。

（2）InTouch。InTouch 有最好的图形化人机界面。它为以工厂为中心和以操作员为中心的制造信息系统提供了可视化界面，使信息能够更加容易地在工厂内和不同工厂之间共享。

（3）Citech。Citech 是组态软件中的后起之秀，在世界范围内扩展得很快。Citech 产品的控制算法比较好，使用的方便性和图形功能方面不及 InTouch。Citech 的 I/O 硬件驱动相对比较少，但大部分驱动程序可随软件包提供给用户。Citech 的价格略低于 InTouch 和 iFIX。

（4）TRACE MODE。TRACE MODE 是将 SCADA 和 Softlogic 集成为一体的工业控制软件，适用于分布式控制系统的开发。其中包括分布式控制系统整体开发解决方案、方案自动建立、提供信号处理和控制的原始算法、立体矢量图形、统一网络时间和管理工作站图表数据回放技术。

（5）WinCC。WinCC 是较为完备的组态开发环境，它提供给用户类似 C 语言的脚本，同时提供了一个调试环境。WinCC 内部嵌入了支持 OPC 的组件，然而 WinCC 的结构比较复杂，用户需要接受西门子的培训才能较好地掌握 WinCC 的应用。

（6）组态王。组态王软件界面操作灵活方便，有较强的通信功能。组态王软件提供给用户形如资源管理器的人机主界面，同时具有以汉字作为关键字的脚本语言支持。组态王软件的支持硬件也非常丰富，能提供多种硬件驱动程序来满足用户的需求。

（7）力控。力控软件是一款面向方案的 HMI/SCADA 平台软件。它基于流行的 32 位 Windows 平台，利用其丰富的 I/O 驱动程序能够连接到各种现场设备；分布式实时数据库系统能提供访问工厂和企业系统数据的公共入口；基于内置 TCP/IP 的网络服务程序可以充分利用 Intranet 或 Internet 的网络资源。

5. 基于网络的组态

随着网络技术的发展，自动化技术正在发生深刻的变革。在工业现场，不论是各种现场 DCS、总线控制系统，还是简单的 PLC，通信和联网已经成为必然发展方向。工业企业信息与控制系统向 Internet/Intranet 的迁移，网络体系结构由 C/S 模式向 B/S 模式的转变已成为发展的趋势。

（1）网络模式的发展。传统的组态软件采用的是 C/S 结构，它将一个计算机应用的大任务适当地分解为多个子任务，而多个子任务之间存在着多种交互关系，其中最基本的关系为"服务请求 / 服务响应"关系。客户机向服务器提出对某种信息或数据的请求，服务器针对请求完成处理，将结果作为响应返回给客户机。而网络环境下的组态软件采用的是 B/S 结构。其客户端主要负责人机交互，包括一些与数据相关的图形和界面运算等；Web 服务器主要负责对客户端应用程序的集中管理；应用服务器主要负责应用逻辑的集中管理即事务处理，其可根据处理的具体业务的不同而分为多个；数据服务器则主要负责数据的存储和组织、数据库的分布式管理、数据库的备份和同步等。

C/S 结构形式是信息系统开发研究的基础模式，是一种传统的计算模型。它随着数据库技术的发展而兴起。这种结构的优点在于系统结构简单，功能单一；在小规模时，效率较高，而且网络传输量小。因为客户端的操作对象一般都直接面向数据库表，这样客户可以直接修改、维护数据库信息，而不需要中间附加环节。客户端集成了较复杂的处理运算功能，而数据库服务器只用于数据存储。客户端与数据的通信通常都是处理后的有效数据，而网络技术的发展为更快和更广的数据传输提供了技术基础，此时便反映出了 C/S 结构的不足：

1）网络连接与数据传送。客户端与服务器直接进行连接，要求连接持续可靠，延时小，并且许多数据由服务器发送到客户端进行分析处理，数据流量大，网络建设投入高。

2）系统要求。数据仓库应用中的计算、操作和数据过滤通常很复杂、很耗时，C/S 结构中计算通常在客户端完成，因此要求硬件投入高。

3）系统维护。由于数据访问代码都在客户机上，每个客户机程序在每次增加新的数据源时都需要更新。更常见的是，对应用代码的修改需要更新客户端，从而使客户机上客户应用和计算逻辑的维护出现极大的问题。

4）系统的可伸缩性。在两层 C/S 结构中只能通过升级硬件的方法来提高系统的处理能力，从而大大增加了硬件资金的投入，并且产生了大量的闲置设备。

B/S 网络是将应用功能分为表示层、功能层和数据层，并对这三层进行明确分割，使其在逻辑上独立。

1）表示层。应用用户的接口部分，担负着用户与应用层间的对话功能。它用于检查用户从键盘等输入的数据，显示应用输出的数据。

2）功能层。功能层也称逻辑层、中间层，是表示层和数据层的桥梁。它用于响应表示层的用户请求，执行任务并从数据层抓取数据，将必要的数据传送给表示层。

3）数据层。数据层用于定义、维护数据的完整性和安全性，响应功能层的请求和访问数据。在 B/S 网络结构中，中间件是最重要的部件。中间件是一个用应用程序接口（application program interface，API）定义的软件层，是具有强大通信能力和良好可扩展性的分布式软件管理框架。其功能是在客户机和服务器或服务器和服务器之间传送数据，实现客户机群和服务器群之间的通信。中间件的存在，对于消除通信协议、数据库查询语言、应用逻辑与操作系统之间潜在的不兼容问题具有很好的效果。

在 B/S 网络模式中，Web 服务器既作为一个浏览服务器，又作为一个应用服务器。在这个中间服务器中，可以将整个应用逻辑驻留其上，而只有表示层存在于客户机上。这种结构被称为"瘦客户机/胖中间层/瘦服务器"结构。在该结构中，只需随机地增加中间层的服务即可满足扩充系统的需要。可以用较少的资源建立起具有很强伸缩性的系统，正是网络计算模式带来的重大改进。

（2）组态王的网络结构。组态王完全基于网络的概念，是一种真正采用 C/S 模式的组态软件，支持分布式历史数据库和分布式报警系统，可运行在基于 TCP/IP 的网络上，使用户能够实现上、下位机以及更高层次的厂级联网。TCP/IP 提供了在由不同硬件体系结构和操作系统的计算机组成的网络上进行通信的能力。一台 PC 通过 TCP/IP 可以和多台远程计算机（即远程站点）进行通信。组态王的网络结构是一种柔性结构，可以将整个应用程序分配给多个服务器，可以引用远程站点的变量到本地显示、计算等，这样可以提高项目的整体容量结构并改善系统的性能。服务器的分配可以基于项目中物理设备的结构或不同的功能，用户可以根据系统需要设立专门的 I/O 服务器、历史数据服务器、报警服务器、登录服务器和 Web 服务器等。组态王的网络结构如图 6-11 所示，相关模块介绍如下：

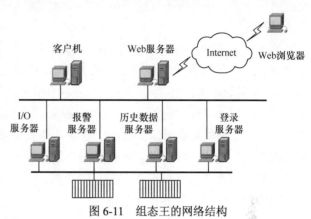

图 6-11　组态王的网络结构

1）I/O 服务器。负责数据采集的站点。一旦某个站点被定义为 I/O 服务器，该站点便负责数据的采集。如果某个站点虽然连接了设备，但没有定义其为 I/O 服务器，则该站点的数据照样进行采集，只是不向网络上发布。I/O 服务器可以按照需要设置为一个或多个。

2）报警服务器。存储报警信息的站点。一旦某个站点被指定为一个或多个 I/O 服务器的报警服务器，系统运行时，I/O 服务器上产生的报警信息将通过网络传输到指定的报警服务器上，经报警服务器验证后，产生和记录报警信息。报警服务器可以按照需要设置为一个或多个。报警服务器上的报警组配置应当是报警服务器和与其相关的 I/O 服务器上报警组的合集。如果一个 I/O 服务器不作为报警服务器，系统中也没有报警服务器，那么系统运行时，该 I/O 服务器的报警窗上不会看到报警信息。

3）历史记录服务器。与报警服务器相同，一旦某个站点被指定为一个或多个 I/O 服务器的历史数据服务器，系统运行时，I/O 服务器上需要记录的历史数据便被传送到历史数据服务器站点上保存起来。对于一个系统网络来说，建议用户只定义一个历史数据服务器，否则会出现客户端查不到历史数据的现象。

4）登录服务器。登录服务器在整个系统网络中是唯一的。它拥有网络中唯一的用户列表，其他站点上的用户列表在正常运行的整个网络中将不再起作用，所以用户应该在登录服务器上建立最完整的用户列表。当用户在网络的任何一个站点上登录时，系统调用该用户列表，登录信息被传送到登录服务器上，经验证后产生登录事件，然后登录事件将被传送到该登录服务器的报警服务器上保存和显示。这样便保证了整个系统的安全性。另外，系统网络中工作站的启动、退出事件也被先传送到登录服务器上进行验证，然后传送到该登录服务器的报警服务器上保存和显示。

5）Web 服务器。Web 服务器是运行组态王 Web 版本、保存组态王 For Internet 版本发布文件的站点，用于传送文件所需数据，并为用户提供浏览服务。

6）客户机。如果某个站点被指定为客户机，则可以访问其指定的 I/O 服务器、报警服务器、历史数据服务器上的数据。一个站点被定义为服务器的同时，也可以被指定为其他服务器的客户机。

一个站点可以充当多种服务器功能，如 I/O 服务器可以被同时指定为报警服务器、历史数据服务器、登录服务器等。报警服务器可以同时作为历史数据服务器、登录服务器等。

除了上述几种服务器和客户机之外，组态王为了保持网络中时钟的一致，还可以定义校时服务器。校时服务器按照指定的时间间隔向网络发送校时帧，以统一网络上各站点的系统时间。

（3）组态王的 Web 版。随着 Internet 科技日益渗透到生活、生产的各个领域，传统自动化软件的网络化趋势已发展成为整合 IT 与工业自动化的关键。组态王提供了 Internet 应用版本即 Web 版，支持 Internet/Intranet 的访问。组态王 Web 版采用 B/S 结构，客户可以随时随地通过 Internet/Intranet 实现远程监控。客户端有着强大的自主功能，可以通过浏览器实时浏览画面，监控各种工业数据，而与之相连的任何一台 PC 也可实现相同的功能，实现了客户信息服务的动态性、实时性和交互性。利用 IE 客户端可以获得与组态王运行系统相同的监控画面，IE 客户端和 Web 发布服务器保持高效的数据同步，通过网络能够在任何地方获得与在 Web 服务器上一样的画面和数据显示、报表显示、报警显示、趋势曲线显示等，以及方便快捷的控制功能。组态王 Web 版的主要技术特性有：

1）Java2 图形技术基础，支持跨平台运行，能够在 Linux 平台上运行，功能强大。

2）支持多画面集成系统显示，支持与组态王运行系统图形一致的显示效果。

3）支持动画显示，客户端和主控机端保持高效的数据同步。

4）支持无限色、过渡色，支持组态王中的 24 种过渡色填充和模式填充，支持真彩色，支持粗线、虚线等线条类型，实现了组态王系统和 Web 系统真正的视觉同步，并且利用 Java2 的 2D 图形功能，使得 Web 版的过渡色填充效率更优于组态王本身。

5）支持远程变量，在组态王 Web 发布站点上引用的远程变量，用户同样可以在 IE 浏览器上看到。

6）组态王运行系统内嵌 Web 服务器系统，可以处理远程 IE 端的访问请求，无须额外的 Web 服务器。

7）远程客户端系统的运行不影响主控机的运行，而客户端也可以具有操作远程主控机的能力。

8）基于通用的 TCP/IP、HTTP，具有广泛的广域网互联功能。

9）基于 B/S 结构体系，只需普通的浏览器就可以实现远程组态系统的监视和控制。

6.2　网络化测控系统数据交换技术

工业生产规模的不断扩大，使得测控系统的复杂程度也不断提高，系统需要交换的数据种类和数量不断增多。不同系统的设备具有不同的通信机制，测控系统软件中的通信访问接口也不尽相同，这就容易造成测控软件之间不能通信，软件资源不能共享的问题。网络化测控系统的数据交换方式有动态数据交换（dynamic data exchange，DDE）、用于过程的 OLE（OLE for process control，OPC）、动态连接库（dynamic link library，

DLL）等，经历了一个从简单到复杂、从封闭到开放、从没有标准到遵循统一标准的过程。

6.2.1 DDE 技术

DDE 是 Microsoft Windows 所制定的程序间通信的一种常用协议。DDE 已经成为 Windows 的一部分，并且许多应用程序都采用了 DDE 技术。DDE 作为一种基本机制已经应用于 OLE 中。近年来，随着 OLE 及 COM 技术的逐渐成熟和发展，使用 DDE 方式的程序间通信有所减少，但这并不意味着使用 DDE 方式进行程序间的通信不再有价值，DDE 在 Microsoft Office 和众多的组态软件等许多应用程序中得到了普遍的支持。编写 DDE 类型的应用程序相对来说比较简单、容易，在对实时性和可靠性要求不是很高的应用中，应用 DDE 通信方式可以大大缩短开发周期。同时，使用 DDE 方式比用 COM 或者 OLE 方式占用的系统资源更少。

1. DDE 结构模式

Windows 消息虽然是在不同程序窗口间传送信息的最佳手段，但一条消息只能包含两个参数（wParam 和 lParam），不能传送较多的信息。DDE 是建立在 Windows 内部消息系统、全局和共享全局内存基础上的一种协议，用来协调 Windows 应用程序之间的数据交换和命令调用。

DDE 应用程序可以分为客户机、服务器、C/S 和监视器应用程序四种。DDE 会话发生在客户机应用程序和服务器应用程序之间。客户机应用程序从服务器应用程序请求数据或服务，服务器应用程序响应客户机应用程序的数据或服务请求。C/S 应用程序既是客户机应用程序又是服务器应用程序，它既可发出请求又可提供信息。监视器应用程序用于调试。DDE 应用程序可拥有多重进发会话。DDE 协议规定会话中的消息必须能同步控制，但应用程序可以在不同的会话之间异步切换。DDE 应用程序的结构如图 6-12 所示。

图 6-12　DDE 应用程序的结构

DDE 应用程序采用三层识别系统，即应用程序名（application）、主题名（topic）和项目名（item）。应用程序名位于层次结构的顶层，用于指出特定的 DDE 服务器应用程序名。主题名更深刻地定义了服务器应用程序会话的主题内容，服务器应用程序可支持一个或多个主题名。项目名更进一步确定了会话的详细内容，每个主题名可拥有一个或多个项目名。

DDE 会话的初始化是由客户应用程序发送 WM_DDE_INITIATE 消息开始。该消息用于传递窗口句柄并为会话指定应用程序名和主题名，当然需要有服务器应用程序来响应该消息。一旦没有服务器响应或同时有多个服务器响应，则客户机应用程序就不得不发送 WM_DDE_TERMINATE 消息来终止所有不需要的会话。

建立 DDE 会话后，客户机应用程序和服务器应用程序可通过三种链接方式进行数据交换。这三种链接方式为冷链接（cold link）、温链接（warm link）和热链接（hot link）。

（1）冷链接。客户机应用程序申请数据，发出消息建立链接，然后发出数据请求即消息；服务器应用程序立刻给客户机应用程序发送数据，一次会话就此结束，客户程序并不知道数据是否发生了变化。

（2）温链接。客户机应用程序在与服务器应用程序建立链接后，每次数据发生变化时服务器应用程序都会通知客户程序，并询问是否需要更新数据，只有在得到了肯定的答复后才会送出数据。

（3）热链接。客户机应用程序在与服务器程序建立链接后，每次数据发生变化时服务器应用程序立即把变化后的值发送给客户机应用程序而不必查询。热链接是最适合实时数据显示的方式。

2. DDE 通信原理

确切地讲，Windows 下应用程序间 DDE 通信的实现基础是 Windows 消息机制。一个基本的 DDE 通信应该包括如下内容：

（1）运行 DDE 服务器端和客户端。DDE 服务器应该先于客户端运行，以等待客户端提出链接请求。DDE 服务器要事先向操作系统以原子（atom）形式注册会话建立所必需的 3 大元素：

1）程序对象。也就是服务器的执行程序名。

2）通信主题。所有的 DDE 服务器程序至少要支持一项通信主题，也可以同时创建数种通信主题，达到数据交换的目的。

3）数据项。在每个通信主题当中，DDE 服务器可以支持一个以上的数据项。

（2）DDE 客户端向服务器提出链接请求。DDE 通信由客户端发起，客户端向系统内的所有顶层窗口广播发送 WM_DDE_INITIATE 消息，并将客户端窗体的句柄、服务器端向操作系统注册的程序对象和通信主题相对应的原子值作为参数发送出去。

（3）DDE 服务器响应客户端的链接请求，建立 DDE 会话链接。DDE 服务器收到 WM_DDE_INITIATE 消息后，在消息响应函数中校验传入的程序对象和通信主题所对应的原子值是否与自己向操作系统注册的相同。如果不相同，则不发送任何消息，让客户端等待超时自动放弃本次链接；如果相同，向客户端发送 WM_DDE_ACK 消息，建立与客户端的链接。

（4）DDE 客户端与服务器端的通信。DDE 服务器在收到来自客户端的数据请求后，在 WM_DDE_REQUEST 消息的响应函数中，校验客户端所请求的数据项是否有效以及所请求的数据格式是否支持。如果不能提供用户指定格式和项目的数据，就向客户端发送否定式的 WM_DDE_ACK 消息，客户端收到该消息后，自动放弃本次数据请求；如果服务器能够提供用户指定格式和项目的数据，就以数据项目的原子值和数据的全局模块的句柄作为参数发送 WM_DDE_DATA 消息，客户端在收到服务端的 WM_DDE_DATA 消息后，按照参数中提供的数据的全局模块的句柄调用系统功能提取该数据。

（5）结束 DDE 会话。客户端不再需要服务端的 DDE 服务时，发送 WM_DDE_ ERMINATE 消息至服务器，对服务器做数据和内存的清理工作后注销链接客户端的记录，从而结束此次 DDE 会话。

目前组态软件充分支持通过 DDE 方式交换数据，组态软件既可以充当 DDE 服务器，也可以充当 DDE 客户端。对于 DDE Enable 的应用程序，无论是自行开发的 Visual Basic、Visual C++程序，还是通用应用程序如 Access、Excel，乃至其他能够通过 DDE 方式交换数据或采集数据的组态软件，都能自由与之链接。

6.2.2　OPC 技术

1．OPC 规范

OPC 规范包括 OPC 服务器和 OPC 客户机两个部分，其在硬件供应商和软件开发商之间建立了一套完整的"规则"，只要遵循这套规则，数据交互对两者来说都是透明的，硬件供应商无须考虑应用程序的多种需求和传输协议，软件开发商也无须了解硬件的实质和操作过程。

OPC 技术的本质是采用了 Microsoft 的组件对象模型/分布式组件对象模型（component object model/ distributed component object model，COM/DCOM）技术。COM 主要是为了实现软件复用和互操作，并且为基于 Windows 的程序提供统一、可扩充、面向对象的通信协议；DCOM 是 COM 技术在分布式计算领域的扩展，使 COM 可以支持在局域网、广域网甚至 Internet 中不同计算机上的对象之间的通信。

COM 标准为组件软件和应用程序之间的通信提供了统一的标准，包括规范和实现两部分，其中规范部分规定了组件间的通信机制。由于 COM 技术的语言无关性，在实现时不需要特定的语言和操作系统，只要按照 COM 规范开发即可。然而由于特定的原因，目前 COM 技术仍然以 Windows 操作系统为主要平台，在非 Windows 操作系统上开发 OPC 具有很大的难度。COM 采用的是 C/S 模式，OPC 技术的提出就是基于 COM 的 C/S 模式，因此 OPC 的开发分为 OPC 服务器开发和 OPC 客户机程序开发。对于硬件厂商，一般需要开发适用于硬件通信的 OPC 服务器；对于组态软件，一般需要开发 OPC 客户机程序。对于 OPC 服务器的开发，多种编程语言都在实现时提供对 COM 的支持，如 C/ Visual C++、Visual Basic、Borland 公司的 Delphi 等，最好用 C 或者 Visual C++语言。对于 OPC 客户机程序的开发，可根据实际需求，选用比较合适的、能够快速开发的语言。

OPC 包括一整套接口、属性和方法，提供给用户用于过程控制和工业自动化。OPC 规范有以下几种：

（1）OPC Data Access。该规范是最早的 OPC 规范，主要用于从控制设备获取数据提供给其他的 OPC 客户端。其最新的发行版本为 OPC Data Access 3.0 版。同早期版本相比，该版本的优势在于更强的浏览能力和同 OPC XML-DA 规范协作的能力。

（2）OPC Alarms & Events。该规范不同于 OPC Data Access 规范提供的连续数据访问能力，它提供了必要时的报警和事件通知能力，具体包括过程报警、操作员行为通知、报文消息和跟踪/审核消息。

（3）OPC Batch。该规范将 OPC 理念引入批处理的特殊需求。它提供了交换设备功能（符合美国国家标准学会 US-ANSI 发布的 ANSI/ISA-S88.01 标准，该标准用于柔性制造和批处理控制）和当前操作环境的接口。

（4）OPC Data Exchange。该规范提供了通过以太网总线通信实现服务器到服务器的数据交换的能力。它不仅提供了多厂商之间设备或软件的交互协作能力，还增加了远程配置、诊断和监视、管理服务。

（5）OPC Historical Data Access。该规范提供了访问历史数据的能力。它能以统一的风格返回从简单的数据日志系统或复杂的 SCADA 系统返回历史数据。

（6）OPC Security。所有的 OPC 服务器提供的信息对于一个企业来说都是非常重要的，而不正确的更新所造成的后果对于一个企业可能是非常严重的。该规范提供了如何控制客户端对服务器的访问，以保护敏感信息和阻止未授权用户对过程控制参数的修改。

（7）OPC XML-DA。该规范对于使用可扩展标记语言（extensible markup language，XML）暴露现场层数据提供了灵活、稳定的原则和格式。它利用了 Microsoft 和其他公司在简单对象访问协议（simple object access protocol，SOAP）和网络服务方面的工作成果。

（8）OPC Complex Data。该规范允许服务器暴露和描述更为复杂的数据类型，如二进制结构和 XML 文档等。它需要和 OPC Data Access 规范或者 OPC XML-DA 规范协同使用。

（9）OPC Commands。该规范为 OPC 客户端和服务器端识别、发送和监视在设备上执行控制命令的接口。

OPC Data Access 规范是 OPC 所有规范中应用最广泛的一个。事实上 OPC 服务器的核心是数据访问服务器，其他类型的 OPC 服务器都是在数据访问服务器的基础上通过增加对象、扩展接口实现的。OPC Data Access 规范主要用于从控制设备获取实时数据并提供给具有 OPC 客户端的应用程序。

2. OPC 工作原理

OPC 规范以 OLE/DCOM 为技术基础，而 OLE/DCOM 支持 TCP/IP 等网络协议，因此可以将各个子系统从物理上分开，使其分布于网络的不同节点上。OPC 基金会采用一套标准的 OLE/DCOM 接口制定了 OPC 标准。它由两部分组成：一部分是 OPC 服务器，它与数据源连接，数据源可以是智能仪表、PLC 等控制设备。OPC 服务器把从现场硬件设备采集到的数据通过自己的接口提供给相关的用户。另一部分是 OPC 客户端，它通过 OPC 接口与 OPC 服务器相连从而得到服务器提供的各种信息。OPC 是数据源与客户端进行连接的接口标准，它的本质是在现场设备和应用软件之间进行数据传输。OPC 系统结构如图 6-13 所示。

由图 6-13 可知，因控制系统的结构不同，OPC 服务器和 OPC 客户端之间的连接方式也有所不同。连接方式主要有两种：一种是 OPC 客户端通过 OPC 接口直接与 OPC 服务器进行连接，另一种是处于远

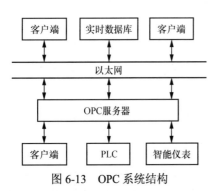

图 6-13　OPC 系统结构

程的 OPC 客户端通过网络（以太网）间接地与 OPC 服务器进行连接以获取所需要的数据。正是因为后一种连接方式的实现，使得 OPC 实现了远程调用，使得应用程序的分布与系统硬件的分布无关，从而便于系统硬件配置，使得 OPC 接口变得更为通用，得以广泛应用于工业控制领域。

3. OPC 接口

OPC 规范提供了两套接口方案，即定制接口方案和自动化接口方案。定制接口方案效率高。通过定制接口，客户能够发挥 OPC 服务器的最佳性能。采用 C++语言的客户一般采用定制接口方案。自动化接口方案使解释性语言和宏语言访问 OPC 服务器成为可能。自动化接口是为基于脚本的编程语言而定义的标准接口，可以为使用 Visual Basic、Delphi、PowerBuilder 等编程语言开发 OPC 服务器的客户应用。这两套标准接口方案的制定极大地方便了服务器和使用不同语言开发的客户应用之间的通信，使用户对开发工具的选择有了较大的自由。

OPC 接口可以潜在地应用在许多应用程序中。它们可被用于从最底层设备中读取未加工的数据，再转化至 SCADA 或者 DCS；也可以用于从 SCADA 或者 DCS 中采集数据，再输入应用程序中。OPC 是为从某一网络节点中的某一服务器中采集数据而设计的，同时又能够形成 OPC 服务器。该服务器允许客户应用软件在由许多不同的 OPC 供应商提供的服务器中传输数据，并可通过单一的对象在不同的节点上运行，其工作关系如图 6-14 所示。

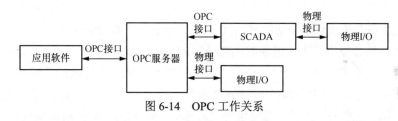

图 6-14　OPC 工作关系

虽然 OPC 规范规定了相应的通信接口标准，无论现场设备以何种形式存在，客户都以统一的方式去访问，从而易于实现与其他系统的对接。但是，对于实现这些接口的方法并没有给出，所以在开发 OPC 服务器时，开发人员还需根据不同硬件设备的特点实现各个接口的成员函数，如图 6-15 所示。

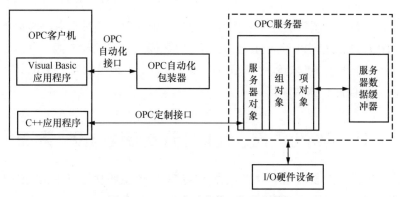

图 6-15　OPC 自动化接口与定制接口

6.2.3　DLL技术

程序员在编写各种用途的应用程序时经常需要使用一些函数库，所谓函数库就是一些目标代码模块经过组合形成的代码群。应用程序从函数库中调用函数实际上就是通过链接使应用程序能够从函数库中存取和使用目标代码，链接就是把外部函数结合到一个应用程序中的进程。而 DLL 是指一个在运行时进行链接的、可执行的代码或数据模块。DLL 的代码并不是某个应用程序的组成部分，而是在运行时链接到应用程序中。使不同的应用程序能共享函数库中的代码和数据，可以充分利用系统资源，并且能够建立标准库。与函数库链接有两种方法，即静态链接和动态链接。静态链接发生在程序创建时，动态链接则发生在程序运行时。DLL 是用于动态链接的函数库，是可被其他程序或 DLL 调用的函数集合组成的可执行文件模块。

为了增强程序设计能力，通常有两种扩展方法：一是编程语言提供了一些直接访问操作系统底层的能力；二是语言允许创建或使用第三方函数库，这些函数库中的函数可以直接引入程序中。

在静态链接过程中，包含函数的程序模块被预先编译成目标文件（.obj）。在创建最终应用程序的可执行文件时，链接器扫描这些目标文件，将所有需要的目标代码从函数库中拷贝到可执行文件中去。当可执行文件被创建后，所有的函数调用在链接时就已经完全确定。换言之，程序访问库函数所需的全部寻址信息都是固定的，并且当程序运行时这些信息也保持不变。静态链接的应用程序的可执行文件可以单独运行，因为在可执行文件中已经包含应用程序所需要的所有函数的模块。

动态链接与静态链接的不同之处在于链接过程，尽管包含函数的程序模块仍然被预先编译成目标文件，但它不再拷贝到最终的可执行文件中，而是被链接成一种特殊的Windows 可执行文件——DLL。当应用程序运行时，Windows 操作系统检查可执行文件，如果需要不包含在可执行文件中的函数，Windows 就自动装入指定的 DLL 文件，使 DLL 中的所有函数都能被应用程序访问，此时 Windows 才能确定每个函数的地址并且将其动态地链接进应用程序。DLL 在运行时被装载，并且所有使用 DLL 的应用程序都可以在运行时共享该 DLL 文件在内存中的同一份拷贝。

Microsoft Windows 本身就是由若干个 DLL 组成的，其他应用程序可以调用这些库中的过程，完成窗口与图形的显示、内存管理或其他任务。该过程有时被称为 Windows API。使用 DLL 可以达到以下目的：①应用程序之间共享代码和资源；②基于系统范围的消息过滤；③创建设备驱动程序；④提供开发复杂应用程序的库。DDL 可以用任何支持 Windows 开发的高级语言编写。

6.3　网络化测控系统软件开发流程与设计实现

网络化测控系统的硬件电路确定之后，测控系统的主要功能将依赖软件来实现。对同一个硬件电路，配以不同的软件，它所实现的功能将有所不同，而且有些硬件电路功能通常可以用软件来实现。研制一个复杂的网络化测控系统，软件研制的工作量往往大于硬件研制的工作量。可以认为，网络化测控系统设计在很大程度上就是软件设计。因此，设计人员必须掌握软件设计的基本方法。

6.3.1　软件开发流程

软件开发流程如图 6-16 所示。它包括下列几个步骤：

1. 系统定义

在着手软件设计之前，设计者必须先进行系统定义（或说明）。所谓系统定义，就是清楚地列出网络化测控系统各个部件与软件设计的有关特点，并进行定义和说明，以此作为软件设计的根据。

2. 绘制流程图

程序设计的任务是制定网络化测控系统程序的纲要，而网络化测控系统的程序将执行系统定义所规定的任务。程序设计的通常方法是绘制流程图。这种方法以非常直观的方式对任务做出描述，因此很容易将流程图转变为程序。

在设计中，可以把测控系统的整个软件分解为若干部分。这些软件部分分别代表了不同的分立操作，把这些不同的分立操作用方框表示，并按一定顺序用连线连接起来，表示它们的操作顺序。这种互相联系的表示图，称为功能流程图。

功能流程图中的模块，只表示所要完成的功能或操作，并不表示具体的程序。在实际工作中，设计者总是先画出非常简单的流程图，然后随着对系统各细节认识的加深，逐步对流程图进行补充和修改，使其逐渐趋于完善。

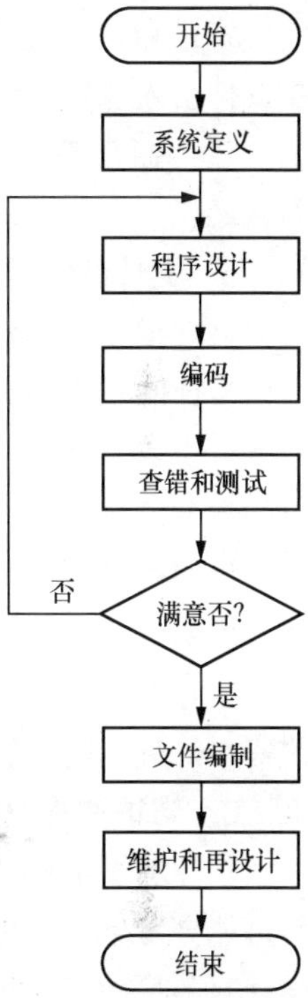

程序流程图是功能流程图的扩充和具体化。例如，功能流程

图 6-16　软件开发流程

图中所列的"初始化"模块，如果写成程序流程图，就应写明清除哪些累加器、寄存器和内存单元等。程序流程图所列举的说明，都针对微机化测控系统的机器结构，很接近机器指令的语句格式。因此，有了程序流程图，就可以比较方便地写出程序。在大多数情况下，程序流程图的一行说明，只用一条汇编指令并不能完成，往往需要一条以上的指令。

3. 编写程序

编写程序时可用机器语言、汇编语言或各种高级语言。究竟采用何种语言由程序长度、测控系统的实时性要求以及所具备的研制工具而定。在复杂的系统软件中，一般采用高级语言。对于规模不大的应用软件，大多采用汇编语言来编写。因为从减少存储容量、降低器件成本和节省机器时间的观点来看，这样做比较合适。程序编写完成后，再通过具有汇编能力的计算机或开发装置生成目标程序，经模拟试验通过后，可直接写入可擦可编程只读存储器（erasable programmable read-only memory，erasable PROM，EPROM）中。

在程序设计过程中还必须进行优化工作，即仔细推敲、合理安排，利用各种程序设计技巧使编写的程序所占内存空间较小而执行时间又短。

目前已广泛使用微机开发装置来研制应用软件。利用微机开发装置丰富的硬件和软件系统来编程和调试，可大大减轻设计人员的工作强度，并帮助设计者积累研制各种软件的经验，这样不仅可以缩短研制周期，而且有助于提高应用软件的质量。

4. 查错和调试

查错和调试是网络化测控系统软件设计中很关键的一步。软件查错和调试的目的是在软件引入测控系统之前，找出并改正逻辑错误或与硬件有关的程序错误。由于测控系统的软件通常都存放在只读存储器中，所以程序在注入只读存储器之前必须进行彻底测试。

5. 文件编制

文件编制是以对用户和维护人员最为合适的形式来描述程序。适当的文件编制也是软件设计的重要内容，它不仅有助于设计者进行查错和测试，而且对程序的使用和扩充必不可少。文件如果编制得不好，不能说明问题，程序就难以维护、使用和扩充。

一个完整的应用软件，一般应涉及下列内容：①总流程图；②程序的功能说明；③所有参量的定义清单；④存储器的分配图；⑤完整的程序清单和注释；⑥测试计划和测试结果说明。

实际上，文件编制工作贯穿软件研制的全过程。各个阶段都应注意收集和整理有关的资料，最后的编制工作只是把各个阶段的文件连贯起来，并加以完善而已。

6. 维护和再设计

软件的维护和再设计是指软件的修复、改进和扩充。当软件投入现场运行时，一方面可能会发生各种现场问题，因而必须利用特殊的诊断方式和维护手段，像维护硬件那样修复各种故障；另一方面用户往往会由于环境或技术业务的变化，提出比原计划更多的要求，因而需要对原来的应用软件进行改进或扩充，并注入新的 EPROM，以适应情况变化的需要。

因此，一个好的应用软件，不仅要能够执行规定的任务，而且在开始设计时，就应该考虑到维护和再设计的方便性，使其具有足够的灵活性、可扩充性和可移植性。

6.3.2 软件设计方法

软件设计方法是指导软件设计的某种规程和准则。模块化编程和结构化程序设计相结合是目前被广泛采用的一种软件设计方法。

1. 模块化编程

所谓"模块"，就是指一个具有一定功能、相对独立的程序段，这样一个程序段可以作为一个可调用的子程序。所谓"模块化"编程，就是把整个程序按照"自上向下"的设计原则，从整体到局部再到细节，一层一层分解下去，一直分解到最下层的各个模块容易编码时为止。模块化编程也称积木式编程，这种编程方法的主要优点是：①单个模块比起一个完整的程序容易编写、查错和测试；②有利于程序设计任务的划分，可以让具有不同经验的程序员承担不同功能模块的编写；③模块可以共享，一个模块可被多个任务在不同的条件下调用；④便于对程序进行查错和修改。

由此可见，模块化编程的优点是很突出的。但如何划分模块至今尚无公认的准则，大多数人是凭直觉、凭经验、凭一些特殊的方法来划分模块。下面给出一些对编程会有所帮助的模块划分原则：

（1）模块不宜分得过大或过小。过大的模块往往缺乏一般性，且编写和连接时可能会遇到麻烦；过小的模块则会增加工作量。通常认为 20～50 行的程序段是长度比较合适的模块。

（2）模块必须保证独立性，几个模块内部的更改不应影响其他模块。

（3）对每一个模块给出具体定义，定义应包括解决某问题的算法、允许的 I/O 值范围以及副作用。

（4）对于一些简单的任务，不必强求模块化。因为在这种情况下，编写和修改整个程序比起装配和修改模块可能要更加容易一些。

（5）当系统需要进行多种判定时，最好在一个模块中集中这些判定。这样在某些判定条件改变时，只需修改该模块即可。

2．结构化程序设计

结构化程序设计是给程序设计施加了一定的约束，限制采用规定的结构类型和操作顺序。因此，使用结构化设计能够编写出操作顺序分明、便于查错和纠正错误的程序。任何程序的逻辑都可用顺序、条件和循环三种基本结构来表述。

（1）顺序结构。顺序结构如图 6-17 所示。在这种结构中，微处理器按顺序首先执行 P1，其次执行 P2，最后执行 P3。其中，P1、P2、P3 可以是一条指令，也可以是一段程序。

（2）条件结构。条件结构如图 6-18 所示。当条件满足时，微处理器执行 P1，否则执行 P2。在这种结构中，P1 和 P2 都只有一个入口和一个出口。

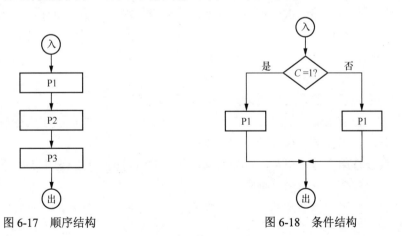

图 6-17　顺序结构　　　　　　　　　图 6-18　条件结构

（3）循环结构。常见的循环结构有两种，如图 6-19 所示。在图 6-18（a）所示的循环结构中，微处理器先执行循环操作 P，然后判断条件是否满足，若条件满足，程序继续循环，若条件不满足，则停止循环。而在图 6-18（b）所示的循环结构中，微处理器先执行条件判断语句，只有在条件满足的情况下才执行循环操作 P。在程序设计中，应注意这两种循环结构的区别，在设置循环参数初值时，尤其应多加注意。

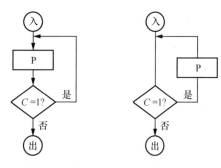

（a）先执行循环操作　　（b）先执行条件判断语句

图 6-19　循环结构

利用上述几种基本结构，可构成任何功能的程序。结构化设计的优点是：①由于每个结构只有一个入口和一个出口，故程序的执行顺序易于跟踪，给程序查错和测试带来很大的方便；②由于基本结构是限定的，故易于装配成模块；③易于用程序框图来描述。

6.3.3　软件测试与运行

为了验证编写的软件无错，需要花费大量的时间测试，有时测试工作量比编写软件本身所花费的时间还长。测试是"为了发现错误而执行程序"。测试的关键是如何设计测试用例，常用的方法有功能测试法和程序逻辑结构测试法两种。

功能测试法并不关心程序的内部逻辑结构，而只检查软件是否符合其预定的功能要求。因此，用这种方法来设计测试用例时，是完全根据软件的功能来设计的。例如，要想用功能测试法来发现一个微机系统的软件中可能存在的全部错误，则必须设想出系统输入的一切可能情况，从而来判断软件是否都能做出正确的响应。一旦系统在现场中可能遇到的各种情况都已输入系统且都证明系统的处理是正确的，则可认为该系统的软件无错，但事实上由于疏忽或手段不完备，是无法列出系统可能面临的所有输入情况的。即使能全部罗列出来，要全部测试一遍，在时间上也是不允许的，因此使用功能测试法测试过的软件仍有可能存在错误。

程序逻辑结构测试法是根据程序的内部结构来设计测试用例。用这种方法来发现程序中可能存在的所有错误，至少必须使程序中各种可能的路径都被执行过多次。

既然"彻底测试"几乎是不可能的，就要考虑如何来组织测试和设计测试用例以提高测试效果。下面是一些需要注意的基本原则：

（1）由编程者以外的人进行测试会获得较好的结果。

（2）测试用例应由输入信息与预期处理结果两部分组成，即在程序执行前，应清楚地知道输入什么，以及会有什么输出。

（3）不仅要选用合理、正常、可能的情况作为测试用例，更应选用那些不合理的情况作为输入，以观察系统的输出响应。

（4）测试时除了检查系统的软件是否完成了它应该做的工作外，还应检查它是否做了不该做的事。

（5）长期保留测试用例，以便下次需要时再用，直到系统的软件被彻底更新为止。

（6）经过测试的软件仍然可能隐含着错误。同时，用户的需求也经常会发生变化，实际上用户在整个系统正式运行前，往往不可能把所有的要求都提完全。当投运后，用户常常会改变原来的要求或提出新的要求。此外，系统运行的环境也会发生变化。所以，在运行阶段要对软件进行维护，即继续排错、修改和扩充。

另外，软件在运行中，设计者常常会发现某些程序模块虽然能实现预期功能，但在算法上不是最优的或在运行时间、占用内存等方面还有改进的必要，此时也需要修改程序，以使其更加完善。

小　　结

网络化测控软件设计在网络化测控系统设计中起着主导作用，本章重点介绍了网络化测控系统设计过程中所常用的编程软技术，概述了网络化测控系统数据交换技术的类型和特点，详细介绍了网络化测控系统软件的开发流程、设计方法以及测试与运行。

第7章 工业以太网测控系统开发实例

随着互联网技术的不断发展,工业现场将会越来越多地用到互联网技术。以太网作为互联网的一种存在形式,广泛应用于工业领域,形成了具有鲜明特点的工业以太网。工业以太网以商用以太网为基础,再结合具体的工业工厂环境进行了部分调整。但是,工业以太网仍然具有传统产业以太网的技术特点,所以可以将其作为工厂网络化、数字化的一个重要转型手段。

下面以一个具体工厂自动化产线工业以太网测控系统为例,分析一个工业以太网测控系统开发过程。

7.1 工业以太网测控系统的总体设计

7.1.1 实例厂区布局和系统网络功能需求分析

(1)厂区布局分析。工厂有 6 条生产线,生产线都是线性系统,生产线长度为 300m,生产线两端连接在一起。圆形轨道上布设多台自动引导车(automated guided vehicle,AGV)。在生产现场需要设置多个工业无线 AP,并采用无线形式连接,这些无线 AP 的间距不能超过 100m。控制中心距离生产线大约 150~200m,并通过有线方式连接各条生产线,实现各个离散环节的实时通信。同时,控制中心的集成监控系统可以对生产现场进行视频监控和控制。

(2)系统网络功能需求分析。具体包括以下要点:

1)控制中心系统由管理交换机、PLC、视频服务站、ES 以及综合监控体系组成。

2)每台 AGV 都能够通过 PROFINET 与监控中心进行通信,监控中心也可以通过 PROFINET 将指令下发给 AGV。

3)对于有线通信网络中的交换机,要注意区分为汇聚层交换机还是 AP 交换机。

4)在有线网络中,控制中心拥有功能更加强大的 3 层汇聚层交换机,其他级汇聚层可使用 2 层交换机。

5)对整个通信网络,从顶层到底层要注意子网的划分,防止出现 IP 冲突和数据冲突的故障。

6)要考虑整个网络系统设备的 IP 规划,包括所有终端和设备的 IP 地址。

7)接入层和汇聚层之间要选择相对低速的百兆多模光纤通信,汇聚层则全部使用千兆光纤通信。

8)为保证整个网络的通信安全,需要在网络的监控层和管理层(即 ES 和控制中心)之间架设安全模块。

9）在已有配置的条件下，要充分利用以太网环网冗余的特点考虑网络整体的冗余性，必要时可以使用高速冗余协议（high speed redundancy protocol，HRP）和介质冗余协议（media redundancy protocol，MRP）。

7.1.2　通信设备型号的确定

（1）在具体的生产现场需要对整个网络的工业信息安全进行周密考虑，在网络运行过程中需要对数据传输进行加密以保障工业生产管理安全，还要考虑实现工艺单元可复制性的网络地址转换功能。选取西门子工业安全模块 SCALANCE S615，共计 8 个。

（2）控制中心与工艺单元需要使用控制器西门子 PLC S7 1200，用于操作程序的载入和数据的传输 1 个，工艺单元的 6 个 S1200，共计 7 个。

（3）在控制中心，操作人员需要对多个工艺单元的生产数据进行归档、显示，以及监视整个工厂网络的运行状态，及时检测网络问题，因此需要配置一个触摸显示屏进行操作，一台 PC 端 ES 进行监控。

（4）由于每个工艺单元只能与控制中心进行通信，不能与其他工艺单元通信，因此需要 SCALANCE XB208 交换机，并对其进行子网划分和冗余处理，每一个工艺单元需要 2 个，共计 12 个。SCALANCE XM408-8 构成主干网络环网冗余以及与控制层的连接。

（5）工业网络冗余方法有多种，包括无线冗余、有线冗余、无线有线互为冗余三种。在无线冗余部分，选取西门子无线模块 SCALANCE W774、SCALANCE W734，共计 12 个。

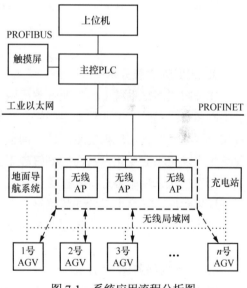

图 7-1　系统应用流程分析图

7.1.3　系统应用流程分析图设计

根据 DCS 的概念和原理，再结合具体的生产需求，可以设计出如图 7-1 所示的系统应用流程分析图。

7.2　工业通信网络系统的拓扑结构设计

7.2.1　分布式网络系统分析

1. 工业现场层分析

工业现场层作为分布式网络系统的第一层，是整个系统中最接近工业生产现场的一层。在该层的控制器及其通信模块要根据不同的工业现场情况进行防护和配置。因为在工业现场需要对每条生产线进行实时的物料分配，所以生产线上的通信模块和 AGV 上的无线 AP 之间需要做到无缝衔接或者无延迟链接。对此需要计算好生产线上无线 AP 之间的设计距离。

为了能够使由无线客户端和无线 AP 构成的网络完全覆盖整条生产线，需要在生产线上每隔若干米（如 100m）设计一个无线 AP。无线 AP 和无线客户端分别选择西门子无线交换机 SCALANCE W774 和 SCALANCE W734。这两款设备都支持平台间通信框架功能，该功能可以保证无线客户端在工业现场中运行时，两个无线 AP 切换连接不会出现连接中断的现象。两个无线 AP 切换的时间一般为 20～30ms。选择 2.4Hz 频段可以满足一般的工业现场需求。

2．工业监控层分析

分布式网络系统的第二层一般都用作监控层。工业监控层不仅包括监控设备（如 ES），而且包括网络交换器等网络设备。工业监控层的本质是对工业现场进行生产监控，并对各种情况做出及时且有效的反应。因此，工业监控层的网络设备选用西门子的 SCALANCE XM408-8C 交换机，该型号交换机拥有极其强大的数据交换能力，同时可以根据现场的具体需求在该交换机上进行 VLAN 和通信线路冗余配置。

作为监控层，也必须对该层及以下网络进行实时监控。该层网络上一般会设置一个 ES，工程师在 ES 通过 PC 端通过监控界面可以对整个工业现场进行实时监控。工业现场若出现任何故障，ES 都可以监测到并给出相应的维修措施。

3．工业管理层分析

在分布式网络系统中，工业管理层网络会存在一个总的控制中心，把控着整个工厂的生产环节；同时，工业管理层网络具有和外部以太网进行信息交换的能力，工程师通过该层网络可以将工厂内的生产情况向上汇报，也可以通过该层网络接收新的指令，使现场生产发生相应变化，从而起到管理工业现场的功能；在有需要的情况下，工业管理层还可以加入云端服务进行数据备份和共享。

可以看出，在整个工业通信网络中，管理层扮演着很关键的角色，该层网络中充满了各种重要数据。因此，在该层次的网络架设中，安全设备和防火墙也十分关键。可选用西门子信息安全模块 SCALANCE S615 作为安全防火墙。

4．系统网络整体 IP 分配

因要满足生产管理区、控制中心、生产工艺单元的网络信息交互，应对该网络下的每一台设备进行 IP 地址的整体规划。可规划如下的 IP 地址：

西门子信息安全模块：SCALANCE S615（8 个）。分配 IP：192.168.0.1～192.168.0.8。其中，作为防火墙的 S615，内网网关的 IP 为 192.168.2.1，外网网关的 IP 为 10.10.0.1，ES 的 IP 为 192.168.0.100，维修工作站的 IP 为 192.168.0.101。

操作面板分配 IP 为：192.168.0.70。

西门子交换机 SCALANCE XM408-8C（7 个）分配 IP 为：192.168.0.40～12.168.0.46。

西门子交换机 SCALANCE XB208（12 个）分配 IP 为：192.168.0.20～192.168.0.29、192.168.0.50、192.168.0.51。

西门子无线模块 AP SCALANCE W774 分配 IP 为：192.168.0.30～192.168.0.38。

客户端 SCALANCE W734 分配 IP 为：192.168.0.60～192.168.0.68。

西门子 PLC S7 1200 分配 IP 为：192.168.0.10、192.168.0.11（通过安全模块的 NAT 功能）。

7.2.2　网络通信基本链路设计

1. 有线通信基本链路设计

有线通信作为工业以太网的基本通信链路方式，在工业现场中广泛存在，所以需要对 PLC、交换机以及 PC 端进行有线通信的基本链路进行配置。

（1）网络构建。网络构建要点如下：

1）利用工业以太网线缆，按照网络结构图，将作为 IO 控制器的 S7 1200 与 SCALANCE XB208 的 P2 端口连接，将作为智能 IO 设备的 S7 1200 与 SCALANCE XB208 的 P4 端口连接，将上位机与 SCALANCE XB208 的 P6 端口连接。

2）接通电源。

（2）配置 ES 和相关交换机的 IP 地址。

（3）在 Portal 软件中配置 PROFINET IO 系统。

1）在软件创建项目选项中选择相应的控制器型号，如图 7-2 所示。

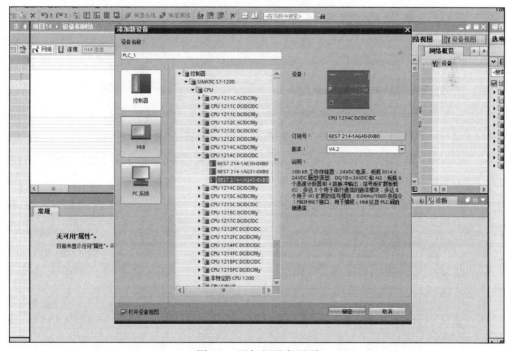

图 7-2　添加新设备界面

2）配置 IO 控制器。当项目新建成功后，选择点击设备视图对应 PLC 的以太网接口，即可进入相关 PLC 的以太网信息配置界面。在该界面内，可以配置 IO 控制器的相关工业以太网的基本信息，具体如图 7-3 所示。

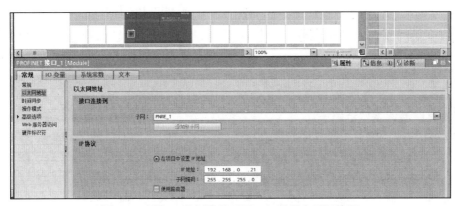

图 7-3　配置 IO 控制器的子网、IP 地址和子网掩码

同时，在该界面的操作模式选项中，可以选择是否将该 PLC 设置为 IO 控制器，如图 7-4 所示。

图 7-4　IO 控制器设置界面

然后在该 PLC 项目下新建一个变量表，用来作为该 PLC 的变量汇总地。选择的数据类型为 Byte，变量的名称为 Tag_1 和 Tag_2，变量对应的地址分别为%QB2 和%IB2，如图 7-5 所示。

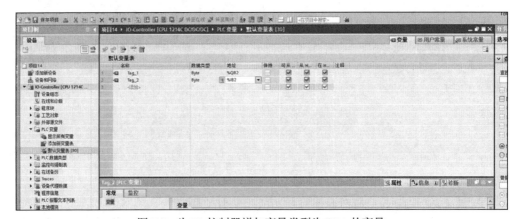

图 7-5　为 IO 控制器增加变量类型为 Byte 的变量

同样地，在该 PLC 项目下新建一个监控表。监控表的作用是实时监控变量表中变量的变化情况。找到并选择之前设置的两个变量，设置其显示格式，如图 7-6 所示。

图 7-6　在 IO 控制器的监控表中添加监控变量

3）配置 IO 设备。添加一个新的 PLC，选择点击设备视图对应 PLC 的以太网接口，即可进入相关 PLC 的以太网信息配置界面。在该界面内，可以配置 IO 设备的相关工业以太网的基本信息。

同时，在该界面的操作模式选项中，可以选择是否将该 PLC 设置为 IO 设备；并且可以在"已分配的 IO 控制器"下拉列表中选择先前已经配置好的 IO 控制器，如图 7-7 所示。

图 7-7　设备配置界面

然后在该 PLC 项目下新建一个变量表，用来作为该 PLC 的变量汇总地。选择的数据类型为 Byte，变量的名称为 Tag_3 和 Tag_4，变量对应的地址分别为%IB2 和%QB3，如图 7-8 所示。

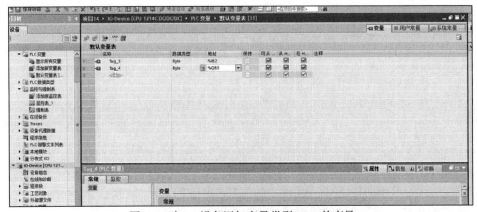

图 7-8　为 IO 设备添加变量类型 Byte 的变量

同样地，在该 PLC 项目下新建一个监控表。监控表的作用是实时监控变量表中变量的变化情况。找到并选择之前设置的两个变量，同时将其显示格式设置为十六进制型，如图 7-9 所示。

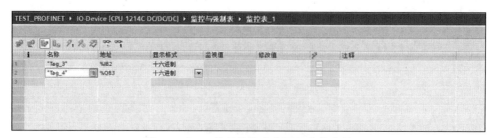

图 7-9　在 IO 设备监控表中添加监控变量

当 IO 控制器/设备设置完成后，就要准备针对数据传输区进行相应配置。在 PLC 的属性中选择添加传输区。如图 7-10 所示，可以显示两个数据传输区：第一个传输区的作用是将 IO 控制器 Q2 地址中的数据通过工业以太网传输到 IO 设备中地址为 I2 的变量中；第二个传输区的作用是将 IO 设备 Q3 地址中的数据同样通过工业以太网传输到 IO 控制器中地址为 I2 的变量中。

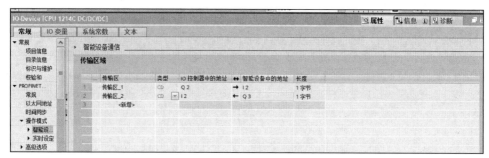

图 7-10　传输区设置

2. 无线通信基本链路设计

在整个网络中需要有无线 AP 和无线 AP 的使用，所以在无线链路上的链接也必须可靠，只有这样才能使整个网络真正深入工厂的最底层，才可以将整个工厂的各个单位都连接入网。

以下是无线链路配置的具体步骤：

（1）配置 SCALANCE W774。利用工业以太网线缆将上位机与 SCALANCE XB208 的空闲以太网接口相连。在上位机的 IE 浏览器中输入已配置好的交换机的 IP 地址，便可进入其登录界面。修改密码之后，将进入 SCALANCE W774 的向导配置界面，如图 7-11 所示。

（2）重新登录 SCALANCE W774，将进入完整的配置界面。如图 7-12 所示，可以点击左侧 "Basic Wizard" 以向导的形式进行基本配置，也可以分别点击左侧 "Information"

"System""Internet""Layer2"和"Security"等选项，进行有针对性的配置。

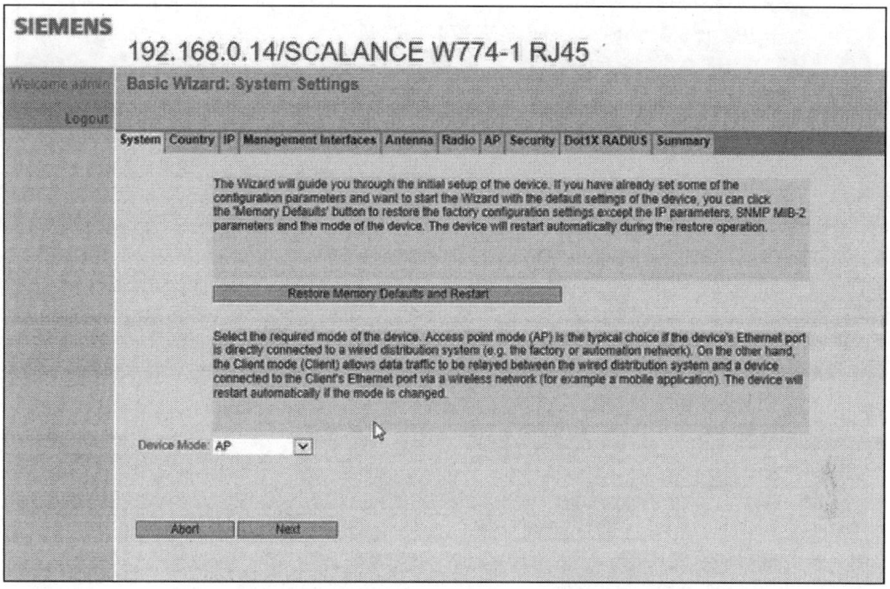

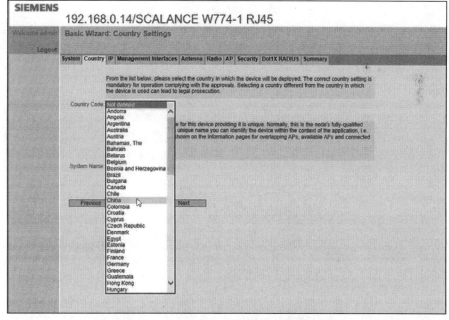

图 7-11　SCALANCE W774 的配置界面

图 7-12　SCALANCE W774 的完整配置界面

（3）点击配置界面左侧"Interfaces"的子项"WLAN"进行无线配置。在"Basic"标签页下，选择"Country Code"为 China，选中表格中"Enabled"标题栏下的复选框，将"max.Tx Power"值修改为 17dBm，以便显示为"Allowed"，其他配置保持不变，最后点击"Set Values"按钮，如图 7-13 所示。可以在界面右上角的监控中看见 R1

指示灯开始闪动。

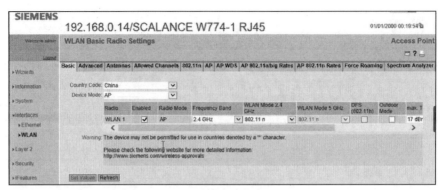

（a）Basic 配置界面

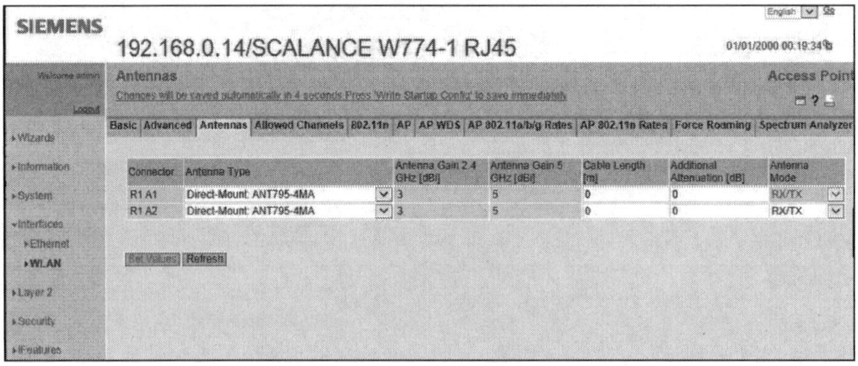

（b）Antennas 配置界面

图 7-13　无线配置

（4）在"Allowed Channels"标签页下，列出了可选择的频率带宽，即 2.4GHz 和 5GHz，可以保持默认设置，即所有信道都勾选（设备根据无线环境自适应选择信道），如图 7-14 所示；也可以勾选"Use Allowed Channels only"后，选择特定的信道。

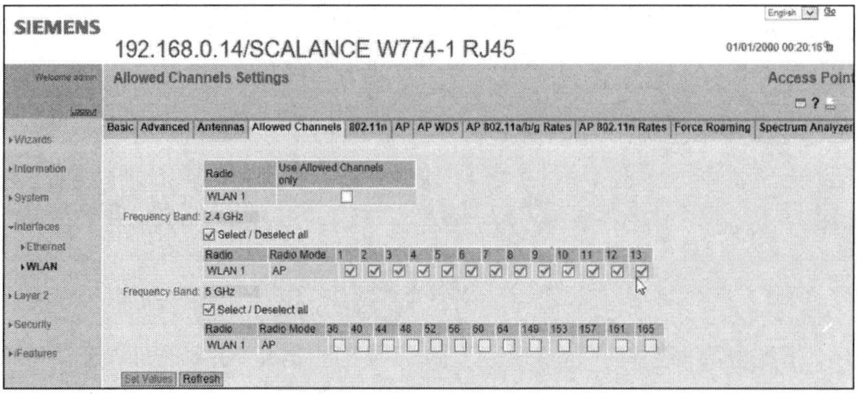

图 7-14　无线信道配置界面

（5）在"AP"标签页下，可以修改服务集标识符（service set identifier，SSID），如

自定义为"CIMC"，要确保使用的 SSID 之前的"Enabled"为勾选状态，如图 7-15 所示。

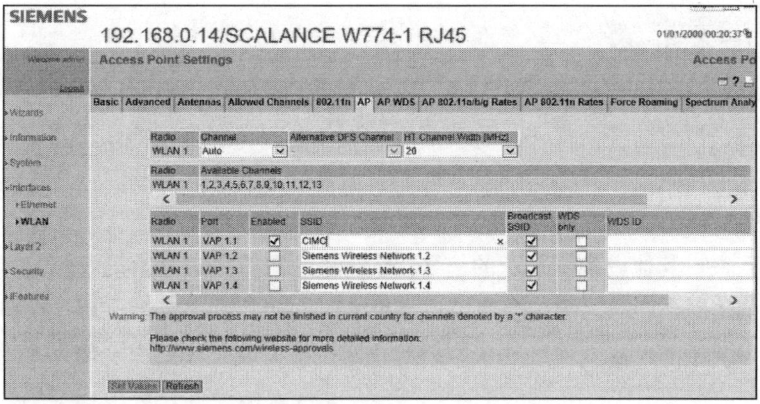

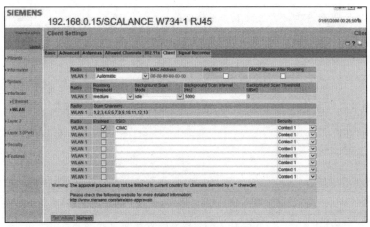

图 7-15　AP 无线 SSID 设置

（6）配置 SCALANCE W734。利用工业以太网线缆将上位机与 SCALANCE XB208 的空闲以太网接口相连。

（7）在上位机的浏览器中输入 SCALANCE W734 的 IP 地址，进入其登录页面。修改密码后，将进入 SCALANCE W734 的向导配置界面。

（8）点击配置界面左侧"Interfaces"的子项"WLAN"进行无线配置（其配置过程与 SCALANCE W774 的类似）。

（9）在"Basic"标签页下，选择"Country Code"为"China"，选择"Device Mode"为 Client，选中表格中"Enabled"标题栏下的复选框，其他配置保持不变，最后点击"Set Values"按钮。点击配置界面上的指示灯监视界面可以看到 R1 指示灯绿色常亮。

（10）在"Antennas"标签页下，选择"Antenna Type"为"ANT795-4MA"，其他配置保持不变，最后点击"Set Values"按钮。

（11）"Allowed Channels"标签页的内容保持不变。

（12）在"Client"标签页下，设置 SSID 为 CIMC，即要与 AP 设置的 SSID 一致，即便该客户端能够自动连接到 AP 上，如图 7-16 所示。

图 7-16　客户端 SSID 设置

7.2.3 网络冗余拓扑结构设计

1. 网络冗余的概念

工业现场对于网络都有实时性要求，基于工业现场的网络不允许出现故障，一旦出现故障，将会带来巨大的经济损失。这就需要工程师在整体通信网络中设置多条冗余链路。

为了保证工厂网络具有一定的稳定性和自愈性，必须要采用设置冗余链路这一设计理念。环型网络是使用一个首尾闭合的环路将每一台设备连接起来。它能够保证每一台设备都可以接收到来自其他设备所发送的信号。环网冗余是指网络上的某一台交换机支持当网络出现连接故障时，环网上的这台交换机在第一时间接收到这类消息后，立即将其后备端口（冗余端口）激活，从而保证整个网络的正常通信，使其不会出现信息不通畅的情况。

2. 网络系统冗余扩展处理能力

为了增加网络系统的冗余拓展能力，使用西门子交换机 SCALANCE XM408-8C。SCALANCE XM408-8C 交换机具有强大的数据交换、子网划分以及冗余备份能力。这里将以该型交换机设置一个环形冗余网络，该冗余网络将包括有线冗余、无线冗余以及有线无线互为冗余的三种方案。对交换机进行一系列的 Web 配置以搭建一个单环冗余网络，具体步骤如下：

（1）配置上位机的 IP 地址和子网掩码，如图 7-17 所示。

（2）配置交换机 SCALANCE XM408-8C。用以太网线将上位机和 SCALANCE XM408-8C 进行网络连接，在 PST 软件内对交换机进行 IP 设置。具体配置参数如图 7-18 所示。

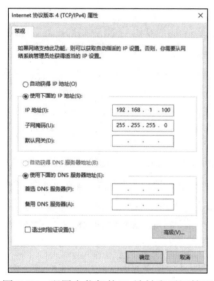

图 7-17　配置上位机的 IP 地址和子网掩码

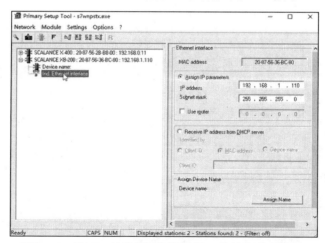

图 7-18　用 PST 软件配置交换机的 IP 地址和子网掩码

（3）当参数设置完成之后就可以将配置下载到交换机 SCALANCE XM408-8C 中。

（4）当下载完成之后，就可以通过 Web 配置工具进入 SCALANCE XM408-8C 的网络配置界面，具体方法是在浏览器的地址栏输入该交换机对应的 IP 地址，进入之后需要设置对应的密码，如图 7-19 所示。

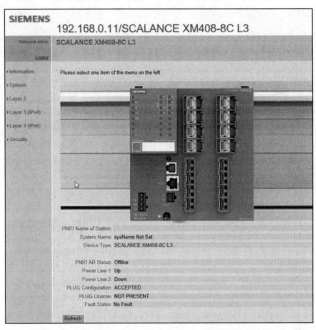

图 7-19　SCALANCE XM408-8C 网络配置主界面

（5）对 SCALANCE XM408-8C 交换机进行环网冗余配置。所需功能存在于 Layer2 中的 Ring Redundancy，为了能够成功激活冗余功能，需要将"Ring Redundancy"选中，同时在表中选择冗余协议为"HRP Manger"，最后需要对交换机的端口进行配置，具体配置情况如图 7-20 所示。

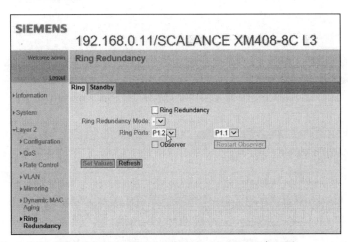

图 7-20　SCALANCE XM408-8C 环网冗余配置

需要注意的是，在配置冗余时，会不定时跳出提示。这是因为设备默认的使用协议为 Spanning Tree，如图 7-21 所示。

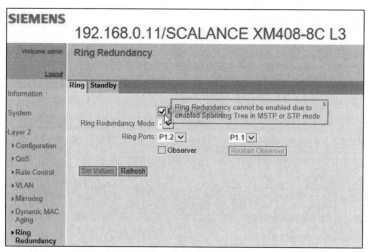

图 7-21　勾选"Ring Redundancy"前的复选按钮时可能弹出的提示

（6）取消提示弹出框的方法很简单，只需要在 Layer2 下的 Spanning Tree 界面，取消选中 Spanning Tree，并点击"Set Values"按钮即可，如图 7-22 所示。

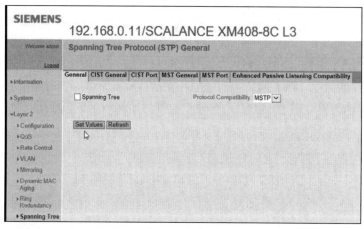

图 7-22　为了设置环形冗余功能勾选掉 Spanning Tree 前的复选框

（7）在配置顶层交换机之后，需要就对底层交换机进行配置。SCALANCE XB208（A）的配置方法与之前使用的一致。

（8）在 PST 中完成网络参数设置后，使用同样的方法进入 Web 管理页面进行交换机的功能配置。SCALANCE XB208（A）的网络配置主界面，如图 7-23 所示。

（9）进行 SCALANCE XB208 交换机的环网冗余配置。所需功能存在于 Layer2 中的 Ring Redundancy，为了能够成功激活冗余功能，需要将 Ring Redundancy Mode 中的 HRP

Client 选中，最后需要对交换机的端口进行配置，具体配置情况如图 7-24 所示。

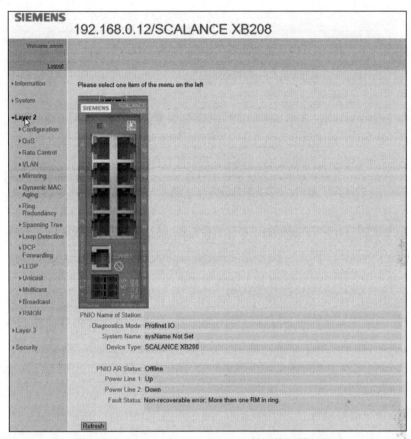

图 7-23　SCALANCE XB208（A）的网络配置主界面

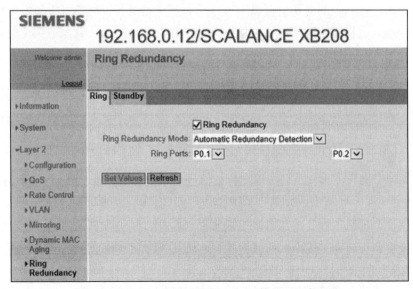

图 7-24　SCALANCE XB208（A）的环网冗余配置

（10）使用同样的方法对 SCALANCE XB208（B）进行配置，具体配置情况如图 7-25 所示。

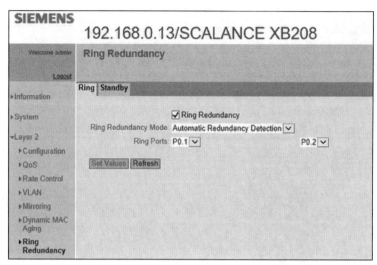

图 7-25　SCALANCE XB208（B）的环网冗余配置

（11）最后在博途软件中配置 PLC S7 1200（A）的 IP 地址。在"属性"界面中为其配置 IP 地址为 192.168.0.41 和子网掩码 255.255.255.0。

（12）在完成所有设备的配置工作之后，只需用以太网线即可将所有设备按照已分配好的端口连接成环型网络。

3．网络系统故障处理

在冗余环网中，网络运行正常时生产线上若干交换机的数据信息会通过环网左侧进行传输，经过生产线上的 A、B 交换机被传输到管理层控制中心的总交换机。当工厂网络出现故障时，环网上的交换机可以通过环网右侧链路的若干交换机将数据传输到管理层的控制中心。这样整个环网链路中可以允许出现一个故障点，而保证整个网络不出现瘫痪的情况。

在冗余环网下层采用 RSTP。当生产线和环型网络之间出现故障时，生产线中的底层交换机会立即通过 RSTP 与相邻生产线的底层交换机进行数据通信，并通过相邻生产线的上层交换机将数据送入冗余环网中。在此情况下，生产线所在的网络可以允许每组的 RSTP 产生一个故障点，每两个 RSTP 组成一组 RSTP 冗余，所以在该网络中总共可以出现三个故障点。

在生产现场与底层设备 AGV 进行数据通信的无线 AP 采用双网卡冗余 WLAN。当无线 AP 和生产线之间产生故障时，无线 AP 将会正常进行数据通信和生产作业。因为每一个无线 AP 的通信距离大于出现故障的生产线长度，所以工程师可以在生产正常进行的情况下对出现故障的无线 AP 进行更换。在此情况下，根据整个工业现场的布局，无线 AP 可能出现的故障点就会有若干个。

当冗余设置进入最底层的网络中时，则使用无线覆盖冗余 WLAN。无线覆盖冗余

WLAN 的 AP 选择使用带有双网卡功能的 SCASLANCE W734 交换机，这样无线 AP 就可以在一个、两个甚至多个不同的信道上进行数据传输。通过这种模式可以大大提高带宽连接的可靠性。换句话说，就是在无线 AP 之间搭建多条通信渠道（双网卡的作用），即使有一条出现故障，其他的信道还可以正常工作。这样就可以在最底层的网络中做到冗余设计，允许若干个故障点出现而不影响正常的生产作业。

7.2.4　网络稳定安全性拓扑结构设计

1．工业信息安全设计

为保证整个工厂的生成安全，可以在分布式网络系统的上两层即工业监控层和工业管理层之间构建安全屏障。这里就工业信息安全设计介绍西门子 SCALANCE S615 安全模块的防火墙功能。

防火墙是一种架设在内网和外网之间的网络设置。它像一堵墙一样将两个网络相隔开来，从而达到保护网络正常运行的效果。防火墙由相关防护软件以及一定的硬件设备构成。在软硬件的共同作用下，才可以真正做到对网络的无缝保护，使得内部网络免受非法用户的入侵。

SCALANCE S615 可以用作 AS 的防火墙，以保护自动化的单元，如图 7-26 所示。

防火墙的作用在于可有效防止无用的数据流量、未经授权的设备和流量进入 AS 单元中，以此来保护和净化 AS。

防火墙的具体配置过程如下：

（1）网络规划。具体规划情况如下：

防火墙 S615：IP 地址 192.168.2.1/24。S615 将网络分为外部网络和内部网络，其中外网网关 IP 为 10.10.0.1/24，内网网关为 192.168.2.1/24。

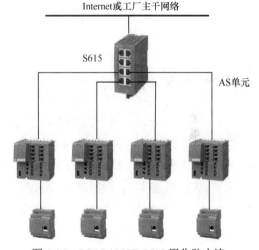

图 7-26　SCALANCE S615 用作防火墙

企业管理系统的计算机：IP 地址 10.10.0.100/24，网关 10.10.0.1。

生产监控服务器：IP 地址 192.168.2.100/24，网关 192.168.2.1。

工艺单元 A 中 S7 1200：IP 地址 192.168.2.11/24，网关 192.168.2.1。

工艺单元 B 中 S7 1200：IP 地址 192.168.2.12/24，网关 192.168.2.1。

SCALANCE XM408 IP 地址：192.168.2.200/24。

工艺单元 A 的 SCALANCE XB208 的 IP 地址为 192.168.2.201/24，工艺单元 B 的 SCALANCE XB208 的 IP 地址为 192.168.2.202/24。

VLAN 规划：本实验除了 S615 的 P5 端口分配给 VLAN2，其他设备的端口都默认为 VLAN1 端口。

端口规划：具体规划情况如图 7-27 所示。

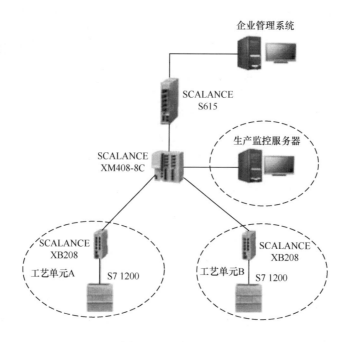

图 7-27　网络结构拓扑图

需要注意的是，这里 SCALANCE XM408 与两个 SCALANCE XB208 不需要特定的配置。

（2）配置 IP 地址。用 PST 软件配置 SCALANCE S615、企业管理系统的计算机、生产监控服务器、SCALANCE XM408 以及两个 SCALANCE XB208 的 IP 地址，用博途软件配置工艺单元 A 中 S7 1200、工艺单元 B 中 S7 1200 的 IP 地址。

（3）从浏览器页面登录 SCALANCE S615 的 Web 界面管理工具，进行具体功能设置。

（4）在 SCALANCE S615 中划分 VLAN。在 Layer 2 下的 VLAN 界面中设置基于端口的 VLAN，如图 7-28 和图 7-29 所示。其中，P1～P4 端口分配给 VLAN1，P5 端口分配给 VLAN2，VLAN1 的 Name 为 INT，VLAN2 的 Name 为 EXT。

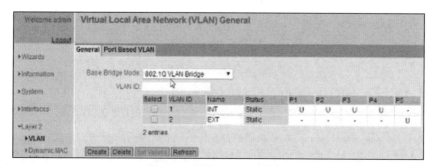

图 7-28　设置 VLAN 画面 1

（5）在 SCALANCE S615 中进行子网设置。在 Layer3 下 Subnets 的 Configuration 标签页下分别配置外网和内网网关，如图 7-30 和图 7-31 所示。子网设置结果如图 7-32 所示。

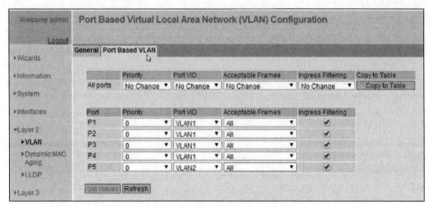

图 7-29　设置 VLAN 画面 2

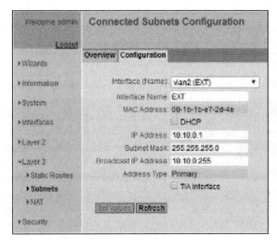

图 7-30　外网网关设置

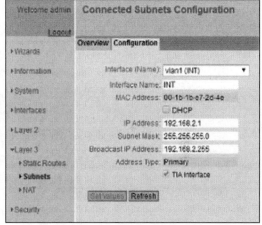

图 7-31　内网网关设置

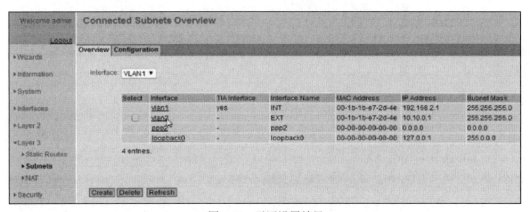

图 7-32　子网设置结果

（6）在 SCALANCE S615 中设置防火墙 IP 规则。激活防火墙功能，如图 7-33 所示。在"IP Rules"标签页下添加 IP 过滤规则，如图 7-34 所示。其中，第一条规则表示内网中任一主机可以访问外网的任一主机；第二条规则表示在外网访问内网的方向，外网中只有 IP 地址为 10.10.0.100 的主机能够访问内网，且仅可以访问内网 IP 地址为192.168.2.100 的主机。

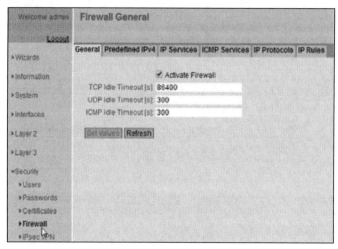

图 7-33　激活防火墙功能

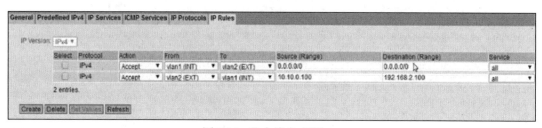

图 7-34　防火墙 IP 规则

2. 通信子网的配置

因为在不同工业生产线之间不能出现数据交换的情况，所以在不同生产线之间需要设置几个不同的 VLAN 来满足这一功能需求。

这里将准备两个 VLAN 设置方案，即单个交换机 VLAN 设置以及多个交换机 VLAN设置。

（1）单个交换机 VLAN 配置具体步骤如下：

1）网络构建。利用工业以太网线缆，按照网络结构拓扑图及其端口号将各模块连接。需要注意的是，先将 ES 与 SCALANCE XB208 的 P2 端口连接，是因为当完成子网配置之后就不能再正常使用已经配置过的几个端口。这里交换机端口除了 P1、P4、P5 和 P8四个需要划分 VLAN 外，其他端口都默认属于 VLAN 1。

2）配置 SCALANCE XB208、两个 ES 以及两个工艺单元 PLC 的 IP 地址。

3）首先对交换机 SCALANCE XB208 进行 VLAN 配置。进入其 Web 管理页面，在

Layer2 菜单中选择 VLAN 选项,进入 VLAN 配置界面,如图 7-35 所示。

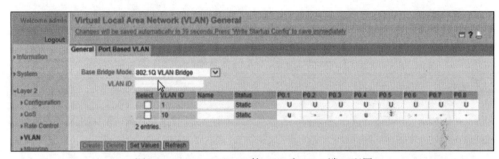

图 7-35 SCALANCE XB208 VLAN 配置初始界面

4）配置 VLAN 时要选择"802.1Q VLAN Bridge",并点击"Set Values"按钮,接着需要创建 VLAN 10,然后点击"Create"按钮,即在表格中添加"VLAN ID"为 10 的行。在 VLAN ID=10 的行中,在"P0.1"和"P0.4"标题栏下双击,在弹出的列表中选择"U",点击"Set Values"按钮,如图 7-36 所示。

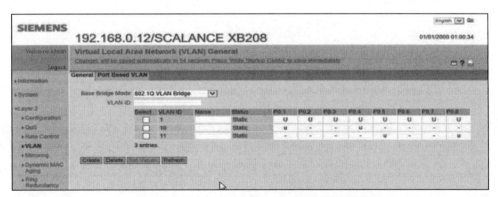

图 7-36 VLAN ID=10 的 P1.0 和 P0.4 端口配置

在完成 VLAN 10 的配置后,按照相同的步骤设置 VLAN 11,具体结果如图 7-37 所示。

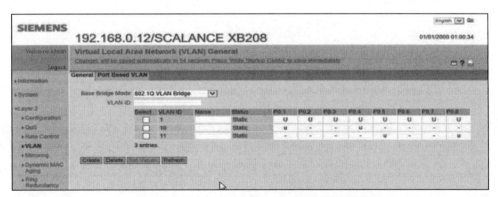

图 7-37 VLAN ID=11 的 P0.5 和 P0.8 端口配置

5）在 Web 界面对 SCALANCE XB208 进行 VLAN 配置。在 Port Based VLAN 标签

页下找到"P0.1"行，在该行的 Port VID 下，在弹出的列表中选择 VLAN 10，即 SCALANCE XB208 的 P0.1 端口分配为 VLAN 10。同理，按照相同的设置步骤将端口 P0.4 设置为 VLAN 10；端口 P0.5、P0.8 设置为 VLAN 11，最后点击"Set Values"按钮，如图 7-38 所示。配置成功后的 VLAN 界面如图 7-39 所示。

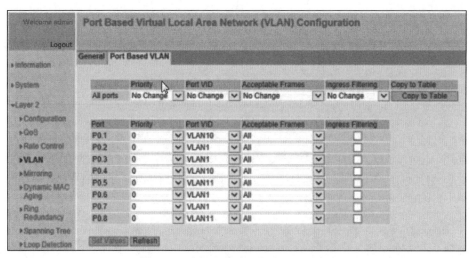

图 7-38　为相应的端口指定 VLAN ID

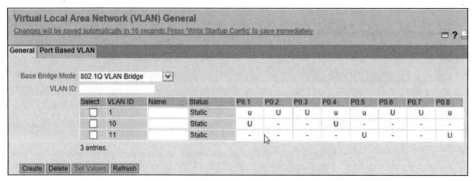

图 7-39　配置成功后的 VLAN 界面

（2）多个交换机 VLAN 配置具体步骤如下：

1）网络构建。利用工业以太网线缆，按照网络结构拓扑图及其端口号将各模块连接。需要注意的是，先将控制中心的 ES 与 SCALANCE XB208 的 P2 端口连接，是因为之后的子网划分会占用几个端口，这些端口不能进行正常工作。这里控制中心的交换机端口除了 P1、P5 两个需要划分 VLAN 和 P4 端口设置为中继模式外，其他端口都默认属于 VLAN 1。同理，连接工艺单元的 SCALANCE XB208 也需要注意对应的端口。

2）配置两个 SCALANCE XB208、两个 ES 以及两个工艺单元 PLC 的 IP 地址。

3）为控制中心的交换机 SCALANCE XB208 配置 VLAN。按照前述步骤配置对应端口的 VLAN，将端口 P0.1 设置为属于 VLAN 10，将端口 P0.5 设置为属于 VLAN 11，配置成功后的 VLAN 界面如图 7-40 所示。

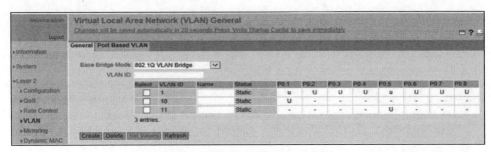

图 7-40　配置成功后的 VLAN 界面 1

4）将存在于控制中心的交换机 SCALANCE XB208 设置为 Trunk 模式。在"General"标签页下的 VLAN ID=10 行中，在"P0.4"栏的下拉菜单中选择"M"，最后点击"Set Values"按钮，如图 7-41 所示。

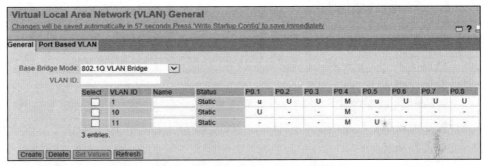

图 7-41　配置成功后的 VLAN 界面 2

5）为工艺单元的交换机 SCALANCE XB208 配置 VLAN。配置方法与控制中心的交换机 SCALANCE XB208 的类似，配置成功后的 VLAN 界面如图 7-42 所示。

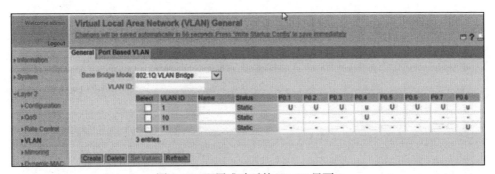

图 7-42　配置成功后的 VLAN 界面 3

6）将工艺单元的交换机 SCALANCE XB208 设置 Trunk 模式。给 P0.5 端口设置 Trunk，设置方法与控制中心交换机 SCALANCE XB208 的类似，配置成功后的 VLAN

界面如图 7-43 所示。

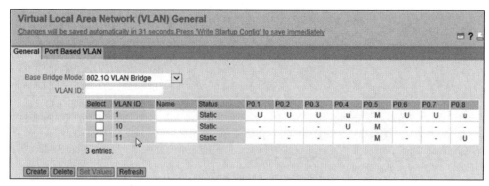

图 7-43　配置成功后的 VLAN 界面 4

7.3　工业以太网系统功能验证与调试实例

7.3.1　基本链路通信验证

1. 有线链路验证

对有线链路进行的基本测试，主要是采用在两台 PLC 中进行数据交换的方式进行测试。具体测试过程如下：

（1）将两台 PLC 配置成一个工业以太网 IO 系统。在博途软件中对 IO 控制器与 IO 设备进行编译和程序下载。同时，在 IO 控制器的"监控表_1"和 IO 设备的"监控表_1"中选择在线监控模式。

（2）在 IO 控制器的"监控表_1"中，"在 Tag_1"行的修改值处点击右键，选择"修改为 1"，这样就可以在通信正常的情况下，将 IO 控制器中 Q2 地址内的数据传输到 IO 设备中地址为 I2 的变量内，如图 7-44 所示；监视值将变为与修改值一样的数值，如图 7-45 所示。

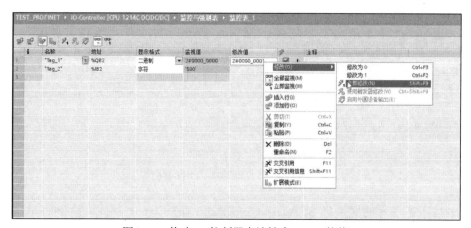

图 7-44　修改 IO 控制器中地址为 %QB2 的值

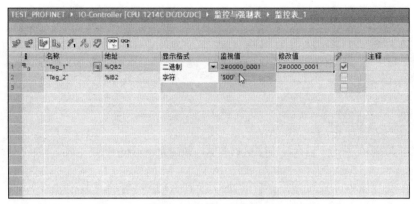

图 7-45　修改 IO 控制器中地址为%QB2 的值

（3）在变量表内完成设置后，把页面切换到 IO 设备的"监控表_1"，就可以很明显地看到数据已经实现了交换，如图 7-46 所示。

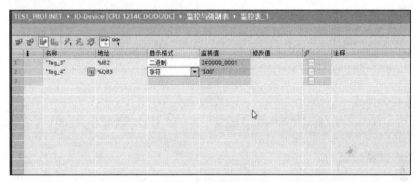

图 7-46　IO 设备地址为%IB2 的变量收到来自 IO 控制器%QB2 的值

（4）在 IO 设备的"监控表_1"中，"在 Tag_4"行的修改值处将修改值设置为 K，点击右键，在弹出的菜单中选择"立即修改"，将 IO 设备中地址 Q3 内的数据传输到 IO 控制器内地址为 I2 的变量内，如图 7-47 所示；监视值将变为与修改值一样的数值，如图 7-48 所示。

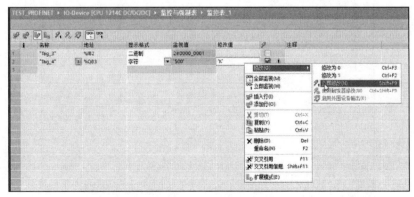

图 7-47　修改 IO 设备中地址为%QB3 的值

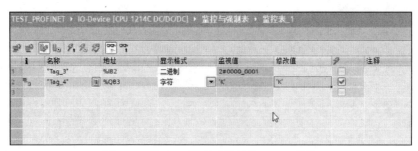

图 7-48　修改 IO 设备中地址为%QB3 的值

（5）在变量表内完成设置后，把页面切换到 IO 控制器的"监控表_1"，就可以很明显地看到数据已经实现了交换，如图 7-49 所示。

图 7-49　IO 控制器地址为%IB2 的变量收到来自 IO 设备地址为%QB3 变量的值

2．无线链路验证

对无线链路进行的基本测试，主要是采用对无线信号的质量进行检测以及 Ping IP 的方式进行测试。具体测试过程如下：

（1）将所需设备在 PST 或博途软件中配置好 IP 地址等网络数据，如图 7-50 所示。

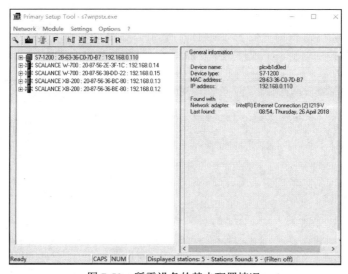

图 7-50　所需设备的基本配置情况

（2）将设备按照网络拓扑结构图进行连接，搭建网络。网络拓扑结构图和网络拓扑结构实物图分别如图 7-51 和图 7-52 所示。

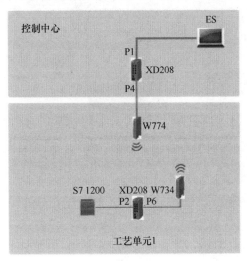

图 7-51　网络拓扑结构图

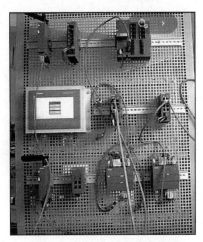

图 7-52　网络拓扑结构实物图

（3）从上位机 ES 对 PLC 进行 Ping IP 操作，通信测试结果如图 7-53 所示。

（4）在设备进行组网之后，进入 Web 管理界面查看对无线 AP 与无线模块之间信号质量的检测效果，如图 7-54 所示。

图 7-53　通信测试结果

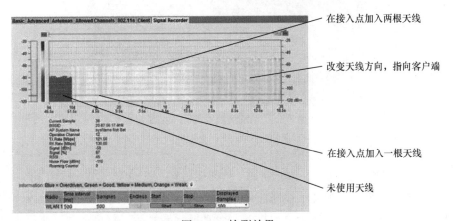

图 7-54　检测效果

185

7.3.2 冗余网络验证

对冗余网络进行的基本测试，主要是采用 Ping IP 的方式对单环冗余通信进行测试。

1. 正常通信

正常情况下，从 S7 1200（A）到上位机的信息传输路径如图 7-55 所示。

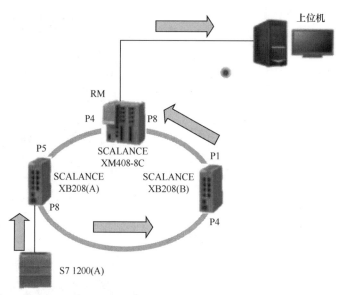

图 7-55 正常情况下从 S7 1200（A）到上位机的信息传输路径

在上位机"命令提示符"环境中输入命令"ping - t 192.168.0.41"，结果如图 7-56 所示。由上位机发送的报文，能够通过环网转发到 S7 1200 中。

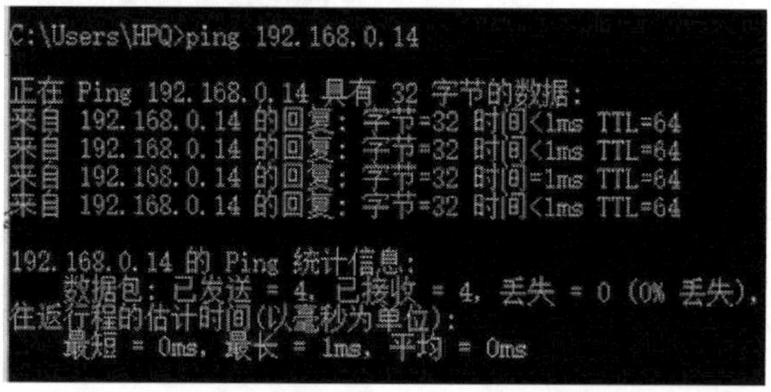

图 7-56 正常情况下的测试结果

2. 冗余通信

（1）在测试环网冗余功能是否正常时，只需要将插入冗余交换机 P8 端口的以太网线拔掉，用来模拟环型网络中通信线路发生故障或损坏的情形。此时，XM408-8C 的 4 端口立刻变为快闪状态，说明冗余交换机的冗余功能已经激活，整个环型网络处在环网冗余的工作状态之下。同时，RM 指示灯变为快闪，提示网络结构已经改变，网络中已经有地方出现故障。网络重构后从 S7 1200（A）到上位机的信息传输路径如图 7-57 所示。

186

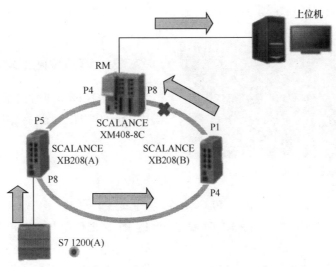

图 7-57　网络重构后从 S7 1200（A）到上位机的信息传输路径

（2）进行环网通信故障测试，结果如图 7-58 所示。由上位机发送的报文，能够通过
环网转发到 S7 1200 中。

（3）修复环网冗余通信故障。可以把从
冗余交换机的 P8 端口断开的网线重新接
上，此时冗余交换机的 P8 端口指示灯立刻
恢复为快闪状态，P4 端口立刻恢复为慢闪
状态，同时 RM 指示灯变为常亮，说明在冗
余环网中的故障已经修复。网络故障恢复后
从 S7 1200（A）到上位机的信息传输路径如
图 7-59 所示。

图 7-58　环网通信故障测试结果

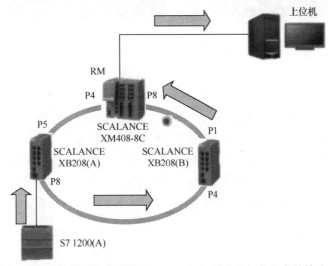

图 7-59　网络故障恢复后从 S7 1200（A）到上位机的信息传输路径

（4）进行环网通信故障恢复测试，结果如图 7-60 所示。由上位机发送的报文，能够通过环网转发到 S7 1200 中。

图 7-60　环网通信故障恢复测试结果

7.3.3　VLAN 网络验证

对 VLAN 网络进行的基本测试，主要是采用 Ping IP 的方式进行测试。具体测试过程如下：

（1）将所需要的设备用以太网线按照网络拓扑结构图进行连接，然后在"命令提示符"中进行 Ping IP 的操作（ES 和 PLC 设备），测试结果如图 7-61 所示。

（2）ES 接入控制中心 SCALANCE XB208 的 P1 端口仅能与工艺单元 1 中 S7 1200 进行通信，不能与工艺单元 2 中 S7 1200 进行通信；ES 接入控制中心 SCALANCE XB208 的 P5 端口仅能与工艺单元 2 中 S7 1200 进行通信，不能与工艺单元 1 中 S7 1200 进行通信；ES 接入控制中心 SCALANCE XB208 的其他端口不能与所有 S7 1200 进行通信。测试结果如图 7-62 所示。

图 7-61　测试结果 1

图 7-62　测试结果 2

小　　结

本章以西门子 PROFINET 为基础，设计了一个工业以太网测控系统实例。PROFINET 将控制器、现场设备、人机界面以及更多网络装置、管理系统等独立单元有机地整合为一个整体，从而实现提高工业现场生产效率等目标。西门子工业以太网还可以支持现场总线技术和其他所有的工业以太网，是一种能力强大、技术相对成熟的网络。同时，在工业现场广泛应用的 AGV 也是一种高效率、高性能的工业现场底层设备。

第8章 现场总线测控系统开发实例

随随着现场总线技术的发展,开放型的工厂底层测控网络构造了新一代的网络集成式全分布测控系统,即现场总线测控系统。作为新一代控制系统,现场总线测控系统采用了基于开放式、标准化的通信技术,突破了集散测控系统采用专用通信网络的局限;同时,进一步变革了集散测控系统中"集散"的系统结构,形成了全分布式系统架构,把控制功能彻底下放到现场。

8.1 基于 LonWorks 网络的智能楼宇控制系统设计

8.1.1 控制系统简介

在智能建筑的组成结构中,楼宇设备自动化系统(building automation system,BAS)是智能建筑存在的基础。

BAS 又称智能楼宇控制系统,其主要作用是采用中心监控室的计算机对整个高层建筑物内多而分散的建筑设备实行测量、监视和自动控制。它能对楼宇内众多的暖通、空调、供配电、照明、给排水、消防、电梯、停车场中大量的机电设备进行有条不紊的综合协调,科学地运行管理及维护保养工作;它能为所有机电设备提供安全、可靠、节能、长期运行、可信赖的保证,能实现供配电系统、空调系统、给排水系统、电梯系统等之间的信息互通,从而节省整个楼宇内部设备运行的人力、物力能源;管理者还能在主控室内随时掌握设备的状态及运行情况、能量的消耗及各种参数的变化情况,并满足管理者的需要。

供配电系统是智能建筑的心脏,是高层建筑物的动力系统。近年来,智能建筑在国内外不断兴建,成为现代化城市的重要标志。各种先进技术与智能化设备的不断应用和发展,给智能建筑供配电提出了许多新的要求,供配电的可靠性、安全性被摆到了更重要的位置,同时也给建筑电气的设计技术提出了新的研究课题。

与一般建筑相比,智能建筑对电气设备的要求有所不同,有其自身的特点,具体表现如下:①用电设备多;②用电量大;③供电可靠性要求高;④电气系统复杂;⑤电气线路多;⑥电气用房多;⑦自动化程度高。

现代建筑中的照明系统不仅要求能为人们的工作、学习、生活提供良好的视觉条件,而且要能利用灯具造型和光色协调营造出具有一定风格和美感的室内环境,以满足人们的心理和生理要求。然而,一个真正设计合理的现代照明系统,除能满足以上条件外,还必须做到充分利用和节约能源。随着现代办公大楼的巨型化,人们工作时间的弹性化,人类物质文化的多样化和人口的老龄化，需要营造快乐、便捷、安全、高效的照明环境和气氛，从而促使照明控制系统向高效节能和智能化的方向发展。

作为智能楼宇重要组成部分的照明系统，照明控制技术面临革命性的变革，具体呈现出三大趋势：第一，电子化，即电子元器件替代传统的机械式开关；第二，网络化，即网络通信技术成为智能照明系统的技术平台；第三，集成化，即系统集成技术平台使照明、安防、上网成为一个整体解决方案。

"THPGP-1A 型楼宇供配电及照明系统综合实训装置"满足了智能建筑供配电和照明系统的基本要求，它是一种模拟智能建筑中现场供配电系统线路结构以及照明控制系统的实训装置。一次系统包括楼宇供配电部分、楼层照明配电线路和照明场景模拟部分；控制系统包括备自投控制、无功补偿控制、双电源供电负荷运行线路控制和照明系统综合控制。同时，配备"THPGP-1A 型上位机软件"，可实现远程监控供配电和照明系统，还方便组建楼宇自动控制系统。

8.1.2　系统硬件组态

控制系统硬件包括电源控制、楼宇供配电、楼宇照明、系统控制 4 个部分。

1. 电源控制部分

电源控制部分由以下两个部分组成：

（1）进线电源。在控制屏左侧有一个三相电源（额定电流 10A，带漏电保护器），控制楼宇供电线路总电流的通断。

（2）操作电源。在控制屏左侧有一个单相电源（额定电流 10A，带漏电保护器），控制各电量变送器、直接数字控制器（direct digital controller，DDC）以及二次部分控制回路电源。

2. 楼宇供配电部分

各路高压电源进线采用市电 400V 来模拟，进线方式：两路外部电源进线，并配有自备电源系统；出线母线方式：单母分段。

配电母线为单母分段形式，楼宇负荷以建筑设备系统来区分，包括照明系统、动力系统、空调系统、给排水系统、消防与安全防范系统、通信及有线电视系统、电梯系统 7 个部分，其中照明系统包括正常照明系统和应急照明系统两部分。根据各负荷的供电要求以及负荷类型特点，负荷线路设置如图 8-1 所示。

断路器的分、合闸通过操作 QF1～QF4 选择开关（带自复位功能）实现，旋至合闸，红灯亮，线路接通；旋至分闸，绿灯亮，线路断开。

通过母线下方的电压表可监测 1、2 号母线电压，调节电压表下方的选择开关，可实现线电压显示值和相电压显示值之间的切换。

线路通断采用 ABB 公司的微型断路器控制。该设备主要特点是：在主通断触点左边增加了两个辅助单元，即分励脱扣器（～220V 动作跳闸脱扣）和辅助触点（1NC、1NO），前者用于消防联动时跳开非重要负荷，后者用于上位机监测断路器分、合闸状态。

每一负荷回路上都有一个光字牌指示器，当该回路断路器合闸，并且线路上有电，则该光字牌亮。

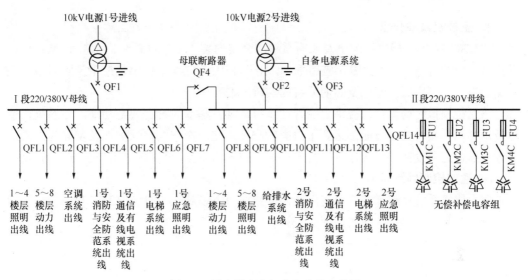

图 8-1　楼宇供配电部分负荷线路设置

3. 楼宇照明控制部分

楼宇照明控制部分由楼层配电线路以及照明场景控制开关组成，楼层照明配电模拟典型楼层配电形式，照明控制开关包括以下几类：

（1）传统照明控制方式。手动开关组件（单路开关、双路开关）和手动调节组件（调光开关）。

（2）智能照明控制方式。触摸延时开关、人体感应开关、声控延时开关、遥控开关、THPIL-1 智能调光控制器。

（3）自动照明控制方式。上位机远程控制各楼层配电箱以及公共照明的通断，下位机采用 DDC。

4. 系统控制部分

（1）无功补偿控制。在实训屏正下方，装有 JKL5CF 智能无功补偿装置，通过选择开关切换，可选择两种补偿方式，即微机自动补偿和手动补偿。

（2）应急照明双电源自动切换接线区。根据楼宇负荷等级要求，以下四类负荷需要双电源供电（即从两条母线取电）：消防与安全防范系统、通信及有线电视系统、电梯系统和应急照明系统。在某一时刻，在配电母线始端有两路电源给这几类负荷供电，负荷端则需要选择从某一路电源用电，因此需要设置双电源切换控制线路。在该装置上，应急照明末端取电线路只有完成接线，才能完成自动切换控制；其他几类内部负荷，内部接线已经完成，可完成自动切换控制，即哪路电源先得电，就从该路电源取电。

（3）运行线路故障设置。按下短路设置按钮，模拟线路对应点发生故障时，保护组件动作。

8.1.3 系统软件组态

1. 上位机系统介绍

"THBCGZ-2 型楼宇供配电及照明系统综合实训装置上位机系统"是基于 Windows 操作系统的综合自动化、集成化应用平台，用于 THBCGZ-2 型楼宇供配电及照明系统综合实训装置，可完成供配电及照明系统的实时监控。

该系统模拟现场运行的楼宇自控管理系统，具备基本的 SCADA 功能。该系统在整体技术指标、实时性等方面都达到了较高的程度，在易操作性、保护性及友好的人机接口等方面也充分发挥了现代计算机技术和通信技术的特点，可以满足用户多方面的需求。

2. 通信控制网络组态

在上位机系统控制屏右侧设有两个通信接口，即 Modbus RTU 通信接口和 LonWorks 通信接口。整个通信控制网络如图 8-2 所示。

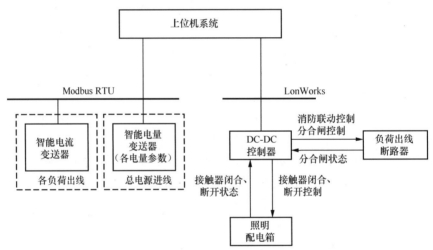

图 8-2　整个通信控制网络

3. 安装运行软件

（1）打开安装光盘，运行"安装工程"文件夹中"THBCGZ-2 上位机软件（V2.1）"文件夹中的安装程序"setup"，如图 8-3 所示；出现如图 8-4 所示的安装界面，选择对应选项，点击"开始"，安装软件。

图 8-3　安装程序图标

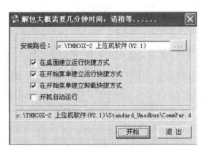

图 8-4　安装界面

（2）安装过程中会出现"深思III驱动安装向导"，如图 8-5 所示；选择"安装驱动程序"，点击"下一步"，出现如图 8-6 所示的界面；点击"下一步"，出现如图 8-7 所示的界面，点击"完成"。

图 8-5　选择安装参数

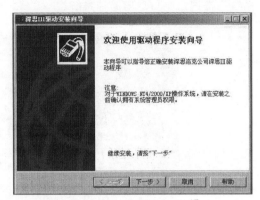

图 8-6　安装向导

图 8-7　安装过程

（3）"THBCGZ-2 上位机软件（V2.1）"安装完成后出现如图 8-8 所示的界面，点击"确定"，完成安装。

（4）在桌面上出现如图 8-9 所示的图标，双击图标可进入"THBCGZ-2 上位机软件（V2.1）"运行系统。

图 8-8　安装完成

图 8-9　THBCGZ-2 上位机软件（V2.1）快捷图标

4．操作窗口功能介绍

（1）初始登录窗口。运行工程项目后，第一个窗口即为软件登录窗口，如图 8-10 所示。点击"进入系统"按钮，进入监控系统，开始信息的下发和上传工作。点击"退出系统"按钮，则可退出监控系统。

图 8-10　初始登录窗口

（2）系统选择窗口。在该窗口中，可选择进入"供配电系统"或"照明系统"，完成不同监控任务，如图 8-11 所示。

图 8-11　系统选择窗口

（3）供配电监控管理系统主功能窗口。在该窗口中，显示监控系统的各功能模块，通过点击对应按钮，可进入各子窗口，如图 8-12 所示。

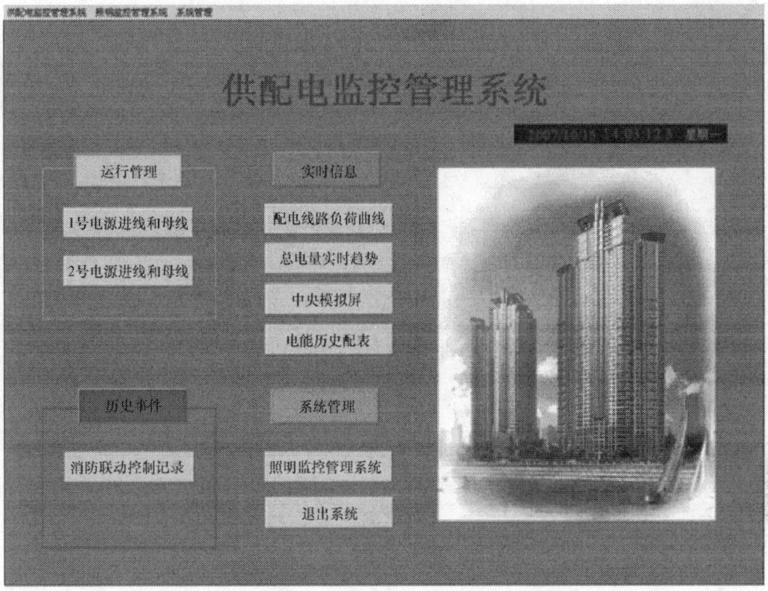

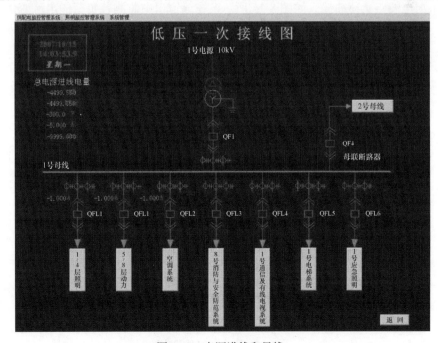

图 8-12 供配电监控管理系统主功能窗口

（4）运行管理窗口。运行管理窗口包括以下两部分：

1）电源进线和母线。如图 8-13 所示，在该窗口中监测总进线电源的各电量；电压、电流、功率等参数；各负荷线路的电流以及各断路器的通、断。点击"2 号母线"可进入"2 号电源进线和母线"窗口。当各负荷线路对应断路器闭合时，负荷由灰色变成红色。

图 8-13 电源进线和母线

2）电源进线和母线。如图 8-14 所示，在该窗口中实现的功能与"1 号电源进线和母线"基本相同，点击"1 号母线"可进入"1 号电源进线和母线"窗口。

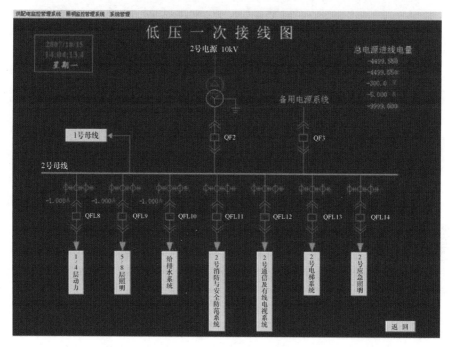

图 8-14　电源进线和母线

（5）实时信息窗口。实时信息窗口包括以下几部分：

1）配电线路负荷曲线。如图 8-15 所示，在该窗口中监测各负荷的电流变化情况。

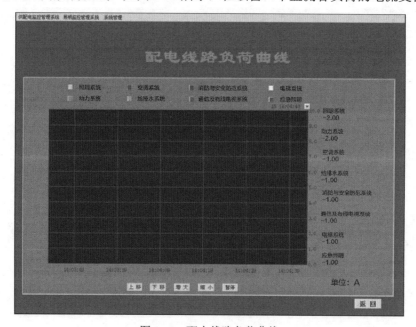

图 8-15　配电线路负荷曲线

2）总电量实时趋势。如图 8-16 所示，在该窗口中监测总电源进线各电量的实时趋势。

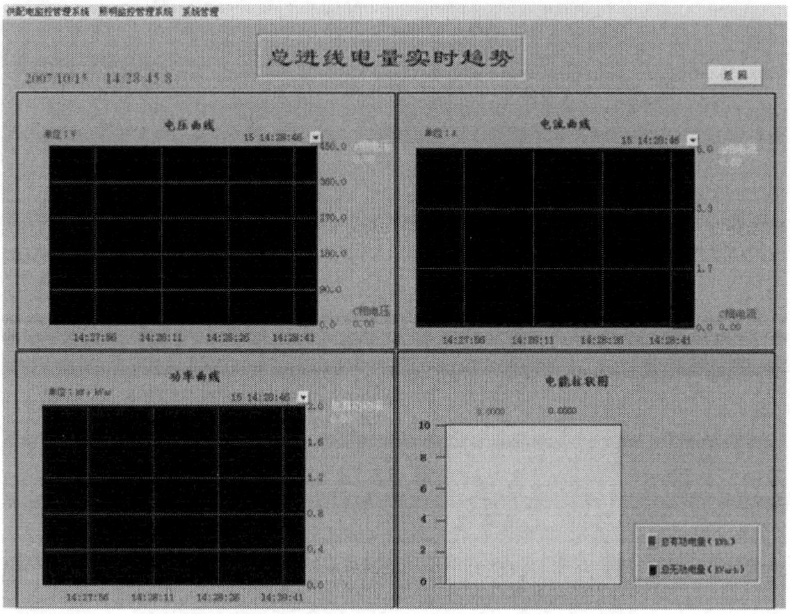

图 8-16　总电量实时趋势

3）中央模拟屏。如图 8-17 所示，中央模拟屏包括电源进线、低压 1 号母线和低压 2 号母线三部分。该窗口中动态反映各电量的变化情况。

图 8-17　中央模拟屏

4）电能历史报表。如图 8-18 所示，在该窗口中以报表的形式完成电能的统计和历史记录。

图 8-18   电能历史报表

（6）历史事件窗口。如图 8-19 所示，在该窗口中显示消防联动控制记录，具体含义如下：

图 8-19   消防联动控制记录

1）断路器位置：显示"除消防其他线路"。

2）操作方式：显示"手动或自动"。

3）操作人：显示"消防供配电联动"。

4）操作时间：显示"联动控制时间"。

（7）消防告警提示窗口。当出现消防告警信号时（按下实训台反面的消防告警按钮），在右上角会弹出如图 8-20 所示的按钮。点击该窗口，会出现如图 8-21 所示的窗口。

1）自动：自动跳开非消防电源。

2）手动：手动切除非消防电源。

图 8-20　消防告警按钮

图 8-21　手自动切换

（8）照明系统监控窗口。如图 8-22 所示，在该窗口中可监控以下信息：

图 8-22　照明系统监控窗口

1）运行控制：点击各照明线路的开、关按钮，可控制线路通、断。

2）时间表计划任务设置：点击该按钮，出现如图 8-23 所示的窗口，此时可控制各照明线路按计划时间启动和停止。

3）运行线路状态：可监控各照明线路的通、断状态以及卧室照度。

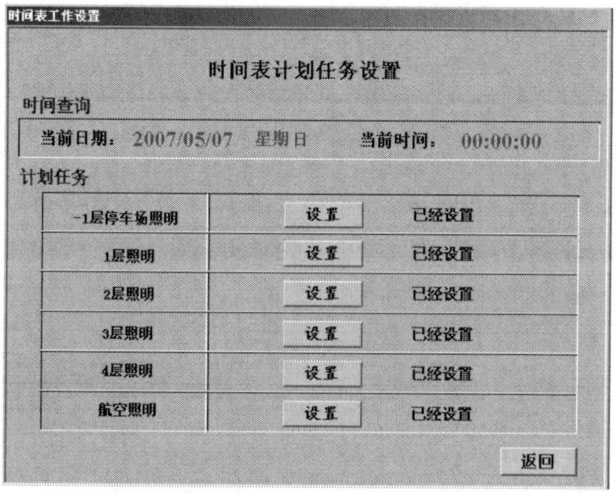

图 8-23 时间表计划任务设置窗口

（9）时间表计划任务设置窗口。如图 8-23 所示，在该窗口中，"时间查询"显示当前时间，在"计划任务"部分可设置各照明线路的运行时间。点击"设置"，出现如图 8-24 所示的窗口，设定"开时间"和"关时间"，点击"确定"，颜色变灰（不可选状态），说明设置成功；如果设置时间不对，则会有相应提示。设置时间完成后，在图 8-23 中"未设置"会变为"已经设置"。

（10）系统管理窗口。在供配电监控管理系统主功能窗口点击"退出系统"，弹出如图 8-25 所示的对话框。点击"确定"，退出工程运行；点击"取消"，返回"供配电监控管理系统"窗口。

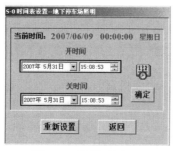

图 8-24 设置时间

图 8-25 退出工程

8.2 基于 CAN 总线的电动汽车充电装置智能测试系统设计

8.2.1 工作原理

该系统由工业控制计算机、程控负载、嵌入式电能测量模块和相关通信接口组成，用于模拟电动汽车的电池管理系统（battery management system，BMS）。工业控制计算机是系统的控制核心，所用型号为研华 PC-610；程控负载是测试系统的关键设备，由继电器控制卡、程控切换多路功率电阻组合而成，电阻采用功率负载为 500W 的铝壳石英电阻；电压测量单元采用 HKD-4-U 型直流电压变送器，测量范围为直流 0～1000V，输出信号为 4～20mA；电流监测单元采用 HKD-4-Ⅰ型直流电流变送器，测量范围为直流 0～100A，输出信号为 4～20mA；数据采集单元采用型号为 DAM-3058R、8 通道 4～20mA 的数据采集模块，数据输出接口为 RS-485；CAN 通信分析模块采用 CANalyst-Ⅱ型分析仪，与上位机的通信接口为 USB 接口。在测试过程中，测控程序根据动力电池初始荷电状态、充电参数、充电时长等参数以及电池温升等模型来模拟单体动力电池电压信号、电流信号、容量信号、温度信号、动力电池组总电压信号、动力电池组温度信号；通过与充电桩的实时交互来动态调节充电参数，以全面测试电动汽车充电装置的通信规约可靠性及充电安全性。

8.2.2　系统功能和硬件结构设计

为高效准确地检测电动汽车充电装置的各项技术参数，确保电动汽车在商用电网条件下充电过程的兼容性、安全性和计量准确性，需要对直流充电桩的特性参数进行检测。由于电动汽车动力电池电压等级高、容量大，使用电动汽车动力电池作为实际充电负载将会导致测试时间过长、测试效率低下，因此研发 BMS 虚拟仿真系统来替代电动汽车动力电池，以满足对充电桩的测试需求。

BMS 虚拟仿真系统的结构框图如图 8-26 所示，系统由工业控制计算机、CAN 通信分析模块、电压变送器、电流变送器、多通道数据采集卡、继电器控制卡、程控负载和各类通信总线和控制总线组成。其中，工业控制计算机是 BMS 虚拟仿真系统的测控核心，负责协调各部分的数据通信、逻辑控制、负载调节、信号采集和状态显示。充电桩及 BMS 虚拟仿真系统实物图如图 8-27 所示。

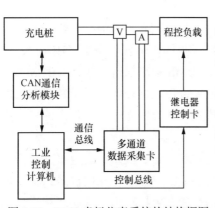

图 8-26　BMS 虚拟仿真系统的结构框图

图 8-27　充电桩及 BMS 虚拟仿真系统实物图

8.2.3　系统软件设计

1．软件功能需求分析

在电动汽车行业的发展过程中，高功率铅酸电池、镉镍电池、镍氢电池、锂离子电池等新型动力电池被广泛应用，各型电池的充电特性各不相同，因此要求商用直流充电桩具备广泛的适应性。鉴于硬件接口和通信协议的规范化需求，中国颁布了 GB/T 20234《电动汽车传导充电用连接装置》和 GB/T 27930《电动汽车非车载传导式充电机与电池管理系统之间的通信协议》等标准。在上述标准协议的约束下，各充电桩制造企业已开始了接口和协议的标准化工作，但由于对协议的理解和执行上的偏差，各企业所生产的直流充电桩仍然存在某些协议兼容问题。为了确保动力电池的充电效能和充电安全，亟须对直流充电桩的通信规约展开全面测试。

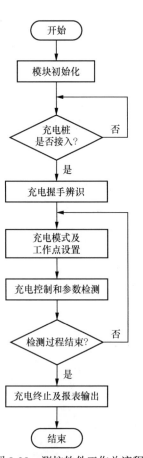

图 8-28　测控软件工作总流程

检测系统测控软件是整个电动汽车直流充电桩测试系统可靠工作的基础，负责在整个测试过程中模拟 BMS 与待测充电装置之间的实时通信交互操作和电参数检测。应综合 GB/T 27930 和电参数检测需求设计测控软件。按模块化结构进行程序设计，分别完成充电握手、参数配置、负载功率控制、参数显示、报表输出和异常状态处理。经现场试运行后再次进行软件优化和完善。测控软件工作总流程如图 8-28 所示。

（1）软件启动后首先完成模块初始化，包括 USB 转 RS-485 映射串口的参数的配置、数据采集单元 DAM-3058R 设备和通道的枚举、CANalyst-Ⅱ 设备的初始化及通道的枚举、CAN 数据帧结构体的初始化。

（2）模块初始化完成后，测控软件等待直流充电桩的接入，接入标志为检测系统接收到待测充电桩发送的充电桩握手报文（CHM）。

（3）检测系统将进入与待测充电桩的握手辨识阶段，交互报文包括检测系统模拟的车辆握手报文（BHM）、充电桩辨识报文（CRM）、BMS 和车辆辨识报文（BRM）。

（4）握手辨识阶段完成后，由操作人员设置充电桩的恒压充电或恒流充电模式，并设定充电桩工作点的充电电压或充电电流。

（5）测控系统采集上述设定信息，对充电桩的充电参数进行配置，交互报文包括动力蓄电池充电参数报文（BCP）、充电桩时间同步信息报文（CTS）、充电桩最大输出能力报文（CML）、电池充电准备就绪状态报文（BRO）和充电桩输出准备就绪状态报文（CRO）。

（6）充电桩将在检测系统的交互控制下按协议设定输出对应的充电电压和充电电

流，交互报文包括电池充电需求报文（BCL）、电池充电总状态报文（BCS）、充电桩充
电状态报文（CCS）、动力蓄电池状态信息报文（BSM）。

（7）充电输出稳定后即可通过电压、电流测量单元完成该工作点电参数的检测。

（8）改变工作点或充电模式继续进行电参数检测直至完成所有检测。

2. 数据采集单元设计

数据采集单元为 DAM-3058R，输入信号为 8 通道 4～20mA 的电流信号，满足直流
电压变送器和直流电流变送器的信号类型需求；采集卡数据输出接口为 RS-485。在充电
控制和参数检测阶段，测控程序除完成与充电桩的实时交互控制外，还需要完成充电桩
输出电压或输出电流的实时采集、标度变换与测量结果的输出，所需应用程序接口函数
集成在厂商提供的 DLL 内，主要程序代码如下：

```
Private Sub MCC_Read()
    Dim Chan As Long
    Dim DataValue As Integer
    Dim EngUnits As Single
    //选择通道 0
    Chan=0
    //读取采集数据结果
    ULStat=cbAIn(BoardNum,
                 Chan,
                 CBRange,
                 DataValue)
    If ULStat <> 0 Then Stop
    //标度变换
    ULStat=cbToEngUnits(BoardNum,
                        CBRange,
                        DataValue,
                        EngUnits)
    If ULStat <> 0 Then Stop
    //显示充电桩输出电压测量值
    Text3.Text = Format$(EngUnits!, "0.000")
    //选择通道 1
    Chan = 1
    //读取采集数据结果
    ULStat = cbAIn(BoardNum,
                   Chan,
                   CBRange,
                   DataValue)
    If ULStat <> 0 Then Stop
    //标度变换
    ULStat = cbToEngUnits(BoardNum,
                          CBRange,
                          DataValue,
                          EngUnits)
```

```
If ULStat <> 0 Then Stop
//显示充电桩输出电流测量值
Text4.Text = Format$(EngUnits!, "0.000")   End Sub
```

相关主要函数说明如下：

（1）数据采集函数：cbAIn(BoardNum, Chan, CBRange, DataValue)。该函数的功能是采集 BoardNum 号采集单元的第 Chan 通道，按 CBRange 确定内部增益，DataValue 为返回值。

（2）标度变换函数：cbToEngUnits(BoardNum, CBRange, DataValue, EngUnits)。该函数的功能是将 cbAIn 函数所采集的数据在 CBRange 范围内转换成具体的物理数值并返回。

3. 充电装置交互通信测试单元设计

实际中，充电桩是由 BMS 在充电过程中启动和控制的，因此整个充电装置交互通信测试单元设计是对该过程在各种条件下的仿真，以评估通信协议的准确性和可靠性。该测试涵盖了整个充电过程，包括充电引导、充电参数配置、充电控制、充电终止四个阶段，也会检测到一些充电异常。

（1）充电引导。测试硬件连接后，由充电桩首先发送 CHM 报文，该报文仅包括通信协议版本信息；测试系统收到 CHM 报文后，向充电桩发送 BHM 报文，该报文仅包括最高允许充电总电压；上述握手阶段完成后，进入辨识阶段，充电桩向测试系统发送 CRM 报文，该报文包含辨识状态、充电桩编号和充电桩所在区域编码，如果 CRM 数据为十六进制格式的 0X00，则测试系统将一直发送 BRM 报文，直到 CRM 变成 0XAA。当充电引导过程完成后，系统记录并输出状态信息。在该过程中，如果测试系统没有收到反馈报文 CHM 或 CRM，则进行相应的超时处理，并记录、输出错误消息。整个充电引导流程如图 8-29 所示。

（2）充电参数配置。测试系统首先发送 BCP 报文，充电桩返回 CTS 报文、CML 报文；待充电桩配置完成后，测试系统发送 BRO 报文，充电桩返回 CRO 报文，准备进入充电状态。与充电引导过程类似，若该过程中没有收到相应的反馈报文 CTS、CML 或者 CRO，则进行超时处理，记录并输出错误消息。整个充电参数配置流程如图 8-30 所示。

（3）充电控制。测试系统首先发送 BCL 报文，包含电压需求、电流需求和充电模式 3 个子项，充电桩根据需求和充电模式设置其输出电压或电流参数；充电桩进入正常充电状态后，应向测试系统发送 CCS 报文，包含当前电压输出值、当前电流输出值、累计充电时间和充电允许/暂停状态；在正常充电过程中，测试系统需实时发送 BCS 报文，包含当前充电电压测量值、当前充电电流测量值、最高单体动力蓄电池电压及其组号、当前荷电状态、估算剩余充电时间；对于采用通信规约的测试系统而言，无须配置相关测试装置，电压及电流测量值可以直接采用 CCS 的数据，最高单体动力蓄电池电压及其组号可由软件面板手动设定，用于测试充电桩对异常状态的反应能力；当前荷电状态可由所设定的初始荷电状态与充电电流对充电时间的积分之和获得，剩余充电时间则可由设定的蓄电池总容量与当前荷电状态差值与当前充电电流的比值近似获得。

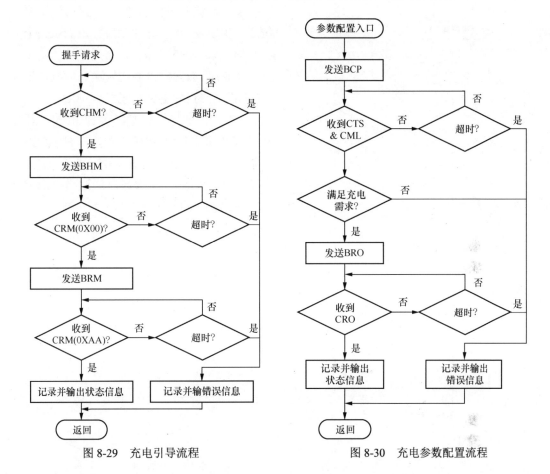

图 8-29　充电引导流程　　　　　　　图 8-30　充电参数配置流程

除 BCS 报文之外，测试系统还应当适时发送 BSM 报文以及单体动力蓄电池电压报文（BMV）和单体动力蓄电池温度报文（BMT）。其中，BSM 报文是不可缺省的，其包含最高单体动力蓄电池电压所在编号、最高动力蓄电池温度、最高温度检测点编号、最低动力电池温度、最低动力蓄电池温度检测点编号、单体动力蓄电池电压状态、整车动力蓄电池荷电状态、动力蓄电池充电过电流状态、动力蓄电池温度过高状态、动力蓄电池绝缘状态、动力蓄电池输出连接器连接状态和充电允许信息。

若该过程中没有收到相应的反馈报文，则进行超时处理，记录并输出错误消息。

整个充电控制流程如图 8-31 所示。

（4）充电终止。测试完成后，测试系统发送中止充电报文（BST），充电桩发送中止确认报文（CST）；测试系统发送统计数据报文（BSD），充电桩将返回包含累计充电时间和充电功率的统计数据报文（CSD）。整个充电终止流程如图 8-32 所示。

（5）充电异常。测试系统在测试过程中，检测到异常时发送 BMS 及车辆错误（BEM）报文，直到测试系统接收到 CRM 报文。充电桩侧的异常状态包括 CRM 报文超时、CTS 报文超时、CML 报文超时、CCS 报文超时、CST 报文超时、CSD 报文超时等。相关超时检测均基于 CAN 分析模块的时标信息来实现。

除了监测充电桩的通信异常外,测试系统还应主动模拟汽车侧的异常,以测试充电桩对异常状态的响应能力。当充电桩监测到异常状态时,应向测试系统发送充电机错误 CEM 报文,直到测试系统发送 BRM 报文为止。汽车侧的异常状态包括 BRM 报文超时、BCP 报文超时、BRO 报文超时、BCS 报文超时、BCL 报文超时、BST 报文超时、BST 报文超时等。相关超时通过模拟由上位机测试软件的延时来实现。

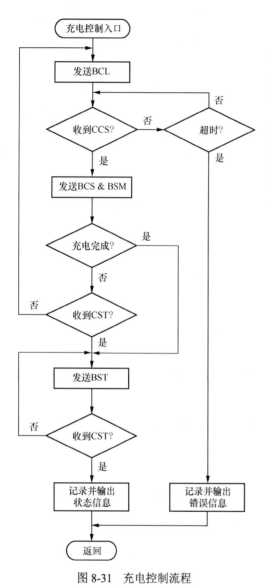

图 8-31　充电控制流程

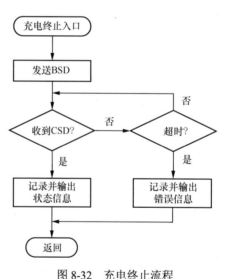

图 8-32　充电终止流程

4. 应用软件界面设计

检测系统测控软件主界面如图 8-33 所示。软件主界面包括"物理接口电气状态""基本信息及设定""充电需求及状态""充电控制及统计""充电桩""通信信息"几个标签页。其中,在"充电需求及状态"标签页中,操作员可以实时调整充电模式、充电电压需求、充电电流需求,以测试充电桩的动态响应和输出电参数的精确度;在"充电控制及统计"标签页中,提供了单体电池电压超限、单体电池温度超限、绝缘故障、连接器故障和人工中止充电等功能模拟测试按钮,用于测试充电桩对各类充电异常情况的响应。

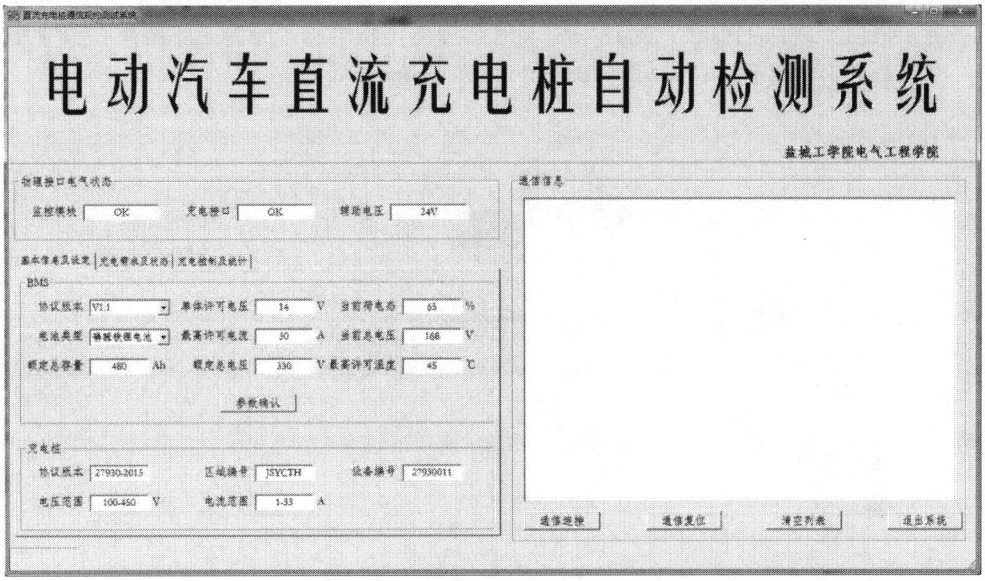

图 8-33　检测系统测控软件主界面

8.3　基于 iCAN 网络的分布式测控系统设计

本节以广州致远电子股份有限公司的 iCAN 教学实验开发平台为例，介绍基于 iCAN 网络的分布式测控系统设计。

8.3.1　iCAN 协议简介

iCAN 协议由广州致远电子股份有限公司开发并具有自主知识产权。iCAN 协议为基于现场总线 CAN 的新型应用层协议之一，具有理解简单、易于实现、实时可靠的特点。

iCAN 协议在充分汲取了 DeviceNet 协议和 CANopen 协议精粹的基础上，优先保障通信数据的可靠性与实时性，以相对简单的方式进行数据通信，从而有效降低了硬件实现成本，这是 iCAN 协议的巨大优势。

iCAN 协议的规范化主要体现在以下关键因素上：①CAN 报文的分配；②数据通信的实现；③网络管理机制；④设备建模。

上述核心技术问题的有效解决，一方面可以保证 iCAN 系统的高通信效率和高数据可靠性，使基于 iCAN 协议的各个 CAN 总线功能设备能够连成一个有机的整体网络；另一方面通过对 iCAN 协议在设备建模方面的规范化，可以实现产品的描述标准化与电子化，同时使 iCAN 协议具有可延续发展空间，以保障联网产品在通信协议方面的一致性。iCAN 协议主要用于中、小型现场总线网络化测控系统。

8.3.2　系统整体组成

基于 iCAN 网络的分布式测控系统采用总线型拓扑结构，分为上下两层，其中上层由上位机监视数据统计，下层通过现场信号监控，如图 8-34 所示。

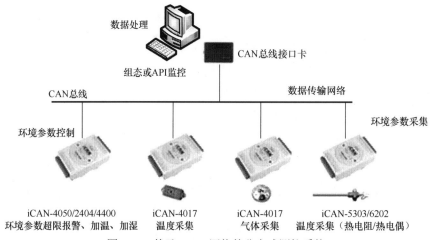

图 8-34　基于 iCAN 网络的分布式测控系统

上层主要由 CAN 总线接口卡和上位机组成。其中，CAN 总线接口卡一端和总线相连，完成和 CAN 总线的通信；另一端和上位机连接，完成和上位机的通信。CAN 总线接口卡的主要功能是将上位机的操作信号和控制参数传送给指定的 CAN 网络节点，同时将网络节点的数据传输给上位机做进一步处理。CAN 总线接口卡集成了 CAN 2.0 通信协议，内置的 SJA1000 CAN 控制器用于完成 PC 与 CAN 现场网络之间的数据通信控制。上位机主要是为操作人员提供友好的监控界面，包括控制参数的设置。上位机控制中心可以对测控平台进行远程实时显示和检测。利用上位机软件与控制模块进行实时通信，将控制模块中的相关数据传输和显示在计算机终端显示器上，方便用户对每个检测信号进行监测。

下层为现场控制层，主要由控制模块和现场传感器组成，完成全部的控制工作。传感器采集到的现场信息被传输到现场控制模块，现场控制模块根据输入的信息和设定的参数进行运算，随即输出控制量控制相关机构进行动作或者反馈到上层监控系统。

8.3.3　系统硬件设计

iCAN 教学实验开发平台由 CANalyst 分析仪、iCAN 功能模块、传感器、运动机构以及现场总线实验板组成。主控系统由 CAN 总线接口卡和 PC 构成，其中 CAN 总线接口卡负责从 CAN 网络中收发数据，PC 与模块之间使用 iCAN 协议进行通信；PC 端的数据处理可以由组态软件实现，也可调用 iCAN 库编程实现。iCAN 功能模块主要包括 iCAN-2404、iCAN-4017、iCAN-4050、iCAN-4400、iCAN-5303 和 iCAN-6202。外部信号检测设备主要包括热电偶、热电阻传感器、接近开关、温湿度传感器、超声传感器、烟雾传感器等。系统硬件框图如图 8-35 所示。

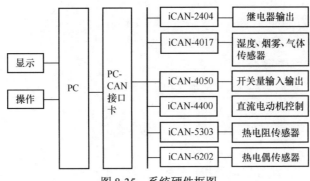

图 8-35　系统硬件框图

1. PC-CAN 接口卡

CANET-E 是广州致远电子股份有限公司开发的一款嵌入式网络适配器，如图 8-36 所示。它的内部集成了 CAN 总线接口、Ethernet 接口和 TCP/IP 协议栈，用户利用它可以轻松完成 CAN 网络和 Ethernet 网络的互联互通，以进一步拓展 CAN 网络的范围。

CANET-E 适配器的上下两端分别是以太网接口和 CAN 接口。

（1）以太网接口。以太网接口一端有两个发光二极管（light emitting diode，LED）和两个 RJ-45 接口。如图 8-36 所示，上方 Status 对应的 LED 显示以太网的网络状态，其中黄绿闪烁表示发送数据到以太网，黄红闪烁表示接收到以太网的数据；Link 对应的 LED 显示以太网网线已经正确连接，其中绿色表示网线已经正确连接，黄绿闪烁表示以太网上接收的数据溢出。两个 RJ-45 接口表示用户可以使用不同的网线（平行线或交叉线）与 CANET-E 适配器相连，只要正确连接，Link 对应的 LED 就会显示绿色。

图 8-36　CANET-E 实物图

（2）CAN 接口。如图 8-36 所示，下方的 CAN 接口有 10 个引出接线柱，实际有用的只有 4 个。其中 CAN_L、CAN_H 的功能很明确，就是连接 CAN 总线；+VS 用来连接外部直流电源的正极；0V 用来连接外部直流电源的地外接电源，电压范围是 9～30V。

Power 灯在空闲状态下每 5 秒绿色亮一下，CAN 有数据接收时绿灯闪烁，CAN 有数据发送时红灯闪烁。

2. iCAN-2404 模块

iCAN-2404 继电器输出模块可用于工业现场，提供继电器输出通道。iCAN-2404 模块有 4 路具有自保持功能的继电器输出通道。iCAN-2404 模块在工作时，iCAN 主站设备通过 I/O 数据通信，将继电器控制数据传送给单片机后，通过光电隔离后输出到驱动继电器。

（1）主要技术指标。iCAN-2404 模块的主要技术指标如下：

1）单电源供电，供电电压：直流+10～+30V。

2）输出通道数：4 路。

3）触点形式：2a 或 2b（触点输出状态自保持）。

4）触点控制："1"吸合，"0"断开。

5）触点容量：直流 24V/1A；交流 220V/0.5A。

6）触点寿命：5×10^5 次。

7）隔离电压：直流 1000V（模块供电、信号输入）。

（2）模块接口说明。iCAN-2404 模块的接口及设置开关如图 8-37 所示，模块内部各接线端子、拨码开关、跳线器以及指示灯的功能说明如下：

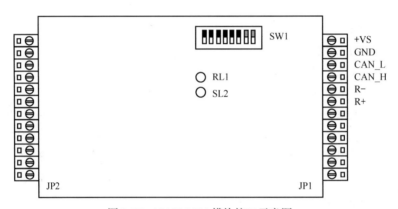

图 8-37　iCAN-2404 模块接口示意图

1）SW1：CAN 波特率以及 MAC ID 设置开关。

2）RL1：电源指示灯。

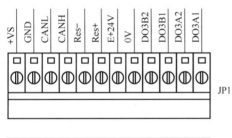

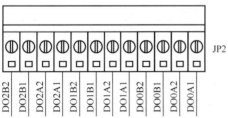

图 8-38　iCAN-2404 模块接线端子定义

3）SL2：网络通信指示灯。

4）JP1：直流+10～+30V 电源、iCAN 通信接口以及继电器接线端子。

5）JP2：继电器接线端子。

（3）接线端子定义。iCAN-2404 模块的接线端子 JP1、JP2 的引脚定义如图 8-38 所示。各引脚说明如下：

1）+VS：直流+10～+30V 电源正端。

2）GND：直流+10～+30V 电源负端。

3）CANL：CAN 通信信号 CAN_L 端。

4）CANH：CAN 通信信号 CAN_H 端。

5）Res-：接 CAN 网络终端匹配电阻。

6）Res+：接 CAN 网络终端匹配电阻。

7）DO0A 1 和 DO0A 2：继电器 0 输出 A 接线端子。

8）DO0B 1 和 DO0B 2：继电器 0 输出 B 接线端子。

9）DO1A 1 和 DO1A 2：继电器 1 输出 A 接线端子。

10）DO1B 1 和 DO1B 2：继电器 1 输出 B 接线端子。

11）DO2A 1 和 DO2A 2：继电器 2 输出 A 接线端子。

12）DO2B 1 和 DO2B 2：继电器 2 输出 B 接线端子。

13）DO3A 1 和 DO3A 2：继电器 3 输出 A 接线端子。

14）DO3B 1 和 DO3B 2：继电器 3 输出 B 接线端子。

15）NC：未用端子。

3. iCAN-4017 模块

iCAN-4017 AI 功能模块用于采集模拟量输入信号。iCAN-4017 模块具有 8 路模拟量输入通道，16 位分辨率。iCAN-4017 模块在工作时，将输入的电压信号或者电流信号经多路开关、模数转换后经光耦隔离模块送入单片机，通过 CAN 总线将输入的模拟量信号状态传送到网络中的主控设备。

（1）主要技术指标。iCAN-4017 模块的主要技术指标如下：

1）单电源供电，供电电压：直流+10～+30V。

2）输入通道数：6 路差分输入，2 路单端输入。

3）输入信号范围：±10（默认）、±5、±2.5、±1V 和±500、±150mV。

4）电流输入：±20mA（需外接 125Ω 精密电阻）。

5）模数转换分辨率：16 位。

6）转换速率：2 次/每秒（8 通道每次）。

7）输入低通滤波、过压保护。

8）隔离电压：直流 1000V（模块供电、信号输入）。

（2）模块接口说明。iCAN-4017 模块的接口及设置开关如图 8-39 所示，模块内部各接线端子、拨码开关、跳线器以及指示灯的功能说明如下：

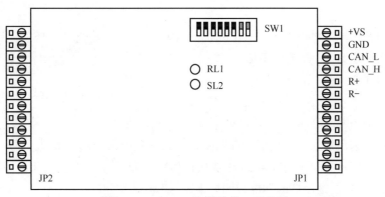

图 8-39 iCAN-4017 模块接口示意图

1）SW1：CAN 波特率以及 MAC ID 设置开关。

2）RL1：电源指示灯。

3）SL2：网络通信指示灯。

4）JP1：直流电源、CAN 通信接口以及模拟量输入信号通道接线端子。

5）JP2：模拟量输入信号通道接线端子。

（3）接线端子定义。iCAN-4017 模块的接线端子 JP1、JP2 的引脚定义如图 8-40 所示。各引脚说明如下：

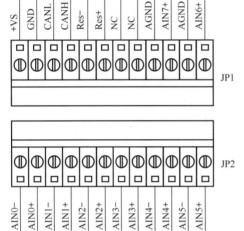

图 8-40　iCAN-4017 模块接线端子定义

1）+VS：直流+10～+30V 电源正端。

2）GND：直流+10～+30V 电源负端。

3）CANL：CAN 通信信号 CAN_L 端。

4）CANH：CAN 通信信号 CAN_H 端。

5）Res−：接 CAN 网络终端匹配电阻。

6）Res+：接 CAN 网络终端匹配电阻。

7）AIN0+～AIN7+：接模拟量输入通道 0～7 信号正端。

8）AIN0−～AIN5−：接模拟量输入通道 0～5 信号负端。

9）AGND：模拟量输入通道 6、7 输入参考地。

10）NC：未用端子。

4. iCAN-4050 模块

iCAN-4050 DI/DO 功能模块为数字量 I/O 模块，用于采集数字量输入信号，并可以输出数字量信号，控制外部电子设备，如图 8-41 所示。iCAN-4050 模块的数字量 I/O 通道采用非隔离设计，具有 8 路数字量输入通道，8 路数字量输出通道。

（1）主要技术指标。iCAN-4050 模块的主要技术指标如下：

1）单电源供电，供电电压：直流+10～+30V。

2）输入通道数：8 路数字量信号。

3）输出通道数：8 路数字量信号。

4）高电平信号（数字 1）：+3.5～+30V。

5）低电平信号（数字 0）：≤+1V。

图 8-41　iCAN-4050 模块的实物图

6）数字量输出信号：集电极开漏输出，最大负载电压+30V，最大负载电流 30mA。

（2）模块接口说明。iCAN-4050 模块接口如图 8-42 所示，模块内部各接线端子、拨码开关、跳线器以及指示灯的功能说明如下：

1）SW1：8 位拨码设置开关，用于设置节点地址以及 CAN 总线通信波特率。

2）RL1：电源指示灯，用于指示模块的电源工作状态。

3）SL2：网络通信指示灯，用于指示模块的通信状态。

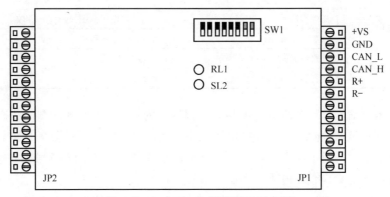

图 8-42　iCAN-4050 模块接口示意图

4）JP1：直流电源、CAN 通信接口以及数字量输入信号通道接线端子。

5）JP2：数字量输入信号通道和数字量输出信号通道接线端子。

（3）接线端子定义。iCAN-4050 模块的接线端子 JP1、JP2 的引脚定义说明如下：

1）模块电源接线端子。电源必须为+10～+30V 的直流电源，电源引脚包括+VS 和 GND 两个接线引脚。

+VS：连接电源正端（直流+10～+30V）。

GND：连接电源负端。

2）CAN 总线通信接线端子。CAN 通信接线端子包括 CANL、CANH、Res-以及 Res+ 四个接线端子。

CANL：连接 CAN 通信线的 CAN_L 信号线。

CANH：连接 CAN 通信线的 CAN_H 信号线。

Res-、Res+：连接 CAN 网络终端匹配电阻。

仅当模块处于网络终端位置时，Res-、Res+之间需要连接终端匹配电阻。

3）模块 I/O 端口接线端子。包括以下接线端子：

DIN0～DIN 7：连接数字量输入通道 0～7 信号正端。

DOUT0～DOUT 7：连接数字量输出通道 0～7 信号正端。

COM：连接数字量 I/O 信号的参考地。

4）未用端子 NC。

（4）iCAN-4050 模块的数字量输入。数字量输入是指这种类型的输入信号只有简单的高电平或低电平两种状态，也可以理解为开（ON）或者关（OFF）两种状态。现场的数字量输入信号主要为开关触点信号和电平信号。在一般的工业控制场合，+24V 直流电平信号采用较多。

1）数字量输入状态。iCAN-4050 模块具有 8 路的数字量输入通道。iCAN-4050 模块可以采集电压类型的数字量输入信号或者触点型输入信号。在 iCAN-4050 模块中，输入信号逻辑定义见表 8-1。

表 8-1　　　　　　　　　　　　iCAN-4050 模块的输入信号逻辑定义

输入信号类型		输入信号定义
电压型数字量信号	高电平信号	状态 1，电压范围：+3.5～+30V
	低电平信号	状态 0，电压范围：≤+1V
无源触点型数字量信号	开路触点信号（OFF 状态）	状态 1
	闭合触点信号（ON 状态）	状态 0

当输入电平信号≥3.5V 时，iCAN-4050 模块认为输入为高电平信号（状态 1）；当输入电平信号≤+1V 时，iCAN-4050 模块认为输入为低电平信号（状态 0）。当输入为无源触点型输入信号时，对于闭合触点信号，iCAN-4050 模块认为输入信号为状态 0；对于开路触点信号，iCAN-4050 模块认为输入信号为状态 1。

需要注意的是，iCAN-4050 模块的数字量输入信号电压值最高不能超过+30V，否则可能会使模块受到损坏。

2）数字量输入的接线。iCAN-4050 模块的输入信号主要包括电压型和无源触点型开关量信号，它们的接线方式有所不同，如图 8-43 所示。

在连接电压型输入信号时，要注意信号输入的正端与 DIN 端子引脚相连，输入信号的负端与 COM 端子引脚相连。如果是多路输入信号，则输入信号的正端分别与不同的 DIN 端子引脚相连，所有输入信号的负端与 COM 端子引脚相连。电压型数字量信号接线时要注意信号极性，以免接反。

当连接无源触点信号时，则只需注意触点开关的一端与 DIN 端子引脚相连，触点开关的另一端与 COM 端子引脚相连接。

3）数字量输入的测试电路。iCAN-4050 模块的数字量输入测试电路如图 8-44 所示。在图 8-44 中，单刀双掷开关的公共端连接到 iCAN-4050 模块的输入通道 DI1 上，单刀双掷开关的另外两端分别连接电源和地。当拨动开关时，即可使输入端连接到高电平或者低电平。

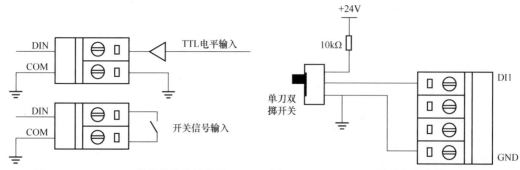

图 8-43　iCAN-4050 模块的数字量信号
输入接线方式　　　　　　　　图 8-44　iCAN-4050 模块的数字量输入测试电路

（5）iCAN-4050 模块的数字量输出。数字量输出是指这种类型的输出信号只有简单的高电平或低电平两种状态，也可以理解为开（ON）或者关（OFF）两种状态。

iCAN-4050 模块具有 8 路的数字量输出通道。iCAN-4050 模块的输出为晶体管开漏输出，可以向外提供电压型数字量输出信号。iCAN-4050 模块输出的最大负载电压为 +30V，最大负载电流为 30mA。在应用 iCAN-4050 模块的数字量功能时，需要在输出端口连接负载以及上拉电源。

1）数字量输出的接线方式。iCAN-4050 模块的数字量输出接线方式如图 8-45 所示。

iCAN-4050 输出通道在使用时必须连接上拉电阻。iCAN-4050 模块的 DOUT 端子引脚与用户提供的上拉电阻相连，GND 端子引脚与用户提供的信号地相连。

iCAN-4050 模块的输出信号驱动继电器接线方式如图 8-46 所示。

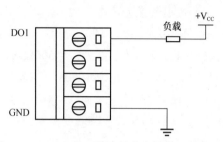

图 8-45　iCAN-4050 模块的数字量输出接线方式

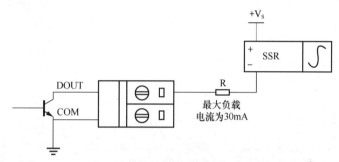

图 8-46　iCAN-4050 模块的数字量输出驱动继电器接线方式

2）数字量输出的测试电路。iCAN-4050 模块的数字量输出测试电路如图 8-47 所示。

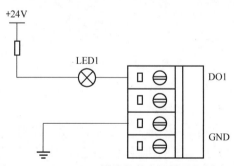

图 8-47　iCAN-4050 模块的数字量输出测试电路

在图 8-47 中，电源电压为 24V，通过控制数字量通道 DO1 的输出状态可达到使 LED1 亮灭的效果。

假设流过发光二极管 LED1 的电流为 I，I 只要控制在 5～10mA，就足够点亮 LED。电流的具体算法也很简单，只要用所提供的电源电压减去 LED 和内部晶体管所产生饱和管压降，所得到的电压除以用户外接的电阻就可以得到流过 LED 的电流了。在数字量输出测试电路图 8-42 中电压为 24V，外接电阻为 3kΩ，大概算得流过 LED 的电流为 8mA。

5. iCAN-4400 模块

iCAN-4400 模拟量输出模块用于提供电流或者电压输出信号。iCAN-4400 模块具有 4 路模拟量输出通道，可输出 1～5V 电压或者 4～20mA 电流信号。iCAN-4400 模块在工作时，iCAN 主站设备通过 I/O 数据通信，将输出数据传送给单片机后，通过光电隔离送到数模转换模块输出。输出信号类型可以通过跳线器选择电压输出或者电流输出。

（1）主要技术指标。iCAN-4400 模块的主要技术指标如下：

1）单电源供电，供电电压：直流+10～+30V。

2）输出通道数：4 路。

3）输出信号：1～5V、4～20mA。

4）数模转换分辨率：12 位。

5）输出精度：±1.0%。

6）电流输出负载能力：＜500Ω。

7）隔离电压：直流 1000V（模块供电、信号输入）。

（2）模块接口说明。iCAN-4400 模块的接口及设置开关如图 8-48 所示，模块内部各接线端子、拨码开关、跳线器以及指示灯的功能说明如下：

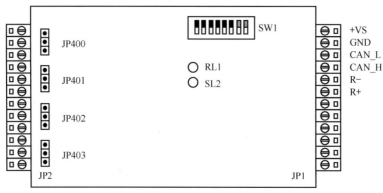

图 8-48　iCAN-4400 模块接口示意图

1）SW1：CAN 波特率以及 MAC ID 设置开关。

2）RL1：电源指示灯。

3）SL2：网络通信指示灯。

4）JP1：直流+10～+30V 电源、iCAN 通信接口。

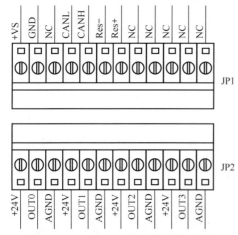

图 8-49　iCAN-4400 模块接线端子定义

5）JP2：模拟量输出信号接线端子。

6）JP400～JP403：0～3 通道的输出电压或者输出电流选择跳线器。

（3）接线端子定义。iCAN-4400 模块的接线端子 JP1、JP2 的引脚定义如图 8-49 所示。各引脚说明如下：

1）+VS：直流+10～+30V 电源正端。

2）GND：直流+10～+30V 电源负端。

3）CANL：CAN 通信信号 CAN_L 端。

4）CANH：CAN 通信信号 CAN_H 端。

5）Res−：接 CAN 网络终端匹配电阻。

6）Res+：接 CAN 网络终端匹配电阻。

216

7）+24V：电流输出端。

8）OUT0～OUT3：模拟量信号输出端。

9）AGND：电压输出端。

10）NC：未用端子。

6. iCAN-6202 模块

iCAN-6202 热电偶输入模块用于采集温度。iCAN-6202 模块具有 2 路热电偶输入通道，支持 8 种标准化热电偶类型，温度值分辨率为 0.1℃，支持定时循环传送及温度超限报警。额外的 2 通道数字量输出，既可用于指示模块工作状态，也可由用户自行控制。iCAN-6202 模块工作时，周期性地将输入的电压信号经低通滤波、模数转换、光电隔离后送入单片机，单片机对模数转换值经非线性校正及冷端补偿等处理后得到温度值，通过 CAN 总线将温度值传送到网络中的主控设备。

（1）主要技术指标。iCAN-6202 模块的主要技术指标如下：

1）单电源供电，供电电压：直流+10～+30V。

2）输入通道数：2 路。

3）输出通道数：2 路，可独立配置为输入通道状态指示模式或用户控制模式。

4）输出通道类型：集电极开漏输出，最大负载电压+30V，最大负载电流 30mA。

5）支持的热电偶类型及测温范围：J 型为–210～+1200℃；K 型为–200～+1370℃；E 型为–100～+1000℃；T 型为–200～+400℃；N 型为–200～+1300℃；B 型为650～1800℃；R 型为 0～1750℃；S 型为 0～1760℃。

6）温度值分辨率：0.1℃。

7）热电偶冷端补偿精度：±1℃。

8）转换速率：4 次/秒（2 通道/次）。

9）定时循环传送时间间隔：最小值 10ms，最大值 2.55s。

10）温度超限报警。

（2）模块接口说明。iCAN-6202 模块的接口及设置开关如图 8-50 所示，模块内部各接线端子、拨码开关、跳线器以及指示灯的功能说明如下：

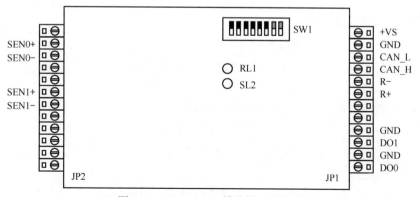

图 8-50 iCAN-6202 模块接口示意图

1）SW1：CAN 波特率以及 MAC ID 设置开关。

2）RL1：电源指示灯。

3）SL2：网络通信指示灯。

4）JP1：直流电源、CAN 通信接口以及数字量输出信号通道接线端子。

5）JP2：热电偶输入通道接线端子。

（3）接线端子定义。iCAN-6202 模块的接线端子 JP1、JP2 的引脚定义如图 8-51 所示。各引脚说明如下：

1）+VS：直流+10～+30V 电源正端。

2）GND：直流+10～+30V 电源负端。

3）CANL：CAN 通信信号 CAN_L 端。

4）CANH：CAN 通信信号 CAN_H 端。

5）Res−：接 CAN 网络终端匹配电阻。

6）Res+：接 CAN 网络终端匹配电阻。

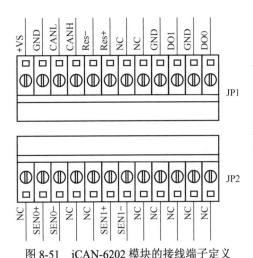

图 8-51　iCAN-6202 模块的接线端子定义

7）DO0：数字量输出通道 0。

8）DO1：数字量输出通道 1。

9）SEN0+：通道 0 热电偶输入正。

10）SEN0−：通道 0 热电偶输入负。

11）SEN1+：通道 1 热电偶输入正。

12）SEN1−：通道 1 热电偶输入负。

13）NC：未用端子。

（4）热电偶的接线方法。iCAN-6202 模块的热电偶输入信号正端连接到 SEN+，输入信号负端连接到 SEN−，如图 8-52 所示。

（5）数字量输出。iCAN-6202 模块提供两路集电极开漏数字量输出 DO0 和 DO1，最大负载电压+30V，最大负载电流 30mA。由于采用的是集电极开漏输出，用户在使用时需加上拉电阻。数字量输出通道可工作在两种工作模式，即输入通道状态指示模式和用户控制模式。

1）输入通道状态指示模式。这是 iCAN-6202 模块输出通道的默认工作模式。在该模式下，DO0 用于指示通道 0 的工作状态，当通道 0 的温度超限或热电偶断线时，DO0 输出为高，平时 DO0 输出为低；DO1 用于指示通道 1 的工作状态，当通道 1 的温度超限或热电偶断线时，DO1 输出为高，平时 DO1 输出为低。

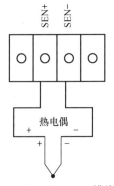

图 8-52　iCAN-6202 模块的热电偶接线方法

2）用户控制模式。通过向模块写配置字可设置成为用户控制模式。在该模式下，用户可通过向 DO 单元（资源地址 0X20）写 1 字节数据来控制管脚的输出状态，该字节的第 0 位控制 DO0，第 1 位控制 DO1。输出通道切换为用户控制模式后，在用户向 DO 资源（资源节点 0X20）写数据之前，输出通道输出安全值，该安全值由用户配置。

8.3.4　系统软件设计

在开始工程设计之前，要先对整个工程进行剖析，以便从整体上把握工程的结构、流程、需实现的功能以及如何实现这些功能。这里系统软件设计主要从 iCAN 模块测试、ZOPC 设置、组态工程设计三个方面来进行。

1. iCAN 模块测试

对于 iCAN 模块的测试，主要有两种上位机测试方法：一种是利用 iCANTest 测试软件，另一种是利用 ZLGCANTest 测试软件。掌握了这两种方法后，用户可以根据提供的 iCAN 协议库及底层驱动开发出基于 API 及 ZOPC_Server 接口的应用平台，以适应不同的应用场合。

这里以 iCAN-4050 模块为例，测试所需设备包括 PC、CAN 总线接口卡和 iCAN-4050 模块，接线如图 8-53 所示。

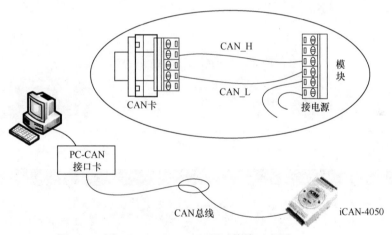

图 8-53　iCAN-4050 测试接线示意图

在测试之前，将 iCAN-4050 模块地址开关的第一位拨到 OFF 位置，其余的开关都拨到 ON 位置，此时模块的 MAC ID 为 1，波特率设定值为 0X00、0X1C。将 iCAN-4050 模块的电源线和 CAN 通信线连接好，并将上位机 CAN 通信线与模块的 CAN 通信线相连。上电后会看到 iCAN-4050 模块的 MNS 指示灯经历了红灯亮→红灯灭→绿灯亮的过程。

（1）iCANTest 测试示例。测试步骤如下：

1）系统配置。单击"系统配置"按钮，设置主站波特率为 500kBaud/s，主站定时循环参数为 100ms，单击"确定"按钮，如图 8-54 所示。

2）搜索模块。在系统配置好后，单击"搜索"按钮，可以得到从站信息：序号为 0；设备型号为 iCAN-4050；MAC 地址为 1，如图 8-55 所示。

3）启动 CAN 卡。当单击"启动 CAN 卡"时，PC 将以系统配置参数来初始化上位机 CAN 节点。单击"启动"按钮后，"上线"按钮将被激活，如图 8-56 所示。

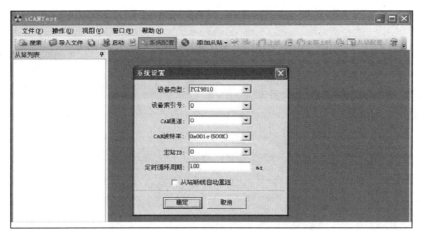

图 8-54　系统配置窗口

图 8-55　搜索窗口

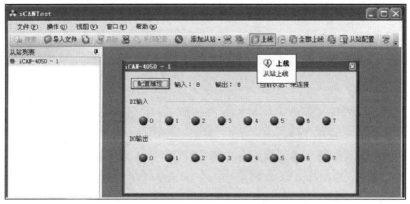

图 8-56　启动主站

4）模块上线。单击"上线"按钮，将会看到模块的指示灯在闪烁，如图 8-57 所示。在该窗口中可以观察模块的输入端口状态；同时，单击代表输出端口的按钮，可以控制模块的输出状态。

5）设置安全输出。iCAN-4050 模块在上线的情况下，可以由用户直接控制；当

iCAN-4050 模块突然掉线或刚上电运行时，采用安全值输出。单击图 8-57 中的"配置属性"按钮，出现如图 8-58 所示的界面，用户可以根据需要设置 iCAN-4050 模块的安全输出值。

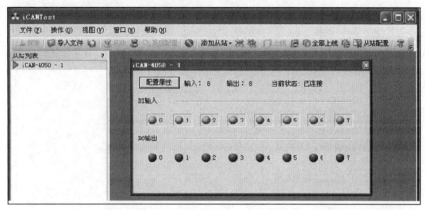

图 8-57　iCAN-4050 模块上线

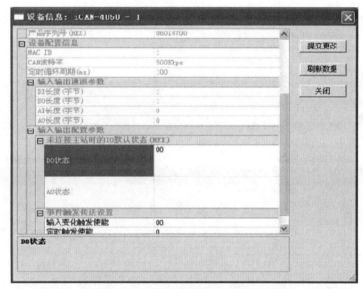

图 8-58　iCAN-4050 模块的安全值设置

（2）ZLGCANTest 测试示例。测试步骤如下：

1）系统配置。首先选择 CAN 总线接口卡类型，单击"打开设备"按钮，设置定时器 0 为 00，定时器 1 为 1C，此时的波特率被设置为 500kBaud/s，单击"确定"按钮，如图 8-59 所示。

2）系统启动。单击主界面上的"启动 CAN"按钮，并按图 8-60 所示选择发送格式为"正常发送"，设置帧类型为扩展帧。

3）建立连接。主界面中帧 ID 为 24f7，数据部分为 3 字节，即 00 00 00，其中第 1 个字节表示分段码，第 2 个字节表示主站 ID，第 3 个字节表示设置的定时参数。当第 3

个字节为 00 时，从站的状态一直处于连接状态，单击"发送"按钮，在正常情况下会返回一帧数据，如图 8-61 所示。

图 8-59　ZLGCANTest 配置

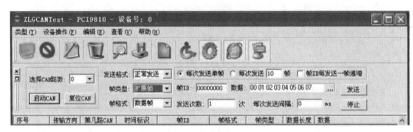

图 8-60　启动 CAN

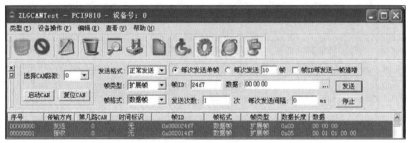

图 8-61　建立连接

4）读输入端口测试。根据读命令操作时的 iCAN 协议格式，主界面中帧 ID 为 2200，数据填充为 00 01。其中，数据的第 1 个字节表示分段码，第 2 个字节表示读数据长度，如图 8-62 所示。

5）写输出端口测试。根据写命令操作时的 iCAN 协议格式，主界面中帧 ID 为 2120，数据填充为 00 01。其中，数据的第 1 个字节表示分段码，第 2 个字节表示输出控制值，如图 8-63 所示。

6）设置安全输出。根据 iCAN 协议中设置安全值的格式，主界面中帧 ID 为 21f9，数据填充为 00 20 01。其中,数据的第 2 个字节表示资源子节点地址,第 3 个字节表示安全输出值。具体设置如图 8-64 所示。

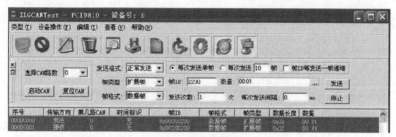

图 8-62　读输入端口

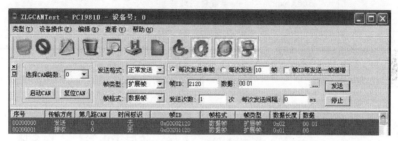

图 8-63　写输出端口

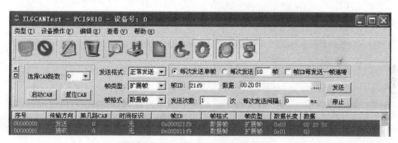

图 8-64　设置安全输出值

以上是利用 ZLGCANTest 简单测试 iCAN-4050 模块功能的步骤,当然用户可以在深入了解 iCAN 协议的基础上,测试其他功能。

7)删除连接。当删除连接后,模块的输出将以安全值输出。删除连接操作如图 8-65 所示。

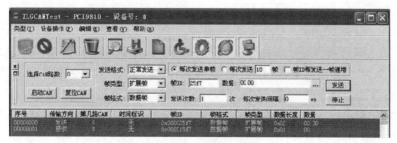

图 8-65　删除连接

2. ZOPC 设置

（1）安装并运行 ZOPC_Server 2.50 软件。单击菜单"设备操作→iCAN→添加新设备→USBCAN2"，弹出"属性-USBCAN2"对话框，按表 8-2 所列的参数在如图 8-66 所示的界面上进行主站配置。

表 8-2   ZOPC 设备属性的配置

配置项	数值	说明
设备索引号	0	在 1 台 PC 上可能会装有多个相同型号的主站设备，该索引号用于索引这些设备
设置运行 iCAN	iCAN0	某些主站设备可能带有多个 CAN 通道，在该项中选择要操作的通道
波特率	500Kbaud/s	设置总线波特率
主站 ID	0	设置主站 ID
数据刷新时间	100ms	设置总线刷新周期

（2）单击"添加设备"按钮，这时在"iCAN"面板上将会显示主站设备，如图 8-67 所示。

（3）在"iCAN"面板上单击选中"iCAN0"节点，然后单击菜单"设备操作→iCAN→添加新从站"，在弹出的"Slave 属性"对话框中按表 8-2 所列的参数添加从站设备，如图 8-68 所示。

图 8-66   ZOPC 设备属性对话框

图 8-67   ZOPC 添加设备对话框

（4）点击"关闭"按钮，在 ZOPC_Server 的 iCAN 面板上将会出现如图 8-69 所示的从站设备及其 I/O 数据项。

（5）点击"服务器操作→启动服务器"，然后在 iCAN 面板上点选 USBCAN2_0 节点的子节点 iCAN0，单击右键，在弹出的菜单选择"上线"。此时，如果设备连接无误，则 OPC 服务器的设置已经完成，OPC 的客户端可以从服务器中读写数据。

3. 组态工程设计

这里通过 MCGS 组态软件来实现上位机监控软件的设计，MCGS 可以直接与前面设置的 ZOPC 进行连接。

（1）建立 MCGS 工程。单击文件菜单中的"新建工程"选项，如果 MCGS 安装在 D 盘根目录下，则会在 D:\MCGS\WORK\下自动生成新建工程，默认的工程名为"新建工程 X.MCG"（X 表示新建工程的顺序号，如 0、1、2 等）。选择文件菜单中的"工程另存为"菜单项，弹出文件保存窗口。在文件名一栏内输入"基于 iCAN 网络的测控系统"，点击"保存"按钮，工程创建完毕，如图 8-70 所示。

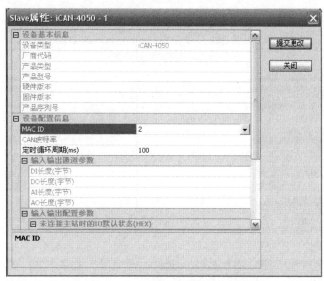

图 8-68　ZOPC 从站设备属性对话框

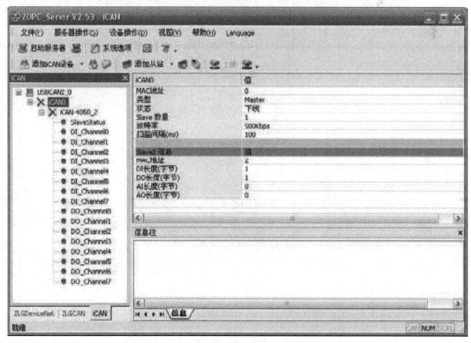

图 8-69　ZOPC 从站设备及其数据状态窗口

图 8-70　MCGS 启动窗口

（2）制作工程画面。制作工程画面的步骤如下：

1）在"用户窗口"中单击"新建窗口"按钮，建立"窗口 0"。

2）选中"窗口 0"，单击"窗口属性"，进入"用户窗口属性设置"。将窗口名称改为"主控窗口"；窗口位置选中"在屏幕中间显示"，其他不变，单击"确认"。

3）在"用户窗口"中选中"主控窗口"，点击右键，选择下拉菜单中的"设置为启动窗口"选项，将该窗口设置为运行时自动加载的窗口。

4）选中"主控窗口"图标，单击"动画组态"，进入动画组态窗口，开始编辑画面，如图 8-71 所示。

通过工具箱可以在画面中添加控件、元件、对象等，如图 8-72 所示。

（3）定义数据对象。下面以数据对象"开关量输入"为例，介绍定义数据对象的步骤：

图 8-71　MCGS 中设置启动窗口
对话框

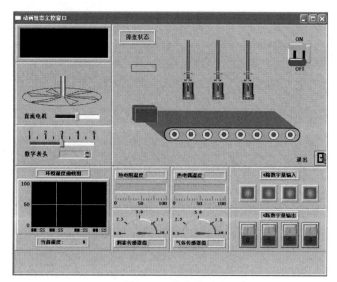

图 8-72　组态界面

1）单击工作台中的"实时数据库"窗口标签，进入实时数据库窗口页，如图 8-73 所示。

2）单击"新增对象"按钮，在窗口的数据对象列表中，增加新的数据对象，系统缺省定义的名称为"Data1""Data2""Data3"等。

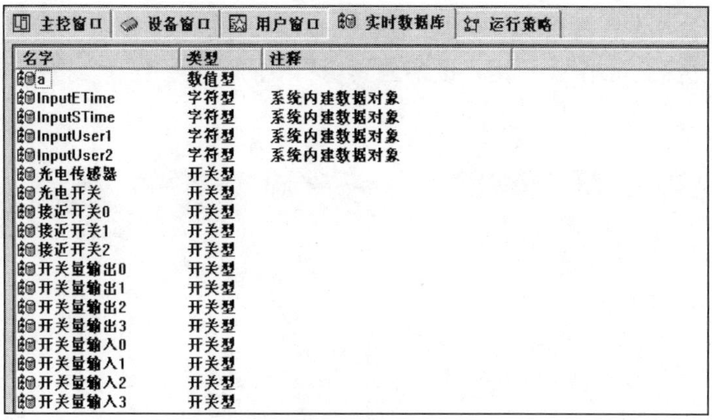

图 8-73　实时数据库窗口页

3）选中对象，按"对象属性"按钮，或双击选中对象，则打开"数据对象属性设置"窗口。将对象名称改为"开关量输入 0"，对象类型选择"开关型"，单击"确认"。

按照以上步骤，设置其他数据对象。

（4）动画连接。所谓动画连接，实际上是将用户窗口内创建的图形对象与实时数据库中定义的数据对象建立起对应关系，在不同的数值区间内设置不同的图形状态属性（如颜色、大小、位置移动、可见度、闪烁效果等），将物理对象的特征参数以动画图形方式来描述。这样就可以在系统运行过程中，用数据对象的值来驱动图形对象的状态改变，进而产生形象逼真的动画效果。建立动画连接的操作步骤是：

1）双击图元、图符对象，弹出"动画组态属性设置"对话框。

2）对话框上端用于设置图形对象的静态属性，下面四个方框所列内容用于设置图元、图符对象的动画属性。定义了填充颜色、水平移动、垂直移动三种动画连接，在实际运行时，对应的图形对象会呈现出在移动过程中填充颜色同时发生变化的动画效果。

3）每种动画连接都对应于一个属性窗口页，当选择了某种动画属性时，在对话框上端就增添了相应的窗口标签，单击窗口标签，即可弹出相应的属性设置窗口。

4）在表达式名称栏内输入所要连接的数据对象名称。也可以单击右端带"？"号图标的按钮，弹出数据对象列表框，双击所需的数据对象，则可把该对象名称自动输入表达式栏内。

5）设置有关的属性。

6）按"检查"按钮，进行正确性检查。检查通过后，按"确认"按钮，完成动画连接。

以四路开关量输入显示框图为例，双击 1 路开关量输入显示框图，打开单元属性设置对话框，如图 8-74 所示，在对话框的动画连接标签页下列出了可用的连接。

按以上步骤即可完成其余几路开关量输入的组态属性设置。

（5）设备连接。MCGS 组态软件提供了大量的工业控制领域常用的设备驱动程序，同时提供了 OPC 服务器的数据接口。通常情况下，在启动 MCGS 组态软件时，模拟设备都会自动装载到设备工具箱中。如果未被装载，则可按以下步骤将其选入：

1）在工作台"设备窗口"中双击"设备窗口"图标进入。点击工具条中的"工具箱"图标，打开"设备工具箱"。单击"设备工具箱"中的"设备管理"按钮，弹出如图 8-75 所示的窗口。

图 8-74　开关量输入的动画组态属性　　　　　　图 8-75　MCGS 设备管理对话框
设置窗口

2）双击 OPC 设备图标，即可将"OPC 设备"添加到右侧"选定设备"列表中。选中"选定设备"列表中的"OPC 设备"，单击"确认"，"OPC 设备"即被添加到"设备工具箱"中。OPC 设备被装载完成后，可以在 MCGS 软件环境中按以下操作添加 OPC 设备，并对其属性进行设置：双击"设备工具箱"中的"OPC 设备"，OPC 设备被添加到设备组态窗口中，如图 8-76 所示。

3）双击"设备 0-[OPC 设备]"，进入 OPC 设备属性设置窗口，如图 8-77 所示。

4）点击基本属性页中的"OPC 服务器"选项，该项右侧会出现 ... 图标，单击该按钮浏览计算机中可用的 OPC 服务器，如图 8-78 所示。

图 8-76　MCGS OPC 设备添加窗口　　　　　　图 8-77　MCGS OPC 设备属性设置窗口

5）选中 ZLGCAN OPC SERVER V2.10，单击"确认"，完成"OPC 服务器"设置。从"数据采集方式"选项的下拉列表中选择"0-同步采集"，从"初始工作状态"选项的下拉列表中选择"1-启动"，将最小采集周期改为 100，点击"通道连接"标签，进入通道连接设置。如图 8-79 所示，把设置的变量与 ZOPC 中的通道进行连接。

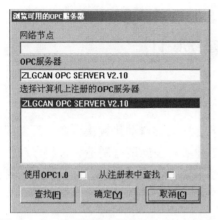

图 8-78　MCGS 浏览可用的 OPC 服务器窗口

图 8-79　MCGS 通道连接设置对话框

6）进入"设备调试"属性页，即可看到通道值中数据在变化。按"确认"按钮，完成设备属性设置。

（6）组态运行。打开"文件"菜单，进入运行环境，运行界面如图 8-80 所示，在该页面中可以实现对测控实验系统的基本监控。

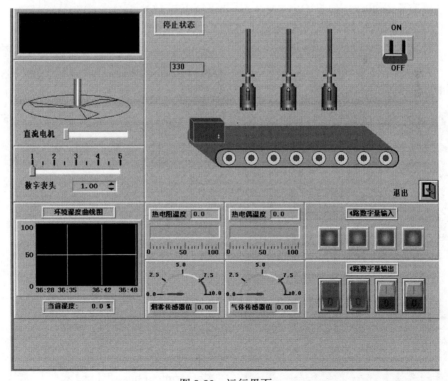

图 8-80　运行界面

8.4 基于 PROFIBUS-DP 总线的
流程自动化测控系统设计

8.4.1 PCS7 过程控制系统简介

西门子 PCS7 是一个过程控制系统，是完全无缝集成的自动化解决方案，可以应用于所有工业领域，包括过程工业、制造工业以及工业所涉及的所有制造和过程自动化产品。PCS7 是带有典型过程组态特征的全集成系统，具有许多自动功能，可协助用户快捷方便地创建项目。

1. PCS7 组成

PCS7 基于标准的 SIMATIC 硬件和软件组件构成。

（1）PCS7 硬件。PCS7 的硬件组件包括：

1）ES。ES 是指在其上安装了用于组态 PCS7 工程软件的 PC。PCS7 工程全部在 ES 上完成。用于控制被控对象的程序都在 ES 中创建，然后将其下载到 AS 的 CPU 中，CPU 执行所加载的程序并显示过程值，程序通过 CP443-1 来加载。利用 ES 可以组态并下载 PCS7 的所有系统组件，包括 OS、AS、中央和分布式 I/O。

2）OS。OS 是指用于在过程模式下操作和监视 PCS7 项目的 PC。工厂操作员在运行期间从 OS 监控工厂。将 OS 连接到工厂总线，以实现与 AS 的数据通信。AS 通过 CP443-1 与 OS 连接。在 PCS7 系统中，将 PC 用作 ES、OS 等，因此将这些站统称为 PC 站。

3）AS。AS 是指由 CPU、通信处理器以及电源组成的硬件系统。AS 从已连接的 I/O（集中式和分布式）中采集和处理过程标签，并向过程输出控制信息和设定值。AS 向 OS 提供用于可视化的数据。AS 识别操作员输入并将其返回到过程。PCS7 AS 只能使用 S7-400 系列 CPU，如图 8-81 所示。

4）总线。在 PCS7 中，AS、OS 和 ES 组件之间通过总线系统（工业以太网）进行通信。在 PCS7 工厂中，该总线被分为终端总线（terminal bus，T-bus）和工厂总线（plant bus，P-bus）两部分。总线原理图如图 8-82 所示。

图 8-81　S7-400 系列 CPU

OS 和 ES、OS 和 OS 之间的通信通过 T-bus 进行。使用通信卡可将 OS 和 ES 连接到 T-bus。通信卡使用 PC 的某个插槽，可根据要求使用不同的通信卡。

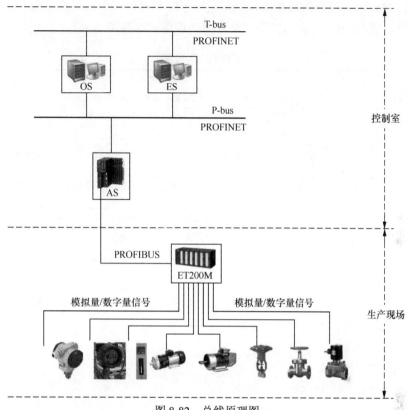

图 8-82　总线原理图

OS 和 AS、AS 和 AS 之间的通信通过 P-bus 进行。使用 CP 443-1 通信处理器或 CPU 的以太网接口，将 AS 连接到 P-bus。使用的协议主要有 TCP/IP、ISO 协议，推荐使用 ISO 协议。

5）ET200M。ET200M 是一种分布式 I/O 系统，可在远程位置就地操作，通过高性能的 PROFIBUS-DP 及其高数据传输率实现在 AS CPU 及其分布式 I/O 系统之间的顺畅通信。

ET200M 由 IM153 接口和各类 S7-300 I/O 模块组成，IM153 接口用于与 PROFIBUS-DP 现场总线的连接。S7-300 I/O 模块如图 8-83 所示。

6）PROFIBUS-DP。PROFIBUS-DP 是符合国际标准并基于 DP 协议的开放式总线系统，DP 是用于在 CPU 和分布式 I/O 系统之间进行循环数据交换的高速协

图 8-83　S7-300 I/O 模块

议。PROFIBUS-DP 或由基于屏蔽双绞线电缆的电气网络实现，或由基于光纤的光学网络实现。

7）DP 主站和 DP 从站。DP 主站代表 CPU 和分布式 I/O 系统之间的连接，它通过 PROFIBUS-DP 与分布式 I/O 系统交换数据并监视 PROFIBUS-DP 总线。DP 主站集成在相应设备中，S7-400 系列 CPU 均配有 PROFIBUS-DP 接口。DP 从站是指通过 PROFIBUS-DP 连接至 DP 主站的分布式 I/O 系统，ET200M 即为 DP 从站。DP 从站在本

地准备数据，以将其通过 PROFIBUS-DP 传送至 CPU。

（2）PCS7 软件。PCS7 软件包含若干应用程序，通过这些应用程序可以组态系统并在运行期间对系统进行操作和监视。所有应用程序都提供了图形用户界面，从而可以方便地操作并且清楚地显示组态数据。ES 常用的应用程序见表 8-3。

表 8-3　　　　　　　　　　　　　　　　　ES 常用应用程序

应用程序	简要描述
SIMATIC Manager	中心应用程序，用于管理项目对象，是创建 PCS7 项目的其他所有应用程序的门户
HW Config	包含整个硬件系统的组态，如 CPU、电源、通信处理器
NetPro	用于网络组态
CFC	连续功能图，用于按照 IEC 61131-3 标准对连续自动化功能进行图形化组态，具有测试和调试功能
SFC	顺序功能图，用于对顺序生产顺序进行图形化组态（步进顺控程序），具有测试和调试功能
SCL	结构化控制语言，用于按照 IEC 61131-3 标准进行用户功能块编程
WinCC	可视化和组态软件包含在单个或多个站操作中快速实现从简单到复杂可视化任务的标准

2. 实验环境

该系统将由单个 AS 和组合的 ES、OS 构成的最小系统上实施，OS 设计为单工作站系统。因此，实验环境的硬件结构如下：

（1）AS：含机架、电源、CPU。

（2）ES（已包含 OS）。

（3）ET200M：含 IM153、I/O 模块。

（4）AS 与 ES/OS 之间的通信使用合并的 T-bus/P-bus 网络连接。

（5）AS 与 ET200M 之间的通信使用 PROFIBUS 网络连接。

图 8-84 展示了具有合并的 T-bus/P-bus 的工厂，使用该总线将组态数据下载到目标系统以进行测试并用于过程模式中。

3. 建立项目的步骤

使用 PCS7 建立项目的步骤如图 8-85 所示。

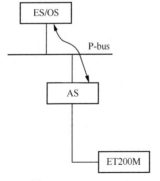

图 8-84　T-bus/P-bus

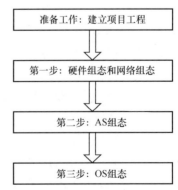

图 8-85　使用 PCS7 建立项目的步骤

8.4.2　SMPT-1000 过程控制实训系统简介

选取高级多功能过程控制实训系统 SMPT-1000 中的锅炉单元作为被控对象，描述使用 PCS7 进行单回路和复杂回路控制的设计与实施过程。

1．SMPT-1000 介绍

SMPT-1000 由立体流程设备盘台、高精度工业仿真引擎、I/O 接口与辅助操作台组成，如图 8-86 所示。

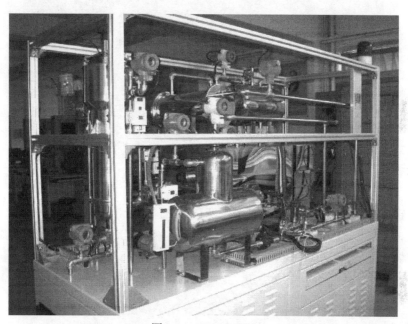

图 8-86　SMPT-1000

（1）立体流程设备盘台。在钢制的盘台上安装着由不锈钢制成的比例缩小的流程设备模型。

1）主设备包括卧式除氧器、列管式换热器、盘管式省煤器、汽包、加热炉本体、蒸发器。

2）执行机构包括 11 个特性可变的调节阀、5 个开关阀、2 个离心泵、1 个风机。

3）检测部分包括 10 个流量变送器、3 个液位显示仪表、5 个压力变送器、3 个温度变送器、1 个组分测量仪表和若干管路系统。

（2）高精度工业仿真引擎。运用工业级高精度定量动态数学模型，模拟全工况下的真实工艺流程。具体包括以下生产单元和流程的动态仿真模型：①非线性离心泵液位单元；②热力除氧单元；③高阶列管式换热单元；④蒸发器单元；⑤再沸器单元；⑥加热炉单元；⑦工业锅炉单元；⑧水汽热能全流程系统。

（3）I/O 接口。SMPT-1000 的 I/O 模块均为工业级模块，能够以 4～20mA 的开关量信号与工业控制器通信，每一路信号的 I/O 可由用户自定义，如图 8-87 所示。另外，SMPT-1000

还能够通过 PROFIBUS 现场总线、OPC、Visual Basic 接口等实现与控制系统的数据交互。

图 8-87　SMPT-1000 的 I/O 模块

（4）辅助操作台。辅助操作台模拟生产现场的操作台，包括 4 路报警灯、1 路报警确认开关、3 路电动机启动开关、1 路点火开关、1 路调速旋钮、1 路烟道挡板旋钮、3 路联锁保护切换开关、1 路紧急停车按钮、1 路蒸汽指示灯，如图 8-88 所示。

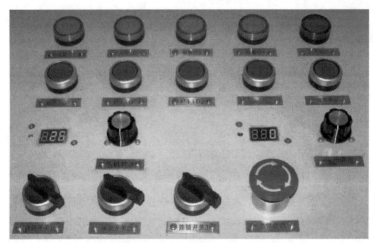

图 8-88　辅助操作台

2．SMPT-1000 锅炉工艺流程

（1）SMPT-1000 锅炉的基本组成。SMPT-1000 锅炉分为 4 个基本单元，即除氧器单元、炉膛单元、减温器单元和汽包单元，包含除氧器、上水管网、汽包、锅炉本体、省煤器、减温器、蒸汽管线等设备，有 21 个模拟量和 6 个开关量检测点，还有 9 个调节阀、

5 个开关阀、2 台泵和 1 台压缩机，如图 8-89 所示。

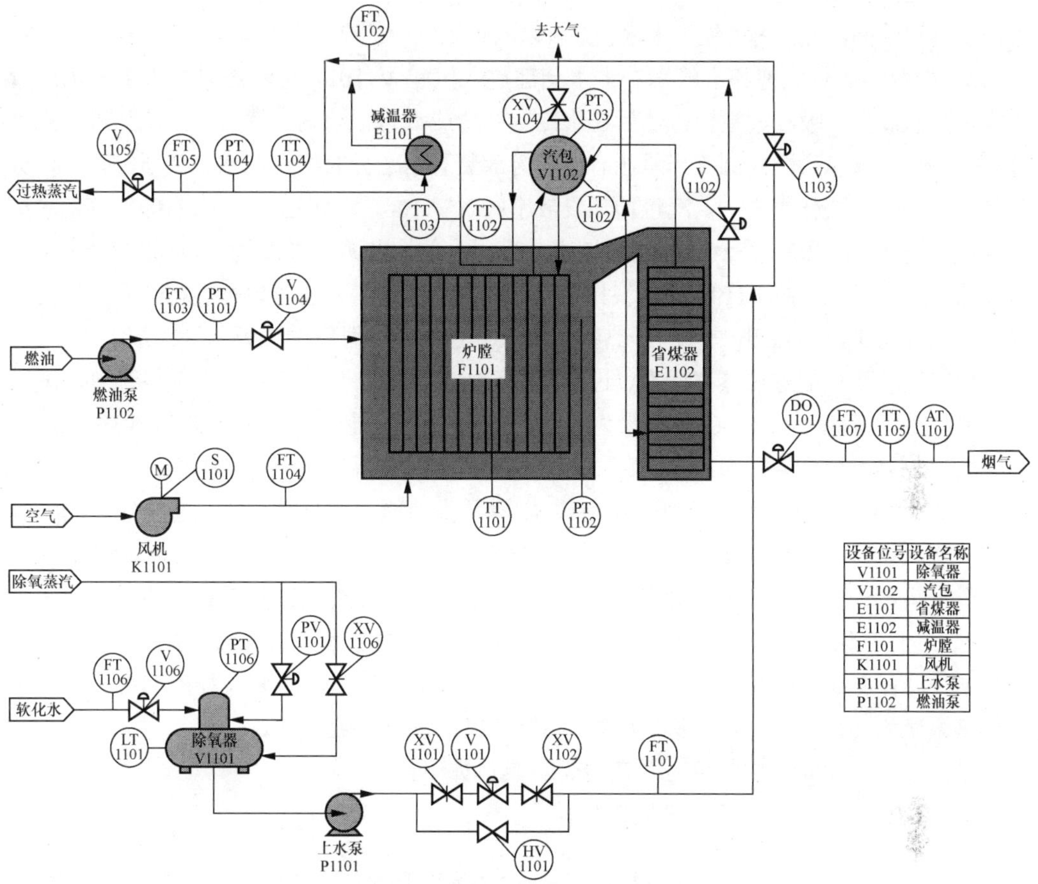

图 8-89　SMPT-1000 锅炉的基本组成

（2）SMPT-1000 锅炉的工艺流程。具体流程如下：

1）经处理的软化水进入除氧器 V1101 上部的除氧头，进行热力除氧，软化水流量为 FT1106，温度为常温 20℃，经由调节阀 V1106 进入除氧器顶部。除氧蒸汽分为两路：一路进入热力除氧头，管线上设有调节阀 PV1101；另一路进入除氧器下水箱，管线上设有开关阀 XV1106。除氧的目的是防止锅炉给水中溶解有氧气和二氧化碳，对锅炉造成腐蚀。热力除氧是用蒸汽将给水加热到饱和温度，将水中溶解的氧气和二氧化碳放出。在除氧器下水箱底部也通入除氧蒸汽，进一步去除软化水中的氧气和二氧化碳。除氧器压力为 PT1106，除氧器液位为 LT1101。软化水在除氧器底部经由上水泵 P1101 泵出。

2）除氧后的软化水作为锅炉上水经由上水泵泵出，锅炉上水流量为 FT1101，锅炉上水管线上设有上水泵出口阀 XV1101、上水管线调节阀 V1101 以及旁路阀 HV1101。锅炉上水被分为两路：一路进入减温器 E1101 与过热蒸汽换热后，与另一路混合，进入省煤器 E1102。两路锅炉上水管道上分别设有调节阀 V1102 和 V1103。正常工况时，大部分锅炉上水直接流向省煤器，少部分锅炉上水流向减温器，其流量为 FT1102。进入减温器的锅炉上水通过管道，一方面对最终产品（过热蒸汽）的温度起到微调（减温）的作用，另一方面对锅炉上水起到一定的预热作用。省煤器由多段盘管组成，燃料燃烧产生的高温烟气自上而下通过管间，与管内的锅炉上水换热，以回收烟气中的余热并使锅炉上水进一步预热。

3）被烟气加热成饱和水的锅炉上水全部进入汽包 V1102，再经过对流管束和下降管进入锅炉水冷壁，吸收炉膛辐射热后在水冷壁中变成汽水混合物，然后返回汽包进行汽水分离。锅炉上汽包为卧式圆筒形承压容器，内部装有给水分布槽、汽水分离器等，汽水分离是上汽包的重要作用之一。汽包顶部设放空阀 XV1104，汽包压力为 PT1103。汽包中部设水位检测点 LT1102。在汽包中通过汽水分离得到的饱和蒸汽温度为 TT1102。分离出的饱和蒸汽再次进入炉膛 F1101 进行气相升温，成为过热蒸汽，经过炉膛气相升温得到的过热蒸汽温度为 TT1103。出炉膛的过热蒸汽进入减温器进行温度的微调并为锅炉上水预热，最后以工艺所要求的过热蒸汽压力、过热蒸汽温度输送给下一生产单元。最终过热蒸汽压力为 PT1104，温度为 TT1104，流量为 FT1105。过热蒸汽出口管道上设调节阀 V1105。

4）燃料经由燃料泵 P1102 泵入炉膛的燃烧器，燃料流量为 FT1103，燃料压力为 PT1101，燃料流量管线设调节阀 V1104、燃料泵出口阀 XV1102；空气经由变频鼓风机 K1101 送入燃烧器，变频器为 S1101，空气量为 FT1104。燃料与空气在燃烧器中混合燃烧，产生热量使锅炉水汽化。燃烧产生的烟气带有大量余热，对省煤器中的锅炉上水进行预热。省煤器烟气出口处的烟气流量为 FT1107，温度为 TT1105。对于烟气含氧量 AI1101，设有在线分析检测仪表。烟道内设有挡板 DO1101。炉膛压力为 PT1102，炉膛中心火焰温度为 TT1101，为红外非接触式测量结果，仅供大致参考。

（3）SMPT-1000 锅炉的位号及其定义。具体如下：

SMPT-1000 锅炉的设备列表见表 8-4。

表 8-4　　　　　　　　　　SMPT-1000 锅炉的设备列表

位号	设备名称	位号	设备名称
V1101	除氧器	F1101	炉膛
V1102	汽包	K1101	风机
E1101	减温器	P1101	上水泵
E1102	省煤器	P1102	燃料泵

SMPT-1000 锅炉的执行机构列表见表 8-5。

表 8-5　　　　　　　　　　SMPT-1000 锅炉的执行机构列表

位号	执行机构说明	位号	执行机构说明
V1101	锅炉上水管线调节阀	V1106	软化水管线调节阀
V1102	直接去省煤器的锅炉上水管线调节阀	PV1101	除氧蒸汽管线调节阀
V1103	去减温器的锅炉上水管线调节阀	S1101	鼓风机变频器
V1104	燃料管线调节阀	DO1101	烟道挡板
V1105	过热蒸汽管线调节阀		

SMPT-1000 锅炉的阀门列表见表 8-6。

表 8-6   SMPT-1000 锅炉的阀门列表

位号	执行机构说明	位号	执行机构说明
XV1101	锅炉上水泵出口阀/截止阀	XV1106	通入除氧器下水箱的除氧蒸汽管线阀
XV1102	燃油泵出口阀/截止阀	HV1101	锅炉上水管线调节阀旁路阀
XV1104	汽包顶部放空阀		

SMPT-1000 锅炉的检测仪表列表见表 8-7。

表 8-7   SMPT-1000 锅炉的检测仪表列表

位号	检测点说明	单位	位号	检测点说明	单位
AI1101	烟气含氧量	%	PT1101	燃料压力	MPa
FT1101	锅炉上水流量	kg/h	PT1102	炉膛压力	MPa
FT1102	去减温器的锅炉上水流量	kg/h	PT1103	汽包压力	MPa
FT1103	燃料流量	kg/h	PT1104	过热蒸汽压力	MPa
FT1104	空气量	m³/s	PT1106	除氧器压力	MPa
FT1105	过热蒸汽流量	kg/h	TT1101	炉膛中心火焰温度	℃
FT1106	软化水流量	kg/h	TT1102	汽水分离后的过热蒸汽温度	℃
FT1107	烟气流量	kg/h	TT1103	进入减温器的过热蒸汽温度	℃
LT1101	除氧器液位	%	TT1104	最终过热蒸汽温度	℃
LT1102	汽包水位	%	TT1105	烟气温度	℃

3. SMPT-1000 与 PCS7 的通信

SMPT-1000 与 PCS7 的通信方式有两种：一种是传统的 4～20mA 模拟量/数字量通信方式，另一种是 PROFIBUS 现场总线通信方式。

（1）传统 4～20mA 模拟量/数字量通信方式。SMPT-1000 的各种模拟量/数字量 I/O 信号与 PCS7 系统中 ET200M 分布式 I/O *.*模块的相应通道相连，符合传统的 DCS 通信方式，即上位机监控系统↔现场控制站↔被控对象的标准三层结构，如图 8-90 所示。

（2）PROFIBUS 现场总线通信方式。采用 PROFIBUS 现场总线通信时，信号传输量大，传输速率高，不受 ET200M 分布式 I/O 模块数量的限制。此时，已无须使用 ET200M，SMPT-1000 本质上变成了 PCS7 的从站，如图 8-91 所示。

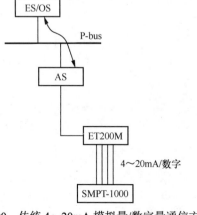

图 8-90 传统 4～20mA 模拟量/数字量通信方式

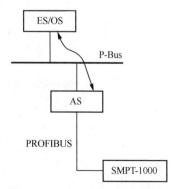

图 8-91 PROFIBUS 现场总线通信方式

两种通信方式仅仅在 AS 硬件组态时有所不同。

8.4.3 新建项目、硬件组态与网络组态

1. 新建项目

（1）打开 SIMATIC 管理器。点击桌面图标"SIMATIC Manager"，或点击"Start→Simatic→SIMATIC Manager"，可以打开 SIMATIC 管理器。

在打开 SIMATIC 管理器的同时，新建工程向导（PCS7 Wizard: 'New Project'）也将打开，可以在新建工程向导的帮助下，建立一个新的 PCS7 工程，如图 8-92 所示。

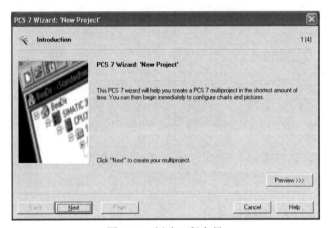

图 8-92　新建工程向导

在 SIMATIC 管理器中，可以使用菜单命令"File→'New Project' Wizard…（新建工程向导…）"，打开新建工程向导。

（2）新建工程项目。新建工程项目可分为以下几步：

1）单击"Next"按钮，在步骤 2（4）"Which CPU are you using in your project?（在项目中使用的是哪个 CPU？）"中选择要在项目中使用的 CPU 包。所选 CPU 包的详细信息显示在列表下方，如图 8-93 所示。

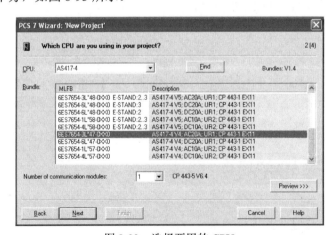

图 8-93　选择要用的 CPU

2）单击"Next"按钮，在步骤 3（4）"Which objects are you still using?（项目中仍将使用哪些对象？）"中，进行以下设置：①从"Number of levels（层级数）"下拉列表框中选择条目"4"；②在"AS objects（AS 对象）"下，检查是否激活了"CFC chart（CFC 图表）"和"SFC chart（SFC 图表）"复选框；③激活"OS objects（OS 对象）"下的"PCS7 OS"复选框。将自动选中"Single station system（单站系统）"选项，如图 8-94 所示。

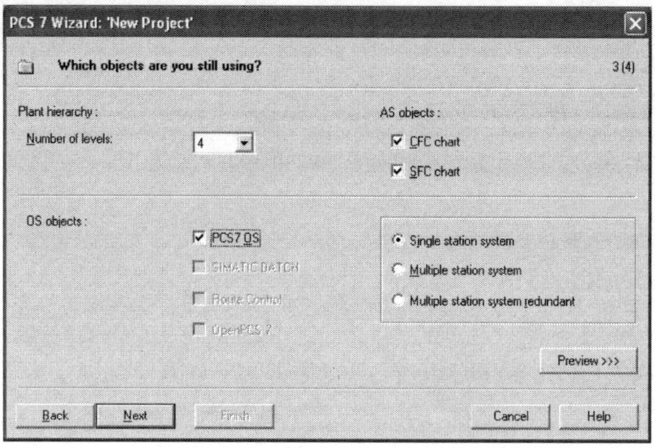

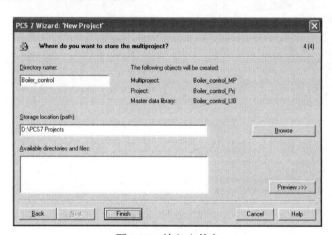

图 8-94　"PCS7 OS"复选框

3）单击"Next"按钮，在"Directory name（目录名）"输入框中输入名称"color_gs"并接受指定的储存位置，如图 8-95 所示。

图 8-95　输入文件名

4）单击"Finish"按钮，将打开"Message Number Assignment Selection（选择消息号分配）"对话框以创建项目，并且会激活"Assign CPU-oriented unique message numbers（分配面向 CPU 的唯一消息编号）"选项按钮，如图 8-96 所示。

5）单击"OK"按钮，将使用这些设置完成项目。PCS7 需要一段时间创建工程并保存先前所做的设置。

6）项目创建完成后，将在 SIMATIC 管理器中显示所创建项目的组件视图。

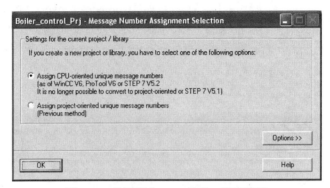

图 8-96　分配面向 CPU 的唯一消息编号

2. 硬件组态

（1）AS 组态。AS 按以下步骤组态：

1）打开 HWConfig（硬件组态）视图。在 Component View 的左侧树形结构中选择"项目名_MP/项目名_Prj/SIMATIC 400(1)"文件夹，在右侧详细视图中双击"Hardware（硬件）"对象，HWConfig 视图将会打开并显示已创建的硬件配置视图，如图 8-97 和图 8-98 所示。

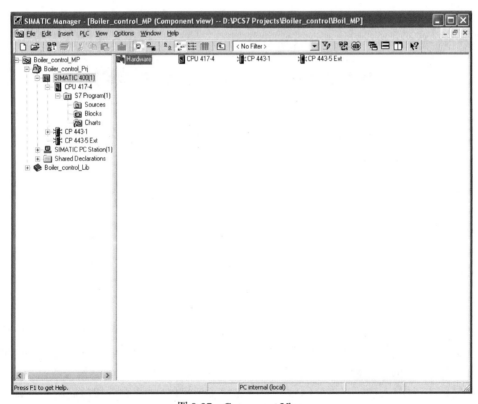

图 8-97　Component View

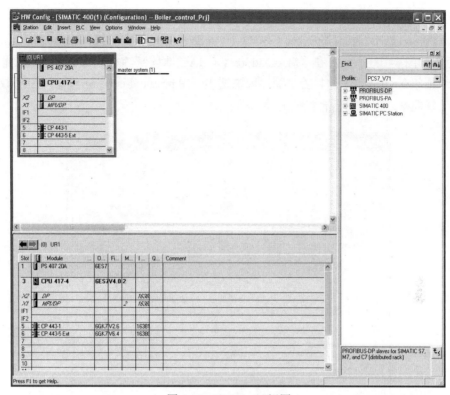

图 8-98　HWConfig 视图

2）CP443-1 的设置。选择 CP443-1，然后选择菜单命令"Edit（编辑）→Object Properties...（对象属性...）"，将打开"属性 CP 443-1（Properties CP 443-1）"对话框，如图 8-99 所示。

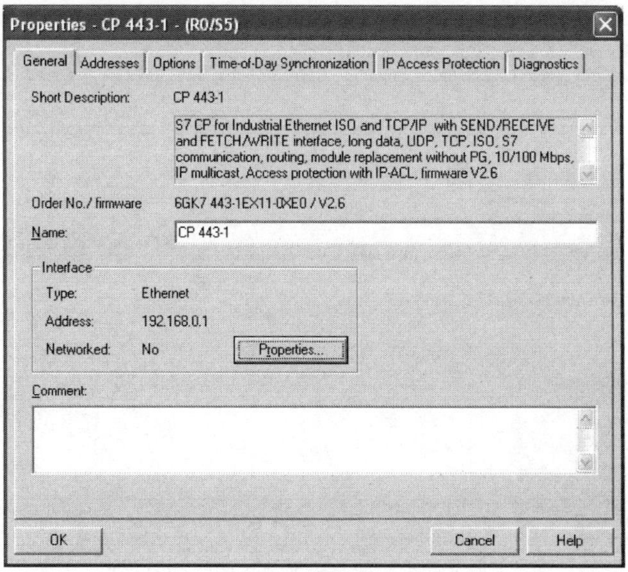

图 8-99　属性 CP 443-1 对话框

241

在"General（通用）"选项卡的"Interface（接口）"组中，单击"Properties（属性）"，将打开"Properties-Ethernet interface CP 443-1（R0/S5）[属性-以太网接口 CP443-1（R0/S5）]"对话框，如图 8-100 所示。在"MAC address（MAC 地址）"输入框中输入 MAC 地址。MAC 地址印在 CP 443-1 的封盖下面。取消选中"IP protocol is being used（IP 协议正在使用）"复选框，将禁用所有相关的输入框。

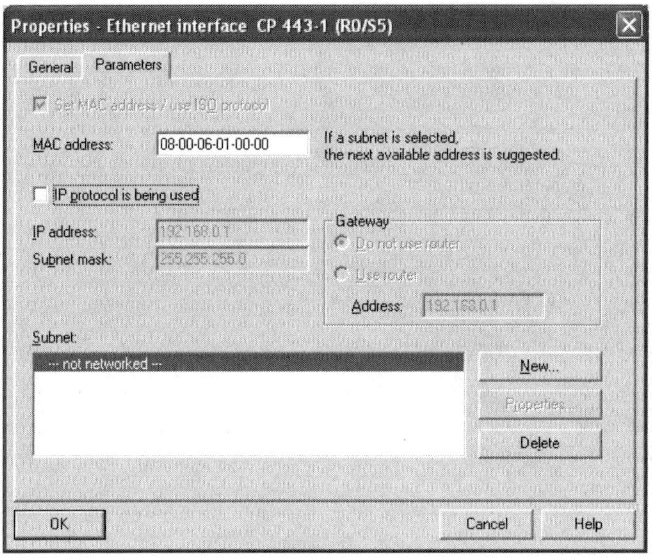

图 8-100　属性-以太网接口 CP443-1（R0/S5）对话框

单击"New..."按钮以创建新网络连接。CPU 使用该网络连接与 ES 进行通信，将打开"Properties-New subnet Industrial Ethernet（属性-新建工业以太网子网）"对话框，如图 8-101 所示。

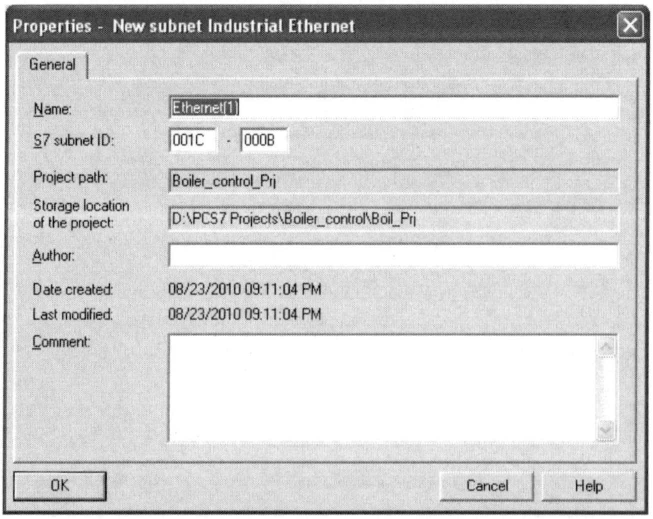

图 8-101　属性-新建工业以太网子网对话框

单击"OK"按钮应用所有默认设置。"Ethernet（1）"条目已在"Subnet（子网）"列表中输入并选中，如图 8-102 所示。

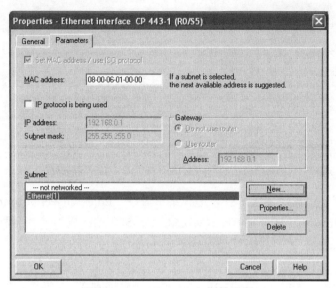

图 8-102　Ethernet（1）属性设置

单击"OK"按钮应用设置，将打开"Properties-CP 443-1（RO/S5）［属性-CP 443-1（RO/S5）］"对话框。

3）ET200M 的设置。从硬件目录中选择 PROFIBUS-DP→ET200M→IM 153-2，将该模块拖放到 PROFIBUS（1）:DP master system（1）上，将打开"Properties-PROFIBUS interface IM 153-2（PROFIBUS 总线通信模块 IM 153-2 属性）"对话框，其中的"Parameters（参数）"选项卡处于选中状态。在"Address（地址）"选项中设置 IM 153-2 的地址，单击"OK"按钮。

在硬件配置窗口，按照 ET200M 的 I/O 卡件顺序和卡件型号，添加 I/O 卡件。单击硬件目录中的"IM 153-2→DI-300→SM 321 DI 16*DC24V"模块（订货号为 6ES7 321-1BH02-0AA0），拖放到硬件配置窗口 IM 153-2 组态表底部（绿色区域）的插槽 4 上。

单击硬件目录中的"IM 153-2→DO-300→SM 322 DO 16*DC24V/0.5A"模块（订货号为 6ES7 322-1BH01-0AA0），拖放到硬件配置窗口 IM 153-2 组态表底部的插槽 5 上。

单击硬件目录中的"IM 153-2→AI-300→SM 331 AI8*12Bit"模块（订货号为 6SE7 331-7KF02-0AB0），拖放到硬件配置窗口 IM 153-2 组态表底部的插槽 6 上。

单击硬件目录中的"IM 153-2→AO-300→SM 332 AO4*12Bit"模块（订货号为 6ES7 332-5HD01-0AB0），拖放到硬件配置窗口 IM 153-2 组态表底部的插槽 7 上。

配置结果如图 8-103 所示。

对 I/O 卡件进行设置。在硬件配置窗口选中 DI 卡件，选择菜单命令"Edit→Object Properties…（对象属性…）"，打开"Properties–DI 16*DC24V–（R-/S6）（DI 属性）"对

话框。选中"Inputs"选项卡，在"Enable"中勾选"Diagnostic Interrupt"。

Slot	Module	Order Number	I Address	Q Address	Comment
1					
2	IM 153-2	6ES7 153-3AA02-0XB0	16378*		
3					
4	DI16xDC24V	6ES7 321-1BH02-0AA0	0..1		
5	DO16xDC24V/0.5A	6ES7 322-1BH01-0AA0		0..1	
6	AI8x12Bit	6ES7 331-7KF02-0AB0	512..527		
7	AO4x12Bit	6ES7 332-5HD01-0AB0		512..519	
8					
9					
10					
11					

(3) IM 153-2, Redundant

图 8-103　IM 153-2 组态配置结果

在硬件配置窗口选中 DO 卡件，选择菜单命令"Edit→Object Properties…（对象属性…）"，打开"Properties–DO 16*DC24V/0.5A–（R-/S6）（DO 属性）"对话框。选中"Inputs"选项卡，在"Enable 中"勾选"Diagnostic Interrupt"。

在硬件配置窗口选中 AI 卡件，选择菜单命令"Edit→Object Properties…（对象属性…）"，打开"Properties–AI 8*12Bit–（R-/S6）（AI 属性）"对话框。选中"Inputs"选项卡，在"Enable"中勾选"Diagnostic Interrupt"；在"Measuring Type（测量类型）"中选择"2DMU（四线制变送器）"；在"Measuring Range（测量范围）"中，确保选择"4..20mA（4～20mA 变送信号）"。

在硬件配置窗口选中 AO 卡件，选择菜单命令"Edit→Object Properties…（对象属性…）"，打开"Properties–AO 4*12Bit–（R-/S7）（AO 属性）"对话框。选中"Inputs"选项卡，在"Enable"中勾选"Diagnostic Interrupt"。

选中"Outputs"选项卡，在"Type of Output（输出类型）"中，选择"I（电流输出）"；在"Output Range（输出范围）"中，确保选择"4..20mA（4～20mA 信号）"，如图 8-104所示。将描述性符号名分配给卡件的 I/O。使用名称将过程标签与 I/O 模块互联，比使用容易混淆的绝对地址简单得多，建议以设备位号作为符号名。

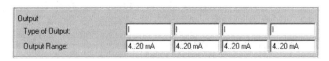

图 8-104　输出类型

在硬件配置窗口选中卡件，选择菜单命令"Edit→Symbols…（符号…）"，将打开"Edit Symbols–…（编辑符号）"对话框。每个模块的所有绝对地址都在列表中指定。在"Symbol（符号）"列中为相应地址输入符号名，将光标移动到"Data type（数据类型）"列，系统会自动输入数据类型 BOOL。将光标移到"Comment（注释）"列，可输入注释内容。单击"OK"按钮，保存设置并关闭对话框。

（2）OS 组态。OS 组态和 AS 组态一样，就是要在 ES 中组态真实的 OS，并且双方通信成功。真实的 OS，就是未来要用作 OS 的那台 PC。所谓 OS 的硬件，就是其站组态编辑器（station configuration editor，SCE）中的内容。因此，OS 组态时，必须要按照 SCE 的硬件配置进行组态，并与 SCE 保持一致。

1）修改 OS 站名。在 Component View 的左侧树形结构中选择"项目名_MP/项目名_Prj/SIMATIC PC Station（1）"对象，选择菜单命令"Edit（编辑）→Object Properties（对象属性）"。在"Name（名称）"输入框中输入本地计算机的名称，即它在网络上显示的名称。可以在 SCE 的"Station（站）"框中找到该名称。激活"Computer name（计算机名称）"区域中的"Computer name identical to PC station name（与 PC 站名称相同的计算机名称）"复选框，计算机名称会自动输入下面的域中。单击"OK"按钮应用设置，并关闭该对话框。组件视图用黄色箭头标识 PC 站符号。

2）打开 HWConfig 视图。在 Component View 的左侧树形结构中选择"项目名_MP/项目名_Prj/[PC 站的名称]"文件夹，在右侧详细视图中双击"Configuration（组态）"对象，HWConfig 视图将会打开并显示已创建的 OS 组件。硬件目录已打开，"PCS7_V71"配置文件处于激活状态。

3）组态网卡。从硬件目录中选择"SIMATIC PC-Station/CP-Industrial Ethernet/IE General/SW V6.2 SP1...（SIMATIC PC 站/CP 工业以太网/IE 常规/SW V6.2 SP1...）"，并通过拖放操作将其移动到插槽上，将打开"Properties-Ethernet interface（属性-以太网接口）"对话框。激活"Set MAC address/use ISO protocol（设置 MAC 地址/使用 ISO 协议）"复选框。在"MAC address（MAC 地址）"输入框中输入网卡的 MAC 地址，该地址可以从"组态控制台"中找到。取消选中"IP protocol is being used（IP 协议正在使用）"复选框。在"Subnet（子网）"列表框中选择条目"Ethernet（1）"，如图 8-105 所示。单击"OK"按钮应用设置。关闭对话框并返回到 HW Config。

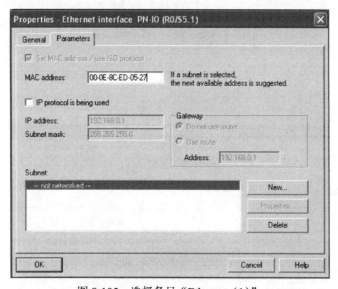

图 8-105　选择条目"Ethernet（1）"

3. 网络组态

组态完 AS、OS，需要考虑 AS 和 OS 之间的通信，即建立 AS 和 OS 的连接。

（1）打开 NetPro。在 Component View 的左侧树形结构中选择"项目名_MP/项目名_Prj/[本地计算机的名称]/WinCC 应用程序（WinCC Application）"对象，在详细视图中选择"Connections（连接）"条目，然后选择菜单命令"Edit（编辑）→Open Object（打开对象）"，此时会打开 NetPro。

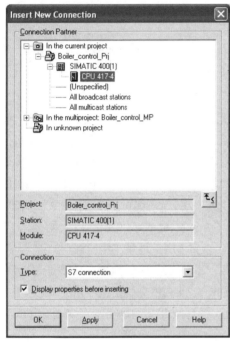

图 8-106　插入新连接

（2）建立 AS 和 OS 的连接。AS 和 OS 的连接步骤如下：

1）打开"Insert New Connection（插入新连接）"对话框。在树形视图中选择项目的 CPU，该 CPU 是 OS 的通信伙伴，即它会接收该 AS 的数据。在"Connection（连接）"组中，检查是否将"S7 Connection（S7 连接）"设置为类型以及是否激活了"Display properties before inserting（插入前显示属性）"复选框，如图 8-106 所示。

2）单击"OK"按钮，打开"Properties-S7 connection（属性-S7 连接）"对话框，且"General（常规）"选项卡处于激活状态。选择以下用于 CPU 和 OS 之间连接的伙伴：本地的接口为"CP of the OS（[OS 的网络适配器]）"，选择"IE General（IE 常规）"；伙伴的接口为"[CP of the AS]（[AS 的 CP]）"，如 CP 443-1，如图 8-107 所示。

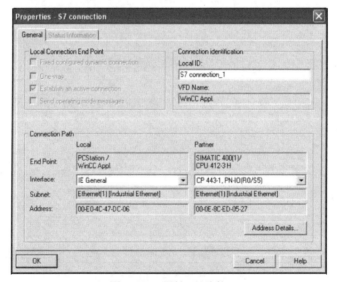

图 8-107　属性-S7 连接

3）单击"OK"按钮，新建连接将显示在列表中。如果选择 AS 对应的 CPU，也会显示该连接。选择菜单命令"Network（网络）→Save and Compile...（保存并编译...）"，将打开"Save and Compile（保存并编译）"对话框，如图 8-108 所示。

4）激活"Compile and check everything（编译并检查全部内容）"选项并单击"OK"按钮。编译操作完成后，将打开"Outputs for consistency check（一致性检查的输出）"窗口。如果已经执行编译并且未发生错误，则关闭该窗口。如果显示任何错误，则根据错误消息更正错误并且重复编译操作。

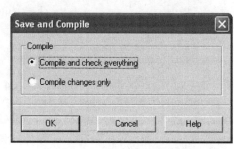

图 8-108　保存并编译对话框

4. 下载 OS、AS 和网络组态

首先下载 OS，下载时注意组态内容和目标 PC 的 SCE 配置保持一致；其次下载 AS；最后下载网络连接，因为在 OS、AS 下载时不包含任何网络信息，所以必须进行网络连接的下载。

（1）设置 PG/PC 接口。打开 NetPro，设置 PG/PC 接口，设为 PC internal。

（2）下载 OS。将 OS 组态内容配置到目标 PC 的 SCE 中。切换到 SIMATIC 管理器，选择 PC 站，然后选择菜单命令"PLC→Configure...（组态...）"，将打开"Configure（组态）"对话框。单击"Configure（组态）"，将打开"Configure:<Selected Station→（组态：<选定的站→）"对话框。单击"OK"按钮，并在随后打开的信息窗口中单击"OK"按钮进行确认，将组态数据传送至 PC 站。出现"Transfer successfully completed（已成功完成传送）"消息时，单击组态画面上的"Close（关闭）"按钮。

在 Component View 的左侧树形结构中选择"项目名_MP/项目名_Prj/[PC 站的名称]"文件夹，在右侧详细视图中双击"Configuration（组态）"对象，打开 HWConfig 视图，会显示已经组态的 OS 组件。选择 PC 站，接着选择菜单命令"PLC→Download（下载）"，此时将打开消息对话框"Delete system data completely from the automation system and replace with offline system data. Are you sure?（将系统数据完全从 AS 中删除并替换为离线系统数据，确定吗？）"；单击"Yes"按钮，将打开消息对话框"Stop Target Modules（停止目标模块）"，单击"OK"按钮，下载完成。

（3）下载 AS。将 CPU 切换为 STOP 模式。在 Component View 的左侧树形结构中选择"项目名_MP/项目名_Prj/SIMATIC 400（1）"文件夹，在右侧详细视图中双击"Hardware（硬件）"对象，HWConfig 视图将会打开并显示已经组态的硬件配置视图。选择菜单命令"PLC→Compile and Download Objects（编译和下载对象）"，将打开"Compile and Download Objects（编译和下载对象）"对话框。单击"Start（启动）"，将开始编译和下载操作。该功能完成后，将在文本编辑器中打开日志文件，关闭文本编辑器。在"Compile and Download Objects（编译和下载对象）"对话框中单击"Close（关闭）"，对话框关闭。

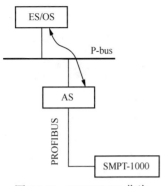

图 8-109 SMPT-1000 作为
PROFIBUS 从站

（4）下载网络连接。打开 NetPro，选择 SIMATIC PC 站的"WinCC Application（WinCC 应用程序）"对象，在底部的详细信息窗口中选择已经建立的网络连接。右击选择"Download Connection（下载连接）"，将下载网络连接。

8.4.4　SMPT-1000 作为从站与 PCS7 通信

SMPT-1000 作为 PROFIBUS 从站与 PCS7 通信时，硬件连接结构如图 8-109 所示。

1. 硬件组态

打开 HWConfig（硬件组态）视图，如图 8-110 所示。

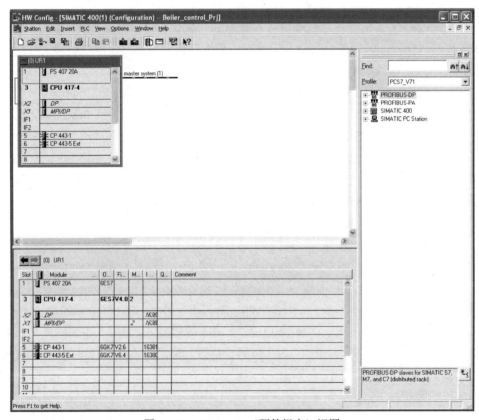

图 8-110　HWConfig（硬件组态）视图

2. CP443-1 的设置

（1）属性设置。打开"Properties CP 443-1（属性 CP 443-1）"对话框。在"General（通用）"选项卡的"Interface（接口）"组中，单击"Properties（属性）"，打开"Properties-Ethernet interface CP 443-1（R0/S5）[属性-以太网接口 CP443-1（R0/S5）]"对话框。在"MAC address（MAC 地址）"输入框中输入 MAC 地址。取消选中"IP protocol is being used

（IP 协议正在使用）"复选框，如图 8-111 所示。

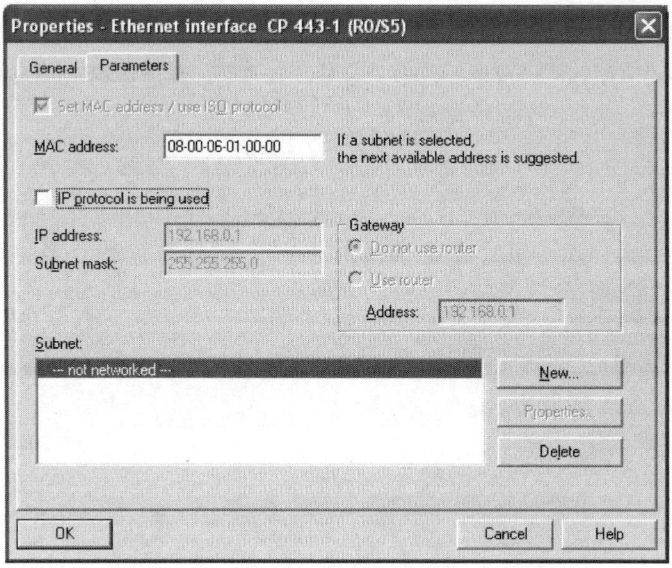

图 8-111　属性-以太网接口 CP443-1 对话框

（2）创建网络连接。单击"New..."，打开"Properties-New subnet Industrial Ethernet（属性-新建工业以太网子网）"对话框，单击"OK"按钮应用所有默认设置。"Ethernet（1）"条目已在"Subnet（子网）"列表中输入并选中，单击"OK"按钮应用设置。将打开"Properties –Ethernet interface CP 443-1（R0/S5）[属性-CP 443-1（RO/S5）]"对话框，单击"OK"按钮应用设置并关闭该对话框，如图 8-112 所示。

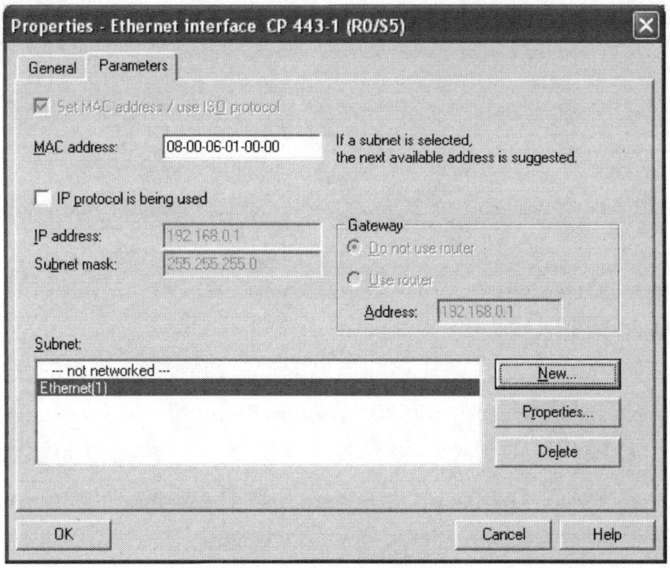

图 8-112　子网列表

3. SMPT-1000 的设置

（1）添加 i-7550 模块。在"Catalog"中选择"Profile:Standard"，将在页面下方出现树状菜单，依次打开"PROFIBUS-DP→Additional Field Devices→Gateway→i-7550"，拖动该组件到"PROFIBUS（1）:DP master system（1）"上。弹出组件配置窗口，将"Address（地址）"设置为 7，点击"OK"按钮。

（2）设置 i-7550 模块对应的各项参数。双击"（7）i-7550"组件，弹出配置窗口，选择"Parameter Assignment（参数配置）"选项卡，将"baud rate（波特率）"设置为 9600，将"end char of input data（输入数据的结束字符）"设置为 None，其他选项保留默认设置即可，如图 8-113 所示。

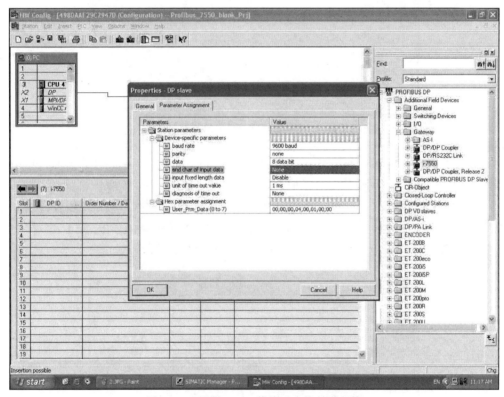

图 8-113　设置 i-7550 模块对应的各项参数

（3）添加 AI/AO DI/DO 通道。具体如下：

1）点击"（7）i-7550"组件，在详细信息配置窗口表格第 1 行的任意位置右击，在弹出的菜单中选择"Insert Object→i-7550→System Setting"。

2）依次右击详细信息配置窗口表格第 3～第 7 行，在弹出的菜单中选择"Insert Object→i-7550"，依次插入"1 Byte In""16 Word In""11 Word In""2 Byte Out"和"14 Word Out"。

4. 编译

从菜单中选择"Station（站）→Save and Compile（保存并编译）"，保存整个 AS 硬

件组态。除 AS 硬件组态之外，SMPT-1000 作为 PROFIBUS 从站与 PCS7 通信时，OS 组态、网络组态以及 OS 下载、AS 下载和网络连接下载与 8.4.3 中所述一样。

硬件组态与网络组态完成后，若想 SMPT-1000 与 PCS7 通信成功，还需要对 SMPT-1000 的 i-7550 模块进行系统设置，具体而言就是设置 SMPT-1000 的数据发送机制以及定义发送字节数量。i-7550 模块在"System Settings（系统设置）"的输出模组中，利用首字节 QB0 取值的变化触发数据发送机制；发送字节的数量在第 3 个字节 QB2 中定义，如图 8-114 所示。

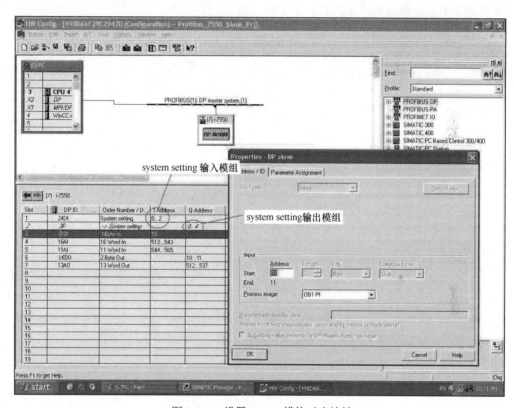

图 8-114　设置 i-7550 模块对应地址

（1）利用 QB0 触发数据发送机制。QB0 的数据每变化一次，会发送一批数据到 i-7550 模块。因此，可以使 QB0 的最低位 Q0.0 按照 0→1→0→1→⋯的规律变化，触发数据发送机制。具体实现方法有很多种。例如，"System Settings（系统设置）"输入模组的第 3 个字节 IB2 用于存放接收计数，因此其最低位 I2.0 的值是按照 0→1→0→1→⋯的规律变化的。可以在 CFC 中添加一个 DI 模块和一个 DO 模块，DI 模块的外部输入取地址 I2.0，DO 模块的外部输出取地址 Q0.0，DI 模块的输出端连接到 DO 模块的输入端。也可以在 SCL 中编写语句，令 Q0.0=I2.0。

（2）在 QB2 中定义发送字节的数量。SMPT-1000 发送的字节数量为 30。具体实现方法也有很多种。例如，在变量表中添加变量 QB2，将"Modify value（修改值）"修改为"B#16#1E"，即十进制 30。变量表在"Component View（组件视图）"的"Blocks（块）"

文件夹中添加。也可以在 SCL 中编写语句，依次令 Q2.0=0、Q2.1=1、Q2.2=1、Q2.3=1、Q2.4=1、Q2.5=0。

小　　结

本章通过实例介绍了各种现场总线测控系统的特点，分别介绍了基于 LonWorks 总线、基于 CAN 总线、基于 iCAN 总线、基于 PROFIBUS 总线的测控系统的实例，为设计各种基于不同总线的测控系统提供了实例依据。

第9章 无线测控系统开发实例

本章主要介绍无线测控网络的上位机开发环境和物联网开发平台，用物联网开发平台可以极大地降低无线测控系统上位机软件的开发难度和开发周期，具有很强的实用价值。

9.1 无线测控系统开发环境

9.1.1 PC 上位机开发环境

1. PC 上位机常用开发环境

（1）Visual C++。Visual C++是 Microsoft 公司开发的一个强大的可视化软件开发工具。Visual C++ 6.0 不仅是一个 C++编译器，也是一个基于 Windows 操作系统的可视化集成开发环境。Visual C++ 6.0 由许多组件组成，包括编辑器、调试器、程序向导和其他开发工具。这些组件通过一个叫作 Developer Studio 的组件被集成到一个和谐的开发环境中。

（2）C++ Builder。C++ Builder 是由 Borland 公司推出的一款可视化集成开发工具。C++ Builder 具有快速的可视化开发环境，只要简单地把控件拖到窗体上，定义一下它的属性，设置一下它的外观，就可以快速地建立应用程序界面；C++ Builder 内置了 100 多个完全封装了 Windows 公用特性且具有完全可扩展性（包括全面支持 ActiveX 控件）的可重用控件；C++ Builder 具有一个专业 C++开发环境所能提供的全部功能，包括快速、高效、灵活的编译器优化，逐步连接，CPU 透视，命令行工具等。它实现了可视化的编程环境和功能强大的编程语言（C++）的完美结合。

2. PC 上位机系统设计

PC 上位机系统位于无线测控系统的最上层，也称应用层，用户通过与后台管理系统的信息交换来实现对接收到的数据的处理和管理。PC 上位机系统的设计任务包括总体结构设计、模块结构与功能设计、数据库设计和具体代码的实现。无线测控系统上位机软件的总体结构如图 9-1 所示。

上位机软件由用户界面、数据库、打印报表模块、数据处理模块、系统管理模块和通信接口模块组成。

（1）用户界面是监控中心用户与系统软件对话的界面，它可以调用数据库中的数据进行快速计算、统计、图形显示、报表打印等，并可以调用通信接口模块和下位机进行数据通信。

（2）数据库存储处理后的各项数据，并可通过数据处理模块方便地完成查询、排序、建立索引等工作。

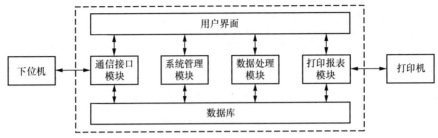

图 9-1　无线测控系统上位机软件的总体结构

（3）打印报表模块是根据用户需要将数据库中的数据做成报表形式，然后可以直接输出到打印机。

（4）数据处理模块对从下位机传来的数据进行处理并保存在数据库中，还能对大量数据完成查询、浏览等工作。

（5）系统管理模块完成对用户、设备及数据库的管理工作，通过该模块可以方便地对系统进行日常维护和管理，增加了系统运行的可靠性。

（6）通信接口模块是一个模块化的通信子系统，是监控中心平台与下位机的接口部分，负责对通信设备的初始化和接收传送过来的数据，按照预先定义好的通信协议对所接收的数据进行解释并传送给主程序。

9.1.2　Android 上位机开发环境

配置 Android 开发环境之前，首先需要了解 Android 开发对操作系统的要求。JDK是一个开源、免费的工具，是其他 Java 开发工具的基础，所以首先必须安装 JDK。但是，JDK 并未提供 Java 源代码的编写环境，所以实际的代码编写还需要用其他文本编辑器来编辑。一般 Android 软件设计以 Eclipse 作为开发工具。

1. 安装 JDK

甲骨文公司官网提供免费的 JDK 下载，下载网址为 http://www.Oracle.com/technetwork/Java/javase/downloads/index.htm，下载界面如图 9-2 所示。

图 9-2　JDK 下载界面

直接运行下载的 JDK 安装文件，按照提示指引进行安装。需要注意的是，安装过程中选择将 JRE 一并安装。JDK 是 Java 的开发平台，在编写 Java 程序时，需要用 JDK 进行编译处理；JRE 是 Java 程序的运行环境，包含了 Java 虚拟机（Java virtual machine，JVM）的实现及 Java 核心类库，编译后的 Java 程序必须使用 JRE 执行。在下载的 JDK 安装包中集成了 JDK 与 JRE，所以在安装 JDK 过程中会提示安装 JRE。

JDK 安装配置后，在 CMD 命令行窗口中运行 JDK 命令 java–version 和 javac，如图 9-3 所示。

图 9-3　Android 环境变量配置

2. 安装 Eclipse

Eclipse 是一个源码开放、基于 Java 的可扩展开发平台。就其本身而言，它只是一个框架和一组服务，用于通过插件组件构建开发环境。幸运的是，Eclipse 附带了一个标准的插件集，包括 JDK。Eclipse 可从其官网下载，下载地址为 http://www.eclipse.org/downloads/，界面如图 9-4 所示。

3. 安装 Android Studio

Android Studio 是一个 Android 集成开发环境，基于 IntelliJ IDEA。因此，该软件大体是在 IntelliJ IDEA 的基础上增加了一些针对 Android 开发的实用功能和一些对使用者友好的处理。Android Studio 提供了集成的 Android 开发工具用于开发和调试。Android Studio 可从其官网下载，下载地址为 https://developer.android.google.cn/studio，下载界面如图 9-5 所示。

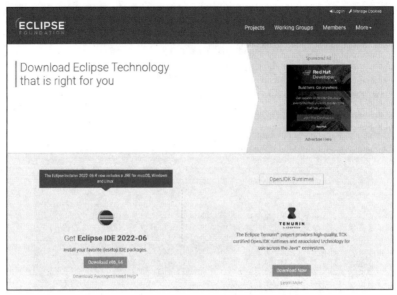

图 9-4　Eclipse 下载界面

图 9-5　Android Studio 下载界面

9.1.3　iOS 上位机开发环境

1. 安装准备

移动开发主要分为 Android 开发和 iOS 开发，其中 Android 是谷歌在 2007 年宣布开源的移动操作系统，iOS 是苹果于 2007 年发布的移动操作系统。

2. 下载安装 Xcode

Xcode 是运行在 MacOS 上的集成开发工具，由苹果公司开发。Xcode 是开发 macOS 和 iOS 应用程序的最快捷的工具。Xcode 具有统一的用户界面设计，编码、测试、调试都在一个简单的窗口内完成。同时，作为一种基于 XML 的语言，Xcode 可以提供各种使用场景。它提供了一种独立于工具的可扩展的方法来描述编译时组件的各个方面。

打开 MacOS 计算机上的 App Store，搜索 Xcode 并下载，下载完成后打开，可能会出现如图 9-6 所示的弹框，点击 install 开始安装。

3. 建立工程

打开 Xcode，点击"File→New→Project"，然后点击"iOS"下面的"App"选项，然后在输入框中填入工程名称即可，如图 9-7 所示。对"Organization Identifier"项，可以随便填写一个；对"Interface"项，保持默认的"StoryBoard"；对"Life Cycle"项，保持默认的"UIKit App Delegate"；对"Language"项，可根据需要选择，如果熟悉 Swift，可以选择 Swift 作为开发语言，一般选择 Objective-C 作为开发语言。

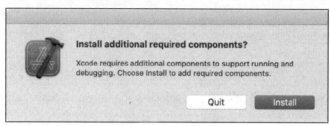

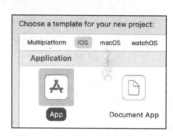

图 9-6　Xcode 安装　　　　　　　　　图 9-7　Xcode 建立新的工程

9.1.4　鸿蒙上位机开发环境

鸿蒙系统（HarmonyOS）是由华为公司推出的一款全新的面向全场景的分布式操作系统。它创造了一个超级虚拟终端互联的世界，将人、设备、场景有机地联系在一起，使消费者在全场景生活中接触的多种智能终端实现极速发现、极速连接、硬件互助、资源共享，并用合适的设备提供场景体验。它也是我国第一款真正意义上的智能终端操作系统。

1. 下载并安装

可根据自己的计算机系统，从鸿蒙开发者工具官方网站下载 HarmonyOS，下载地址为 https://developer.harmonyos.com/cn/develop/deveco-studio/，下载界面如图 9-8 所示。

图 9-8　HarmonyOS 下面界面

　　双击下载好的安装文件（.exe），进入安装向导，在安装选项界面勾选"DevEco Studio"之后，点击"Next"按钮，直到安装完成，点击"Finish"按钮，如图 9-9 所示。

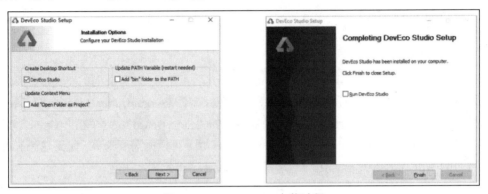

图 9-9　DevEco Studio 安装过程

2. 导入配置

　　运行安装好的 DevEco Studio，选择"Do not import settings"，点击"OK"按钮；之后进入操作向导页面，DevEco Studio 已经配置好 npm registry，直接点击"Start using DevEco Studio"进入下一步。

3. SDK 下载及配置

　　DevEco Studio 默认下载 OpenHarmony SDK，选择无中文字符的路径，点击"Next"按钮。

　　进入"HarmonyOS Legacy SDK"设置路径并选择需要下载的内容，点击"Apply"进行下载，下载完后点击"OK"即可使用，如图 9-10 所示。

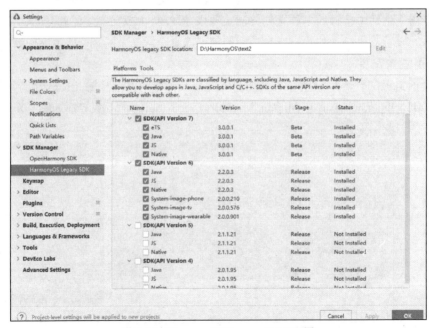

图 9-10　HarmonyOS Legacy SDK 配置

9.2　基于物联网的无线测控系统开发平台

在物联网的实际应用场景中，需要使用大量不同种类、不同通信方式的物联网终端。因此，如何接入和管理海量终端就成为一个大问题。对于有大量的分布式测控对象的应用场景，采用物联网平台进行上位机系统开发要比单独开发上位机软件要方便和高效得多。近年来，我国两轮电动车社会保有量超 3.5 亿辆，因电动车充电导致的火灾呈多发频发趋势。我国颁布了《高层民用建筑消防安全管理规定》（中华人民共和国应急管理部令 第 5 号），要求电动车在独立区域集中停放、充电，充电装置应具备定时断电、过载保护、短路保护、漏电保护等功能，促进了电动车智能充电行业的爆发。对于这样的应用场景，选用强大的物联网平台要实用高效得多。

9.2.1　国内主要的物联网云平台

目前国内主要的物联网云平台有阿里云、腾讯云、华为云、百度云和中国移动OneNET。

OneNET 是由中国移动打造的平台即服务（platform as a service，PaaS）物联网开放平台。该平台能够帮助开发者轻松实现设备接入与设备连接，快速完成产品开发部署，为智能硬件、智能家居产品提供完善的物联网解决方案；支持适配各种网络环境和协议类型，可实现各种传感器和智能硬件的快速接入，提供丰富的 API 和应用模板以支撑各类行业应用和智能硬件的开发，可有效降低物联网应用开发和部署成本；有专门的开发者论坛和 OneNET 学院提供专门的培训课程，开发文档丰富，实践案例较多，对物联网开发初学者比较友好。

综上所述，OneNET 平台比较适合初学者进行无线测控系统的开发，下面着重介绍OneNET 平台。

9.2.2　OneNET 平台搭建及实例创建

OneNET 已有"云-网-边-端"整体架构的物联网能力，具备接入增强、边缘计算、增值能力、人工智能、数据分析、一站式开发、行业能力、生态开放 8 大技术特点。全新版本的 OneNET 平台，向下延展终端适配接入能力，向上整合细分行业应用，可提供设备接入、设备管理等基础设备管理能力，以及基站定位、远程升级、数据可视化、消息队列等 PaaS 能力。同时，随着 5G 时代的到来，平台也在打造 5G+OneNET 新能力，重点提供并优化视频能力、人工智能、边缘计算等产品能力，通过高效、稳定、多样的组合式服务，让各项应用实现轻松上云，完美赋能行业端到端应用。

OneNET 可从其官网下载，下载地址为 https://open.iot.10086.cn/。下面详细介绍OneNET 实例创建过程：

（1）OneNET 支持"个人用户"和"企业用户"两种入驻方式，可以根据实际情况选择注册方式，如图 9-11 所示。

（2）注册完成后，回到主页点击"登录"按钮，即可进入 OneNET 的官方主页，并由此进入"控制台"界面，点击"控制台"，进入"全部产品服务"，选择"多协议接入"，如图 9-12 所示。

图 9-11　OneNET 注册界面

图 9-12　OneNET 控制台界面

（3）MQTT、HTTP、EDP 等是不同的协议，选择其中一个即可，如选择 HTTP，如图 9-13 所示。点击右上角的"添加产品"，在弹出的页面中按照提示填写产品的基本信息，进行产品创建，如图 9-14 所示。在创建过程中，有些内容若还不能确定，可暂时先选一个，后期再进行修改。

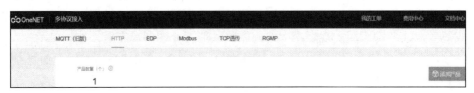

图 9-13　选择接入协议

（4）创建完成之后，可在"多协议接入—HTTP"下面看到刚创建的产品，单击产品，进入产品详情页面，选择设备列表，点击右上方的添加设备。

图 9-14　添加产品

（5）使用在线模拟器。创建产品后，可以利用 OneNET 云平台提供的在线调试功能模拟数据的上传，此时需要知道设备 ID 和产品 APIKey。APIKey 在产品概况中，点击"Master-APIKey"下的"查看"，会发送验证码到注册时所用的手机号，输入验证码，再次点击查看，可以看到 APIKey。

（6）使用网络调试助手调试。网络调试助手如图 9-15 所示。

OneNET 产品的其他功能，包括平台通用、MQTT 物联网套件、NB-IoT 物联网套件、多协议接入、应用编辑器、远程升级、消息队列、位置能力、视频能力、数据可视化、应用开发环境以及物生活平台、开发板、模组、物联卡的相关问题可以自行在 OneNET 官网查阅。下面将以 OneNET 为基础完成一个无线测控系统的开发实例。

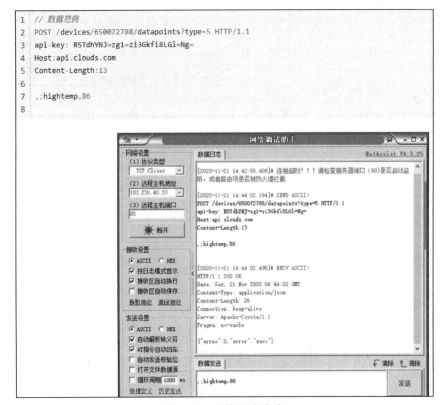

图 9-15　网络调试助手

9.3　基于 OneNET 平台的无线测控系统开发实例

基于 OneNET 平台开发一个冷库无线温度测控系统。该系统以温湿度作为监测参数，选择 CC2530 作为系统的核心芯片，采用 ZigBee 技术对冷库进行了环境监控。其主要工作原理为：利用温度、湿度传感器对冷库温度、湿度进行采集，并将数据传送至 ZigBee 终端，然后使用 ZigBee 协调端进行数据的分析与判断。这里注重的是硬件与软件的设计与调试，以确保监控系统可以高效稳定地完成对冷库内温湿度的实时监控。基于物联网的冷库环境监控系统与一般的监控系统相比，其优点在于可以实现远程实时监控，并且可以同时监控多个位置。它还减少了人工的参与，这样就尽量避免了因仓库管理人员的出入而造成的冷库内温湿度的变化。

9.3.1　硬件系统设计

该系统以单片机为主控制器，完成对各传感器的数据处理以及对电源供电、通信等功能的控制。使用 CC2530F256 与 Z-Stakc 软件协议栈实现 ZigBee 自组网，设计包括两块板子，其中一块作为 ZigBee 终端，另一块作为 ZigBee 协调器。ZigBee 终端用于采集传感器数据，并通过无线网络传输给 ZigBee 协调器。ZigBee 协调器收到来自终端的数据后，将数据与阈值进行比较，超标则触发声光告警，并下发控制命令控制终端控温设备的启动或关闭。控温设备采用继电器构成，具有自动控制模式与手动控制模式。自动控制模式是在传感器超标后启动继电器升降温，未超标则关闭继电器；手动控制模式则是通过 ZigBee 协调器上的按键或 OneNet 云平台进行控制。通过 ZigBee 协调器上的按键也可进行传感器阈值的设置。除此之外，ZigBee 通过 GPRS 可连接 OneNet 云平台，将传感器数据上传至 OneNet 云平台进行实时显示。云平台采用 Web 客户端作为人机交互界面，无论通过手机还是计算机均可实现远程监测控制，且兼容性较好。通过 OneNet 云平台可实现继电器手动、自动模式的切换与控制。该系统包括湿度传感器、温度传感器、供电模块等。其中，GPRS 模块可以将数据传送至客户端。硬件系统总体设计框图如图 9-16 所示。

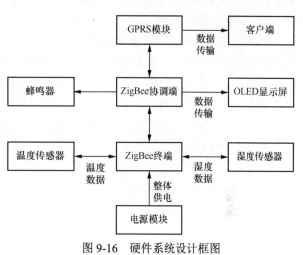

图 9-16　硬件系统设计框图

9.3.2　硬件电路设计

1. ZigBee 芯片

该系统选用 CC2530 型单片机。CC2530 是 ZigBee 技术中比较成熟的一款，该芯片配置有 16KB×16KB 的大容量 Flash 可确保数据可存储且不易丢失。CC2530 具有监测电量、温度等特性，完成硬件调试、多种串行通信协议的功能，是一款应用灵活、功能强大的 ZigBee 开发工具。主控模块 CC2530 的接口电路如图 9-17 所示。

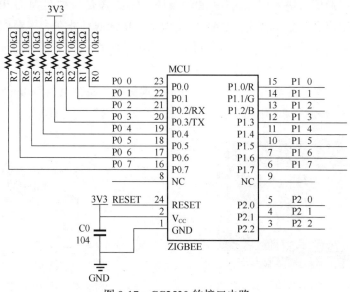

图 9-17　CC2530 的接口电路

CC2530 仅需要输入工作直流电压 3.3V。在电路设计中，将 0.1μF 电容加到电源 V_{CC} 的输入端，作为稳压器。R0～R7 的 10kΩ 电阻器用于抗扰动。干扰有可能导致关键线路的判断错误，但上拉电阻器与单片机的电压均为 3.3V，若有干扰，则会与微处理器一同被干扰，从而避免出现误操作。

2. 温度传感器模块

该系统采用 DS18B20 型温敏元件。DS18B20 是一款单母线型的数字式温度计，它的测温范围在−125～−55℃，准确度可达±0.5℃。DS18B20 型温度计的核心模块是 64 位的高速缓冲存储器，它的第 1 和第 2 个字节用于低、高温数据的存储；第 3 和第 4 个字节分别用于高温触发和低温触发设置；第 5 个字节用于设置温度获取准确度的组态寄存器。在后期的编程中，主要是通过读取和写入内存来实现温度的采集。DS18B20 接口如图 9-18 所示。

3. 湿度传感器模块

该系统选用 DHT11 温湿度传感器。DHT11 型温度、湿度传感器具有经标定的数码信号输出。其相对湿度的准确度为±5%，温度的准确度为±2℃；量程相对湿度为 5%～95%，量程温度为−20～+60℃。DHT11 温湿度传感器接口电路如图 9-19 所示，其中以 SENSOR1 表示。

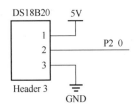

图 9-18　DS18B20 接口

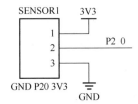

图 9-19　DHT11 温湿度传感器接口电路

4. 无线通信模块

该系统无线通信模块采用 GA6-B 通信模块。GA6-B 是一种四频 GPRS 模块，内置 TCP/IP，方便用户进行数据传送。GA6-B 体积小、功耗低且能在大多温度下正常工作，可谓是冷库环境监测系统的不二选择。GA6-B 模块的实物如图 9-20 所示。

GA6-B 模块只需 4 条导线就能与主控制器进行连接，并通过接口实现主机和 PC 之间的数据传输。其中一条是供电线路，一条是接地线路，还有两条负责控制和 GA6-B 的数据传输。GA6-B 模块接口电路如图 9-21 所示。

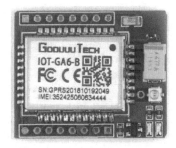

图 9-20　GA6-B 模块的实物图

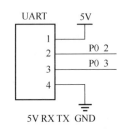

图 9-21　GA6-B 模块接口电路

5. OLED 显示模块

该系统选择 OLED 显示屏是一款采用 SPI 通信的屏幕，它具有显示效果清晰、响应快的特点，而且厚度较小（不到一寸）。OLED 显示屏通过 SPI 进行通信，所以具有 MOSI、SCK 等 SPI 的特点。在 SPI 通信中，屏幕刷新的速度比 I²C 通信屏幕快得多。OLED 显示屏如图 9-22 所示。OLED 显示屏能满足冷库环境监测系统对于相关信息显示的需求，无须背光的低功耗设计也使得它在长时间的运行显示方面具备很好的经济性。

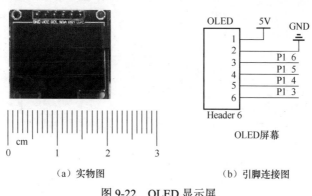

(a) 实物图　　　　　　　　(b) 引脚连接图

图 9-22　OLED 显示屏

6. 按键模块

按键模块用于调节阈值和复位。其中，S2 键用于切换手动或自动模式，可以通过查看显示屏上是"Hand"还是"Auto"来判断。在手动情况下，S3 键用来手动开启或关闭升温继电器，"L=0"表示升温继电器处于关闭状态，"L=1"表示升温继电器处于开启状态；S1 键用来手动开始或关闭降温继电器，"H=0"表示降温继电器关闭，"H=1"表示降温继电器开启。自动模式下，按 S1 键可以进入阈值设置界面，这时按 S2 可以增加数值，按 S3 键可以减小数值，按 S1 键可以换行直至退出阈值设置界面。

9.3.3　软件系统设计

1. 下位机软件设计

（1）ZigBee 软件设计。该软件由 ZigBee 终端的软件部分和 ZigBee 协调器的软件部分组成。

ZigBee 终端部分的程序流程如图 9-23 所示。首先以每秒一次的速率对温度和湿度传感器进行数据采集，然后把数据传送给 ZigBee 协调器，在发送结束后重置计时器。

ZigBee 协调器部分的程序流程如图 9-24 所示。开始时系统会对硬件进行初始化，然后用询问的方法来确定是否接收无线数据、是否改变了阈值、是否有上级的指令。这三个分支将程序分为三个部分。第一个分支是在接收到无线信号时，会根据接收到的信息，判断是否为节点数据，如果不是就放弃，然后进行下一步的判定。如果是一个节点数据，就会被填充到阵列中，然后求平均值，更新屏幕的显示内容。然后进行判定，如果超过了温度限值，就开启声光报警或者关掉声光报警。第二个分支是进行温度的阈值修改。

第三个分支是接受上位机的命令，根据命令来决定是否需要修改阈值。

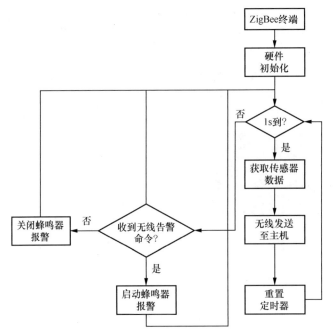

图 9-23   ZigBee 终端部分的程序流程

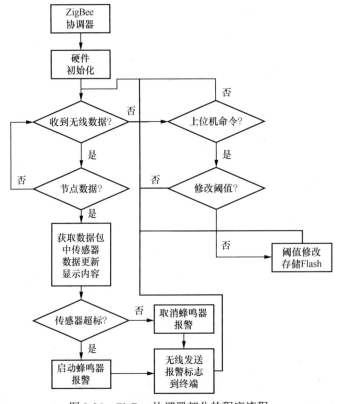

图 9-24   ZigBee 协调器部分的程序流程

（2）温度模块软件设计。对 DS18B20 数字式温度计的读写时序要特别注意，一旦顺序出现错误，部分传感器就不会对主机产生反应，从而导致传感器的准确度大幅度降低。DS18B20 数字式温度计的测试程序流程如图 9-25 所示。

（3）湿度模块软件设计。DHT11 温湿度传感器的测试程序流程如图 9-26 所示。DHT11 在未唤醒状态下运行在低功率状态。唤醒时，需要多点控制器（multipoint control unit，MCU）发出启动信号，DHT11 会从低功率状态切换为高功率状态；唤醒后 DHT11 会发出一个应答信号，采集并输出 40bit 的数据。

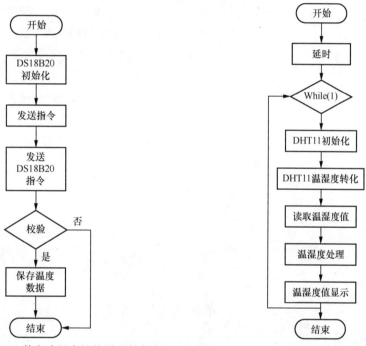

图 9-25　DS18B20 数字式温度计的测试程序流程　　图 9-26　DHT11 温湿度传感器的测试程序流程

（4）无线通信模块软件设计。该系统采用 GPRS 模块。GPRS 模块的传输和接收数据均由 AT 指令进行。该系统所选用的 GA6-B 模块采用 AT 指令接口，能够实现 TCP/IP 的数据传送。主要的 AT 指令见表 9-1。GPRS 的软件设计流程如图 9-27 所示。

表 9-1　　　　　　　　　　　　　　主要的 AT 指令

指令	作用	指令	作用
AT+CIPSTART	建立 TCP 连接或注册 UDP 端口号	AT+CIFSR	获取本地 IP 地址
AT+CIPSEND	发送 TCP 或 UDP 数据	AT+CIPSTATUS	查询当前连接状态
AT+CIPLOSE	关闭 TCP 或 UDP 连接	AT+CIPATS	设置自动发送 TCP/UDP 数据时间

2. 上位机软件设计

在 ZigBee 协同终端成功接入云端平台后，GPRS 系统将各节点的数据传输到 OneNET 云计算平台，并在与之相关的数据流中建立相应的数据点。在云平台上完成了数据的采

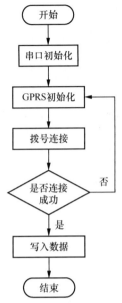

图 9-27　GPRS 软件设计流程

集，在 OneNET 平台上利用 OneNET 软件的开发实现了对设备数据的可视化。在云平台的监控接口设计部分，利用用户定制的数据流和数据流程，对系统的上位机进行了监控接口的设计。

OneNET 云平台提供了多个基于网页控制的独立功能，它可以为各个终端节点提供不同的应用界面，以方便用户通过智能终端上传数据。在监控接口设计部分，针对设备的实际应用特性，选取不同的数据流进行控制，编辑区左边是基本单元和控制单元，右边是属性、样式和图层。在监控接口设计部分，采用可视化控制的折线图表和显示面板对节点进行了数据显示。利用仪表板显示相关的数据流时，可以设定最大和最小，也可以选择仪表板的风格。可以选取一个或多个数据流，利用曲线图以直观的方式显示出数据的变化趋势。利用控制项可以将资料与相应的资料流进行关联，以显示资料并上传至云端。OneNET 云平台的应用图像编辑区如图 9-28 所示。

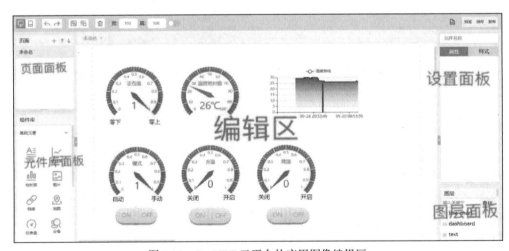

图 9-28　OneNET 云平台的应用图像编辑区

　　OneNET 云平台提供了一个内置的监测接口，它可以将监测接口嵌入用户的 Web 页面中，并根据需要的高度和宽度来定制页面的样式。首先，开发者必须在"ApplicationManagement-Applications"页中定位应用程序的内含代码；其次，检查程序内嵌程式码，在弹出的程式码页上复制程式码，程式码中的宽度与高度值会随着网页的大小而变化；最后，将已完成的内嵌程式码粘贴在自己的网站上，即可使用。完成了云端用户界面远程监测接口的设计，用户就可以在 PC 端登录 OneNET 进行远程监视。

9.3.4　软硬件联调

完成了系统的软硬件设备调试后，对系统要软硬件联调，以检验设备能否正常工作。软硬件联调步骤如下：

（1）在室温为 26℃时，给阈值设定为-10～28℃，此时室温在阈值内，无动作，如图 9-29 所示。

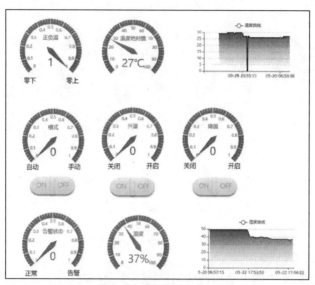

图 9-29　室温在阈值内

（2）将阈值的最大值调成 20℃，模拟室温高于阈值的情况，结果如图 9-30 所示，此时降温继电器自动启动了。硬件上表现为 H=1、L=0，且降温继电器亮绿光。

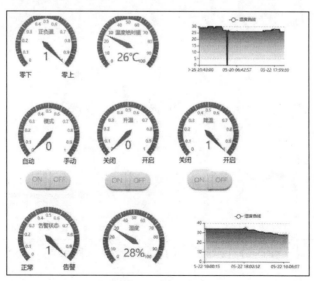

图 9-30　室温高于阈值

（3）将阈值调成 27～28℃，模拟室温低于最低值的情况，结果如图 9-31 所示，此时升温继电器自动启动了。硬件上表现为 H=0、L=1，且升温继电器亮绿光。

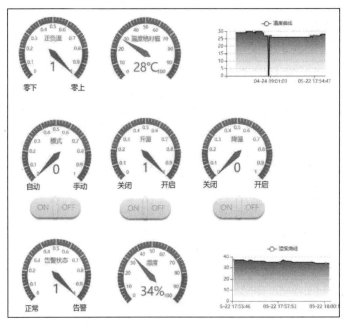

图 9-31　室温低于阈值

（4）为了检验该系统的手动和自动切换功能有无问题，把系统切换到手动模式，同时打开升温和降温继电器，发现切换功能正常，如图 9-32 所示。

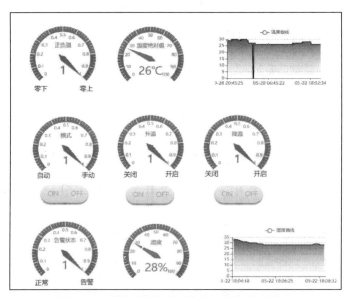

图 9-32　系统正常从自动模式切换为手动模式

经上述软硬件联调检验，证明该系统达到了最初设想的要求。

小　　结

本章首先介绍了无线测控系统开发环境，分别介绍了包括 PC、Android、iOS 和鸿蒙上位机开发环境；其次详细分析了基于物联网的无线测控系统开发平台，对比了目前国内主流的物联网云平台的优势和特点，重点介绍了 OneNET 云平台；最后给出了一个基于物联网云平台即 OneNET 的无线测控系统开发实例，详细介绍了软硬件的开发和调试过程，希望对进行相关的开发设计有所帮助。

参考文献

[1] 韩九强，张新曼，刘瑞玲. 现代测控技术与系统[M]. 北京：清华大学出版社，2007.

[2] 薛迎成，何坚强. 工控机及组态控制技术原理与应用[M]. 北京：中国电力出版社，2011.

[3] 宁继鹏，高放，刘捷. 浅析工业以太网的关键技术[J]. 通讯世界，2015（2）：21-22.

[4] 周立功，等. iCAN 现场总线原理与应用[M]. 北京：北京航空航天大学出版社，2007.

[5] 顾德英，罗云林，马淑华. 计算机控制技术[M]. 4 版. 北京：北京邮电大学出版社，2020.

[6] 牟琦. 微机原理与接口技术[M]. 3 版. 北京：清华大学出版社，2018.

[7] KAMAL R. 嵌入式系统体系结构　编程与设计[M]. 3 版. 北京：清华大学出版社，2017.

[8] 于海生，等. 计算机控制技术[M]. 2 版. 北京：机械工业出版社，2017.

[9] 吴宁，闫相国. 微型计算机原理与接口技术[M]. 5 版. 北京：清华大学出版社，2022.

[10] 张宁，袁胜智，陈晔. 现代测试技术及应用[M]. 北京：科学出版社，2022.

[11] 李醒飞. 测控电路[M]. 6 版. 北京：机械工业出版社，2021.

[12] 徐耀松，周围，贾丹平. 测控电路及应用[M]. 北京：电子工业出版社，2018.

[13] 李正军. 计算机测控系统设计与应用[M]. 北京：机械工业出版社，2004.

[14] 何坚强. 计算机测控系统设计与应用[M]. 北京：中国电力出版社，2012.

[15] 李刚，林凌. 现代测控电路[M]. 北京：高等教育出版社，2004.

[16] 郭岩宝. 智能仪器原理与设计[M]. 北京：中国石化出版社，2021.

[17] 史健芳，等. 智能仪器设计基础[M]. 3 版. 北京：电子工业出版社，2020.

[18] 李真花，崔健. CAN 总线轻松入门与实践[M]. 北京：北京航空航天大学出版社，2011.

[19] 张培仁，杜洪亮. CAN 现场总线监控系统原理和应用设计[M]. 合肥：中国科学技术大学出版社，2011.

[20] 饶运涛，邹继军，王进宏，等. 现场总线 CAN 原理与应用技术[M]. 2 版. 北京：北京航空航天大学出版社，2007.

[21] 李江全，汤智辉，朱东芹，等. Visual Basic 数据采集与串口通信测控应用实战[M]. 北京：人民邮电出版社，2010.

[22] 范逸之. Visual Basic 与 RS232 串行通讯控制[M]. 北京：中国青年出版社，2000.

[23] 李江全，曹卫彬，郑瑶，等. 计算机典型测控与串口通信开发软件应用实践[M]. 北京：人民邮电出版社，2008.

[24] 王化祥，崔自强. 传感器原理及应用[M]. 5 版. 天津：天津大学出版社，2021.

[25] 李世平，韦增亮，戴凡. PC 计算机测控技术及应用[M]. 西安：西安电子科技大学出版社，2003.

[26] 刘恩博，田敏，李江全，等. 组态软件　数据采集与串口通信测控应用实战[M]. 北京：人民邮电出版社，2010.

[27] 孟庆松，孟庆武，孙国兵，等. 监控组态软件及其应用[M]. 北京：中国电力出版社，2012.

[28] 谭浩强. C++面向对象程序设计[M]. 3 版. 北京：清华大学出版社，2020.

[29] 赵新秋. 工业控制网络技术[M]. 北京：机械工业出版社，2022.

[30] 周立功，等. iCAN 现场总线原理与应用[M]. 北京：北京航空航天大学出版社，2007.

[31] 毕宏彦，张日强，张小栋. 计算机测控技术及应用[M]. 西安：西安交通大学出版社，2010.

[32] 李江全，等. 现代测控系统典型应用实例[M]. 北京：电子工业出版社，2010.

[33] 程磊，李爱华. 面向对象程序设计（C++语言）[M]. 2 版. 北京：清华大学出版社，2018.

[34] 石冠先. 基于 VC 的监控组态软件开发及其应用[D]. 北京：北京工业大学，2013.

[35] 周晓东，胡仁喜，等. LabView 2015 中文版虚拟仪器从入门到精通[M]. 北京：机械工业出版社，2016.

[36] 雷振山，肖成勇，魏丽，等. LabView 高级编程与虚拟仪器工程应用[M]. 修订版. 北京：中国铁道出版社，2013.

[37] 洪家军，陈俊杰. 计算机网络与通信——原理与实践[M]. 北京：清华大学出版社，2018.

[38] 谢希仁. 计算机网络[M]. 7 版. 北京：电子工业出版社，2017.

[39] 范其明. 工业网络与现场总线技术[M]. 西安：西安电子科技大学出版，2020.

[40] 廉迎战. 现场总线技术与工业控制网络系统[M]. 北京：机械工业出版社，2022.

[41] 于洋. 测控系统网络化技术及应用[M]. 2 版. 北京：机械工业出版社出版，2022.

[42] 许毅，陈立家，甘浪雄，等. 无线传感器网络原理及应用[M]. 2 版. 北京：清华大学出版社，2021.

[43] 高泽华，孙文生. 物联网　体系结构、协议标准与无线通信（RFID、NFC、LoRa、NB-IoT、WiFi、ZigBee 与 Bluetooth）[M]. 北京：清华大学出版社，2020.

[44] 甘泉. LoRa 物联网通信技术[M]. 北京：清华大学出版社，2021.

[45] 李永华. 鸿蒙应用开发教程[M]. 北京：清华大学出版社，2023.

[46] 陈丽. 物联网云平台开发实践[M]. 北京：电子工业出版社，2021.

[47] 金世昕. 基于工业以太网的自动化生产线 DCS 控制系统设计[J]. 精密制造与自动化，2022（04）：35-38.

[48] 高洪兵. 工业以太网 EtherCAT 的 IO 从站设计与实现[D]. 广州：广东工业大学，2020.

[49] 徐晶，聂思兵，陈阵，等. 基于 GPRS 的远程无线串口通讯系统设计[J]. 山西电子技术，2021（04）：64-67.

[50] 李惠. GPRS/CDMA 无线通信技术在气象自动站的应用[J]. 电子制作，2020（22）：77-78+62.

[51] 王小祥. 浅谈 NRF2401 的应用[J]. 数字技术与应用，2017（08）：106-107.

[52] 刘斌. 基于 nRF2401 和 GPRS 的无线温度传输系统设计[J]. 现代电子技术，2012，35（15）：46-48.

[53] 葛涛. 嵌入式无线网络化测控仪器关键技术研究与实现[J]. 无线互联科技，2021，18（03）：5-6.

[54] 王愿祥，程悦琪，孙先松. 基于 WiFi 的无线测控终端系统设计[J]. 物联网技术，2018，8（09）：23-26.

[55] 杨乐丹. 基于 CC3200 的物联网监控系统设计与实现[D]. 荆州：长江大学，2019.

[56] 姜士璇. 基于 ZigBee 和 NB-IOT 的智慧垂直农业系统设计[D]. 淮北：淮北师范大学，2022.

[57] 梁一啸，刘志欣，范恩，等. 基于多传感器的温室环境监测系统设计与实现[J]. 物联网技术，2022，12（02）：16-19.

[58] 陈旭东. NB-IoT 和 ZigBee 技术融合下的实验室环境监测系统设计[J]. 惠州学院学报，2021，41（06）：20-26.

[59] 葛建新，陈柄才，王骥. 基于 LoRa WSN 的远程水产养殖监测系统[J]. 电子器件，2022，45（06）：1503-1509.

[60] 苗世科. 基于 NFC 技术的信息交互与展示系统的设计与实现[D]. 上海：华东师范大学，2022.

[61] 秦嘉骏. 基于 LoRa 的温室低功耗无线智能感知节点设计与实现[D]. 西安：西京学院，2022.

[62] 田志英. 煤矿信息智能化网络技术在 5G 场景下的应用[J]. 矿业装备，2022（03）：42-43.

[63] 陈柄材. 基于 LoRa 无线传感器网络的海洋环境监测系统[D]. 湛江：广东海洋大学，2022.

[64] 孙卫兵. 基于 5G 和 LoRa 的社区设备监测系统设计[D]. 北京：北方工业大学，2022.

[65] 肖宇亮. 基于 5G 网络的 AGV 小车应用研究[J]. 自动化与仪器仪表，2021（08）：111-113+117.

[66] 成建生，杨帅，薛岚. 基于电力线通信模式的 LON 控制器的设计[J]. 电测与仪表，2011，48（04）：86-89.

[67] 张海燕，袁国栋，高浩浩. 基于 RFID 通信的智能门禁系统[J]. 电子元器件与信息技术，2022，6（06）：113-117.

[68] 刘富兰. 蓝牙 Mesh 网络测试平台的设计和实现[D]. 南京：东南大学，2021.

[69] 王哲蓓，李卓，卢海松，等. 通讯网络典型现场总线协议综述[J]. 工业控制计算机，2021，34（11）：5-8+11.

[70] 廖仕达. PROFIBUS-DP 通讯在 DCS 中的应用[J]. 现代矿业，2021，37（11）：267-268+271.